Sigrid Wenzel · Matthias Weiß · Simone Collisi-Böhmer · Holger Pitsch · Oliver Rose

Qualitätskriterien für die Simulation in Produktion und Logistik

Sigrid Wenzel · Matthias Weiß
Simone Collisi-Böhmer · Holger Pitsch · Oliver Rose

Qualitätskriterien für die Simulation in Produktion und Logistik

Planung und Durchführung
von Simulationsstudien

 Springer

Prof. Dr.-Ing. Sigrid Wenzel
FB 15 Maschinenbau
Universität Kassel
Kurt-Wolters-Str. 3
34125 Kassel
s.wenzel@uni-kassel.de

Dr.-Ing. Matthias Weiß
IKA – Inst. für Konstruktionstechnik
und Anlagengestaltung Dresden
Gostritzer Strasse 61–63
01217 Dresden
weiss@ika-dresden.de

Dr.-Ing. Holger Pitsch
Incontrol Enterprise Dynamics GmbH
Gustav-Stresemann-Ring 1
65189 Wiesbaden
holger.pitsch@enterprisedynamics.com

Prof. Dr. Oliver Rose
Fak. Informatik
Inst. für Angewandte Informatik
Technische Universität Dresden
01062 Dresden
oliver.rose@tu-dresden.de

Simone Collisi-Böhmer
Siemens AG
Industrial Solutions and Services
Infrastructure Logistics
Colmberger Strasse 2
90451 Nürnberg
simone.collisi@siemens.com

ISBN 978-3-540-35272-3   e-ISBN 978-3-540-35276-1

DOI 10.1007/978-3-540-35276-1

Bibliografische Information der Deutschen Nationalbibliothek
Die Deutsche Nationalbibliothek verzeichnet diese Publikation in der Deutschen Nationalbibliografie;
detaillierte bibliografische Daten sind im Internet über http://dnb.d-nb.de abrufbar.

© 2008 Springer-Verlag Berlin Heidelberg

Einbandgestaltung: WMXDesign, Heidelberg

Gedruckt auf säurefreiem Papier

9 8 7 6 5 4 3 2 1

springer.com

Dieses Buch entstand im Auftrag der Fachgruppe 4.5.6 „Simulation in Produktion und Logistik" der Arbeitsgemeinschaft Simulation (ASIM). Die ASIM ist zugleich der Fachausschuss 4.5 der Gesellschaft für Informatik.

Die Erstellung des Buches erfolgte durch die ASIM-Arbeitsgruppe „Qualitätskriterien" und wird innerhalb der ASIM als ASIM-Mitteilung Nr. 102 geführt. Die Mitglieder der Arbeitsgruppe sind:

Simone Collisi-Böhmer, Nürnberg
Heike Krug, Dresden
Holger Pitsch, Wiesbaden
Markus Rabe, Berlin
Oliver Rose, Dresden
Dirk Steinhauer, Flensburg
Matthias Weiß, Dresden (Sprecher)
Sigrid Wenzel, Kassel

Vorwort

Seit mittlerweile über 20 Jahren führt die Fachgruppe „Simulation in Produktion und Logistik" der Arbeitsgemeinschaft Simulation (ASIM) Simulationsanwender und -entwickler zum Erfahrungsaustausch zusammen, um den Einsatz der Simulation bei der Planung, Bewertung, Verbesserung und Steuerung von Anlagen und Prozessen zu diskutieren und in Industrie und Forschung zu fördern. Im Rahmen dieser Aktivitäten wurde deutlich, dass in den vergangenen Jahren bei wachsender Anzahl von Simulationsstudien im Bereich Produktion und Logistik sowohl der Umfang als auch die Interdisziplinarität der Studien zugenommen hat. Der heute professionalisierte Simulationseinsatz setzt daher effektive Maßnahmen zur Schaffung und Sicherstellung einer umfassenden Ergebnis- und Prozessqualität und damit Projektqualität voraus. Eine im Jahr 2002 durchgeführte Umfrage verdeutlichte die Relevanz, sich dem Thema zu nähern, zeigte aber auch gleichzeitig die Schwierigkeiten auf, Regeln für eine qualitätskonforme Bearbeitung von Simulationsstudien zu formulieren.

Aus dieser Motivation heraus wurde 2003 eine ASIM-Arbeitsgruppe konstituiert. Die Mitglieder der Arbeitsgruppe sind Simulationsexperten aus Forschung und Industrie, Anwendung und Entwicklung sowie Produktion und Dienstleistung. Über die Arbeitsgruppenmitglieder sind gleichzeitig unterschiedliche Kompetenzen aus den Branchen Automobilbau, Schiffbau, Mikroelektronik, Logistik, Konsumgüterproduktion und Verpackungstechnik eingebunden.

Die Zusammenführung von unterschiedlichen Kompetenzen und Sichtweisen hat Ergebnisse ermöglicht, die in dieser Breite und Tiefe bisher nicht zu finden waren: *die Entwicklung von branchenübergreifenden praxisnahen Checklisten sowie einfach handhabbaren und operativ umsetzbaren Maßnahmen zur Erreichung von Qualität bei der Durchführung von Simulationsstudien in Produktion und Logistik.* Es ist allerdings nicht im Sinne der Autoren, die Nutzung der vorgeschlagenen Checklisten und die Anwendung der Maßnahmen einzufordern. Ziel ist vielmehr, ein besseres Qualitätsbewusstsein zu schaffen und gleichzeitig eine praxisnahe Umsetzbarkeit zu erreichen, so dass in einem konkreten Projekt die eigene Handlungsweise reflektiert und getroffene Entscheidungen für alle Beteiligten nachvollziehbar werden. Aus diesem Grund wurden auch Aspekte, die praktisch nicht oder noch nicht relevant sind, wie beispielsweise die Zertifizierung von Simulationsstudien, innerhalb dieses Buches ausgeklammert. Auch Themen wie die Softwarequalität von Simulationswerkzeugen oder Qualitätsaspekte, die die Management-, Fach- und Sozialkompetenz der Projektpartner betreffen, sind nicht Gegenstand der Betrachtung.

Mit dem vorliegenden Buch ist es erstmals gelungen, das Simulationsvorgehen von den ersten Überlegungen eines Auftraggebers bis hin zur möglichen Nachnutzung von Simulationsmodellen durchgängig aus Qualitätssicht zu beschreiben. Dabei liegt der Anspruch des Buches eher auf einer pragmatisch umsetzbaren Hilfestellung und weniger auf einer umfassenden wissenschaftlichen Ausarbeitung. Um das Buch auch als projektbegleitendes Nachschlagewerk einsetzbar zu machen, sind Sachverhalte an einigen Stellen bewusst wiederholt dargestellt. Dabei sind die Ausführungen stets so, dass für einen Leser auch ein Neueinstieg in die Thematik Simulation möglich wird.

Ohne einen hohen persönlichen Einsatz aller Arbeitsgruppenmitglieder ist eine derart umfangreiche Arbeit grundsätzlich nicht machbar. Der Dank der Autoren gilt in besonderem Maße Dirk Steinhauer (Flensburger Schiffbaugesellschaft mbH & Co. KG) für die Durchsicht der Ergebnisse aus Anwendersicht sowie Dr. Robert Koch und Robert Unbehaun (TU Dresden) für die Korrekturen. Markus Rabe (Fraunhofer IPK, Berlin) danken die Autoren vor allem für seine stets kritisch-konstruktiven Anregungen sowie die intensive Mitarbeit bei der systematischen Einbindung der Inhalte zum Simulationsvorgehensmodell und zur Verifikation und Validierung. Die enge Zusammenarbeit mit der ASIM-Arbeitsgruppe „Validierung" führte zur wechselseitigen Nutzung der Ergebnisse sowie zu einer für beide Seiten fruchtbaren Diskussion der Arbeitsinhalte. Vor diesem Hintergrund ist der zeitgleich im Springer-Verlag erscheinende Band „Verifikation und Validierung für die Simulation in Produktion und Logistik" als ideale Ergänzung des hier vorliegenden Buches zu sehen.

Die Autoren wünschen sich, dass das Buch die Durchführung von Simulationsstudien in Produktion und Logistik praxisnah unterstützt und dem Leser im Tagesgeschäft operative Hinweise für ein qualitätsbewusstes Handeln gibt. Gleichzeitig erhoffen sie sich, durch die Reflexion aus der Anwendung umfassende Anhaltspunkte für eine möglicherweise 2. Auflage zu erhalten.

Im Namen der ASIM
Kassel/Dresden/Nürnberg/Wiesbaden/Dresden Oktober 2007
Sigrid Wenzel, Matthias Weiß, Simone Collisi-Böhmer, Holger Pitsch und Oliver Rose

Inhaltsverzeichnis

1 Einführung

Simulation ist eine effiziente und effektive Problemlösungsmethode, die die Nachbildung eines realen oder geplanten Systems in einem ablauffähigen (Rechner-)Modell zum Ziel hat, um mittels systematischer Parametervariation zu Erkenntnissen zu gelangen, die auf die Wirklichkeit übertragen werden können (VDI 3633 2008). Ihre Vorteile im Vergleich zu analytischen Methoden liegen insbesondere in der Modellierung der systemspezifischen *dynamischen* Abhängigkeiten und Wechselwirkungen über die *Zeit* und in der Berücksichtigung *stochastischer* (zufälliger) Aspekte bei der Abbildung des Systemverhaltens.

Im Rahmen dieses Buches wird der Fokus auf die *ereignisdiskrete Simulation*, auch Next Event Simulation oder Discrete Event Simulation (DES), gelegt, die sich heute in fast allen *Produktions- und Logistikbereichen* zur Planung, Bewertung, Verbesserung und Steuerung von Systemen und Prozessen etabliert und bewährt hat. Ihr Nutzen und ihre Vorteile müssen daher an dieser Stelle nicht diskutiert werden; sie können in der einschlägigen Literatur (z. B. Bayer et al. 2003; Law u. Kelton 2000; Rabe u. Hellingrath 2001; VDI 3633 2008) nachgelesen werden.

Unter *Produktion und Logistik* werden Fertigungs-, Montage- und Produktionseinrichtungen einschließlich ihrer Prozesse sowie alle Aufgaben der Beschaffungs-, Produktions- und Distributionslogistik verstanden. Die Logistik bezieht sich dabei sowohl auf produzierende Unternehmen als auch auf nicht produzierende Betriebe wie Handelsunternehmen, Flughäfen und Krankenhäuser. Die Abbildungstiefe reicht von der Modellierung übergeordneter Abläufe in Logistiknetzen – beispielsweise auf der Ebene des Supply Chain Managements (SCM) – bis hin zur detaillierten Betrachtung einzelner produktions- oder fördertechnischer Abläufe sowie der Anlagensteuerung.

Nicht betrachtet wird hingegen das detaillierte physikalische, kinematische und kinetische Verhalten technischer Systeme. Hierzu zählen beispielsweise urform- oder umformtechnische Prozesse, Schmelzen oder Verformen, Reibungs- oder Kippverhalten sowie Roboterbewegungen. Ergonomieuntersuchungen unter Verwendung von Menschmodellen sind ebenfalls nicht Gegenstand der Betrachtung.

Die heute häufigste Form des Einsatzes der Simulation ist die *Simulationsstudie*, in der die Simulation zur Bearbeitung anstehender Aufgaben der Produktions- oder Logistiksystemplanung und zur Beantwortung von vorab festgelegten Fragestellungen eingesetzt wird. Hierbei kann die Studie wiederum in ein größeres Projekt eingebunden sein oder alleinstehend als Projekt durchgeführt werden. Als eigenständiges *Projekt* muss die Simulationsstudie dabei Facetten des Projektmanagements, der Softwareentwicklung und der Modellbildung und Simulation abdecken.

Darüber hinaus spielt die Simulation als betriebsbegleitendes Entscheidungsinstrumentarium (beispielsweise als Assistenzsystem eines Disponenten) eine Rolle. Vor der Bereitstellung eines derartigen Werkzeuges steht allerdings in der Regel auch die klassische Simulationsstudie, die in diesem Fall vor allem Aufgaben eines Softwareentwicklungsprojektes beinhalten muss (s. auch Abschn. 3.2.3).

Mit der Professionalisierung von Simulationsstudien in Form von Projekten und der Nutzung der Simulationsergebnisse, beispielsweise als Entscheidungsbasis für Investitionen, Variantenauswahl oder Umplanungen, werden für alle an Simulationsprojekten beteiligten Akteure qualitätsbestimmende Faktoren bei der Projektdurchführung immer wichtiger. Das vorliegende Buch stellt eine umfassende Anzahl an Maßnahmen vor, mit denen Auftraggeber und -nehmer gemeinsam noch schneller und besser ihre Ziele erreichen und die Erkenntnisse der Simulation nutzen können.

1.1   Kriterien für Qualität in Simulationsprojekten

Eine qualitätskonforme, professionelle Projektdurchführung ist nur dann erfolgreich zu realisieren, wenn alle Beteiligten ein einheitliches Verständnis von *Qualität* besitzen und somit die die Qualität eines Simulationsprojektes bestimmenden Faktoren als solche erkennen, zielgerichtet bearbeiten und erfüllen können. Dies setzt eine Definition von Qualität voraus, wie sie beispielsweise durch die Norm DIN EN ISO 8402 (1995) gegeben ist:

> Qualität ist die Gesamtheit von Merkmalen und Merkmalswerten einer Einheit bzgl. ihrer Eignung, alle festgelegten und vorausgesetzten Erfordernisse zu erfüllen.

Der Begriff Einheit kann dabei sowohl einen Gegenstand (z. B. ein Produkt) als auch einen Prozess (z. B. die Durchführung eines Simulationsprojektes als Dienstleistung) bezeichnen. Obige Definition lässt jedoch unmittelbar erkennen, dass keine allgemeingültigen Regeln existieren können, deren Erfüllungsgrad die Qualität *jedes* Simulationsprojektes festlegt. Vielmehr wird die Qualität eines Simulationsprojektes von der Erfüllung z. B. branchen-, unternehmens- und projektspezifischer Anforderungen bestimmt. Die oben angegebene Definition verdeutlicht auch, dass unter Qualität im Rahmen eines Simulationsprojektes *nicht nur* die Ergebnisqualität im Sinne von Korrektheit, Gültigkeit, Nachvollziehbarkeit, Zweckorientierung und Nachnutzbarkeit zu verstehen ist, sondern dass die Qualität eines Simulationsprojektes nur erreicht werden kann, wenn jede einzelne Projektphase (Abschn. 1.2) einer durch die Gesamtheit aller vorgegebenen Erfordernisse definierten (Prozess-)Qualität genügt. Dies impliziert auch, dass die Ergebnisse jedes Arbeitsschrittes einer Phase diesen Qualitätsanforderungen entsprechen müssen. Damit stellt sich die Frage nach wirksamen und nachvollziehbaren Qualitätskriterien für die jeweiligen Arbeitsschritte auch unter Berücksichtigung der jeweils involvierten Akteure auf Auftraggeber- und Auftragnehmerseite.

Für eine erfolgreiche Durchführung von Simulationsprojekten werden in der Literatur (Balci 1990; Sadowski u. Sturrock 2006) Hinweise und Anleitungen gegeben sowie mögliche Fehlerquellen benannt. Liebl (1995, S. 222 ff.) spricht in seinen Grundsatzbetrachtungen zu Simulationsstudien sogar von den sieben Todsünden der Simulation:

1. Falsche Definition des Studienziels
2. Ungenügende Partizipation des Auftraggebers
3. Unausgewogenen Mischung von Kernkompetenzen
4. Ungeeigneter Detaillierungsgrad
5. Wahl des falschen Simulationswerkzeuges
6. Unzureichende Validierung
7. Klägliche Präsentation der Ergebnisse

Im Gegensatz hierzu zeigen Robinson und Pidd (1998) 19 Dimensionen für Simulationsprojektqualität auf. Die in Robinson (2004, S. 206) aktualisierte Übersicht benennt neben modell-, daten- und softwarebezogenen Merkmalen vor allem Eigenschaften des Modellierers wie Glaubwürdigkeit, Professionalität sowie fachliche und soziale Kompetenz. Darüber hinaus werden aber auch der Kunde und seine Organisation („the commitment of the client´s organization to the simulation project", Robinson (2004, S. 206)) und die Beziehung zwischen den Projektpartnern in die Qualitätsbetrachtung einbezogen. Insgesamt müssen aber nicht alle Kriterien in gleichem Maße erfüllt werden, sondern es geht primär darum, die projektbezogenen Erwartungen des Kunden in Bezug auf die Projektorganisation (z. B. Anzahl der regelmäßigen Treffen), die technisch-inhaltliche Umsetzung und die Nutzbarkeit der Ergebnisse zu treffen. Robinson (2002) entwickelt in diesem Zusammenhang eine sogenannte Simulationsqualitätstrilogie ("simulation quality trilogy"), bestehend aus der inhaltlichen Qualität, der Prozessqualität und der Ergebnisqualität in Bezug auf den Kontext, in dem sie verwendet werden sollen.

Die Qualität von Simulationsprojekten wird damit bestimmt durch die Sorgfalt und Systematik der Projektvorbereitung und -durchführung bei gleichzeitiger Einbeziehung des Projektpartners und Berücksichtigung seiner speziellen Anforderungen im Hinblick auf Projektdurchführung und Ergebniserwartung. Für die Durchführung von Simulationsprojekten in Produktion und Logistik gelten daher aus Sicht der Autoren dieses Buches die folgenden fünf grundlegenden Qualitätskriterien, die ggf. unternehmensindividuell ergänzt oder auch detailliert werden können:

1. Sorgfältige Projektvorbereitung
2. Konsequente Dokumentation
3. Durchgängige Verifikation und Validierung
4. Kontinuierliche Integration des Auftraggebers
5. Systematische Projektdurchführung

Das vorliegende Buch stellt sich dem obigen Qualitätsanspruch für die Durchführung von Simulationsprojekten und begleitet die beteiligten Akteure mit Methoden und Checklisten von der Projektdefinition bis zur Nachnutzung der Ergebnisse nach Ende eines Simulationsprojektes. Fragen zur *Simulationswürdigkeit*, zum geeigneten *Detaillierungsgrad* eines Modells und zur *statistischen Sicherheit* werden in diesem Buch ebenso behandelt wie der *geeignete Werkzeugeinsatz* im Rahmen der Simulationsstudie selbst. Der zuletzt genannte Punkt bedarf einer eigenen Bewertung, da das ausgewählte Werkzeug auch für die Qualität des Simulationsprojektes entscheidend sein kann.

Die Werkzeugweiterentwicklung (z. B. bei der Entwicklung von Bausteinen oder Steuerungsstrategien) und die Bereitstellung von Softwaremodulen im Unternehmen unterliegen hingegen erweiterten werkzeugspezifischen und softwaretechnischen Kriterien, die nicht im Kontext dieses Buches behandelt werden. Ebenfalls im Rahmen dieses Buches nicht weiter berücksichtigt werden sogenannte weiche Faktoren wie die Kompetenz des Auftraggebers und die zwischenmenschliche Kommunikationsfähigkeit der Projektpartner. Sie spielen selbstverständlich eine Rolle innerhalb eines Projektes, besitzen aber keine typischen Ausprägungen für ein Simulationsprojekt. Je nach Projektinhalt und unternehmensspezifischen Qualitätsanforderungen müssen diese Aspekte ggf. als weitere Qualitätskriterien ergänzt werden.

Hinsichtlich des Einsatzfeldes legt das Buch seinen Schwerpunkt auf Qualitätskriterien bei der Vorbereitung und Durchführung von Simulationsstudien sowie der Nachnutzung von Modellen im Umfeld der Planung und geht zusätzlich in einigen Abschnitten auf die betriebsbegleitende Simulation ein. Nicht Bestandteil der Betrachtung sind die heute bestehenden Anwendungen auf der Basis gekoppelter Modelle (Bernhard u. Wenzel 2003; Mertins et al. 1998; Rabe 2003; Straßburger et al. 1998) und die Integration der Simulation in die Digitale Fabrik (VDI 4499 2006). Hier sind Aufbau und Nutzung vernetzter Modelle über ein integriertes Datenmanagement ebenso Ziele wie die Zusammenarbeit in interdisziplinären Teams und die Umsetzung der daraus resultierenden kollaborativen Planungsprozesse. Im Gegensatz zu einer Simulationsstudie ist also nicht nur *ein* Modell mit unterschiedlichen Varianten und Versionen aufzubauen, sondern primär sind auch Fragen der Qualität im Kontext der Vernetzung *mehrerer* Modelle, der Wieder- und Weiterverwendung der Modelle sowie der Parallelisierung von Planungsprozessen zu beantworten. An dieser Stelle haben die Autoren des Buches entschieden, nicht den zweiten Schritt vor dem ersten zu machen. Die Qualitätskriterien für die Durchführung von Simulationsprojekten sind grundlegend; ihre weiterführende Anwendung für vernetzte Modelle bzw. für Modelle in der Digitalen Fabrik (Wenzel et al. 2005) beinhaltet nach dem jetzigen Kenntnisstand die Notwendigkeit der Erweiterung der Qualitätskriterien beim Aufbau und bei der Nutzung vernetzter Modelle – allerdings unabhängig von dem jeweiligen Modelltyp.

1.2   Vorgehen bei Simulationsprojekten

Vorgehensweisen für die Durchführung von Simulationsstudien werden an unterschiedlichen Stellen in der Literatur behandelt (Law u. Kelton 2000; VDI 3633 2008). Rabe et al. (2008) haben in ihrem Buch die verschiedenen Vorgehensweisen diskutiert und ihren Arbeiten ein einfaches und überschaubares Vorgehensmodell für die Simulation (Abb. 1) zugrunde gelegt, das die wichtigsten zu bearbeitenden Phasen mit ihren Ergebnissen darlegt. Nicht explizit als Phase ausgewiesen ist die *Dokumentation der Ergebnisse,* die in *jeder* Phase enthalten ist.

Das Vorgehensmodell stellt eine prinzipielle Abfolge zur Bearbeitung der einzelnen Phasen dar; Rücksprünge und Iterationen sind aufgrund von fehlerhaften Zwischenergebnissen oder erweiterten Annahmen grundsätzlich möglich. Das vorliegende Buch orientiert sich an diesem Vorgehensmodell, erweitert es jedoch um die Aspekte der Projektdefinition vor der eigentlichen Beauftragung und der Nutzung der Ergebnisse nach Abschluss der Simulationsstudie.

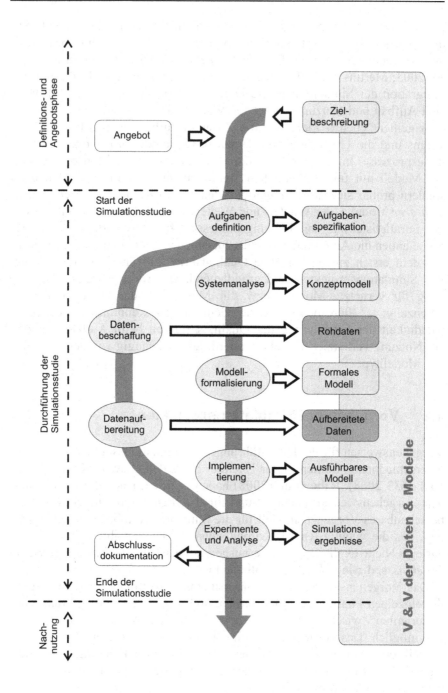

Abb. 1. Erweitertes Vorgehensmodell (angelehnt an Rabe et al. (2008))

In Abb. 1 sind die einzelnen *Projektphasen* als Ellipsen, *Phasenergebnisse* als Kästchen mit abgerundeten Ecken dargestellt. Für ein Simulationsprojekt lässt sich damit das Vorgehensmodell in die vorbereitende Definitions- und Angebotsphase (Kap. 3), die eigentliche Durchführung der Simulationsstudie (Kap. 4) und die Nachnutzung (Kap. 5) gliedern. Die *Definitions- und Angebotsphase* orientiert sich an einer – ggf. zunächst nur groben – Zielbeschreibung, die sukzessive vervollständigt wird und in der Regel gemeinsam mit einem Angebot als Einstieg in das eigentliche Projekt gilt.

Während der *Durchführung der Simulationsstudie* sind nach der Konkretisierung der Aufgabe in Form einer *Aufgabenspezifikation* die Phasen der Modellbildung (*Systemanalyse, Modellformalisierung, Implementierung*) abzuarbeiten. Hierbei sei darauf hingewiesen, dass das (auf dem Rechner) *ausführbare Modell* das primäre Ziel der Modellerstellung ist. Demgegenüber sind sowohl Konzeptmodell als auch formales Modell eher als Zwischenergebnisse der Modellbildung anzusehen. Das *Konzeptmodell* (auch konzeptuelles oder konzeptionelles Modell) ist ein rein deskriptives Modell; es dient einer ersten – noch nicht formalen – Beschreibung der abzubildenden Realität, in der sowohl die Systemgrenzen als auch alle grundsätzlichen Systemfunktionen mit ihren Wechselwirkungen enthalten sind. Das *formale Modell* konkretisiert und formalisiert die im Konzeptmodell beschriebenen Sachzusammenhänge, die dann in dem *ausführbaren Modell* implementiert werden. Wie in Kapitel 4 dargestellt wird, können einzelne Modellierungsphasen entfallen bzw. in Abhängigkeit von dem jeweils eingesetzten Simulationswerkzeug inhaltlich oder zeitlich miteinander verschmelzen. Dies impliziert jedoch, dass die Beschreibung der Ergebnisse der verbleibenden Modellierungsphasen auch eine Dokumentation der Ergebnisse der nicht explizit durchgeführten Phasen beinhalten muss.

Zeitlich parallel zur und streng vernetzt mit der Modellbildung erfolgen – ebenfalls basierend auf der Aufgabenspezifikation – die Datenbeschaffung und -aufbereitung. Dem Stellenwert der Daten in einer *hinreichenden Granularität und Qualität* für die Modellbildung und Simulation Rechnung tragend werden diese Schritte nicht – wie in der Literatur häufig zu finden – in die Modellbildung subsummiert, sondern separat betrachtet. Dem Detaillierungsgrad des Vorgehensmodells entsprechend werden allerdings nur die beiden Schritte Datenbeschaffung und -aufbereitung unterschieden. Eine vollständige Ausarbeitung des Informationsgewinnungsprozesses zur Bereitstellung von Eingangsdaten für Simulationsmodelle ist z. B. in Bernhard und Wenzel (2005) und Bernhard et al. (2007) zu finden.

Im Anschluss an die Phasen der Modellbildung erfolgt die Planung und Durchführung der *Experimente* und die abschließende *Analyse* der Ergebnisse in Bezug auf die eingangs formulierte Zielbeschreibung. Experimente (VDI 3633 2008) beinhalten eine Anzahl von Simulationsläufen mit systematischer Parametervariation. Jeder Simulationslauf basiert damit auf einer konkreten Modellstruktur mit einem definierten Parametersatz über eine repräsentative Zeitdauer. Bedingt durch die Tatsache, dass zufällige Aspekte in der Simulation Berücksichtigung finden, ist zur Absicherung der statistischen Signifikanz der Ergebnisse eine hinreichende Anzahl an Wiederholungen eines Simulationslaufs mit unterschiedlichen Startwerten der Zufallsverteilungen notwendig (s. hierzu Kap. 4).

Ergebnis und Teilergebnis einer Projektphase werden mittels Methoden der *Verifikation und Validierung* (V&V) auf ihre Eignung, Plausibilität und Vollständigkeit, aber auch im Hinblick auf die Richtigkeit und Vollständigkeit der Umsetzung aus den Ergebnissen der jeweils vorherigen Schritte überprüft. Die Überprüfung der Ergebnisse kann dazu führen, dass Rücksprünge zu vorherigen Projektphasen notwendig werden. Die Aspekte von V&V werden in diesem Buch in Kapitel 2 behandelt. Für eine umfassende Erläuterung zu Vorgehensweisen und Techniken von V&V sei auf Rabe et al. (2008) verwiesen.

Eine Besonderheit bei Simulationsprojekten ist die in der Regel zweistufige Abnahme bestehend aus Modell- und Projektabnahme. Die *Modellabnahme* erfolgt nach der Verifikation und Validierung des ausführbaren Modells. In diesem Schritt überzeugt sich der Auftraggeber davon, dass das Modell für den geplanten Untersuchungszweck geeignet ist, d. h. dass Modell und Realität hinreichend übereinstimmen, um die in der Aufgabenspezifikation benannten Fragen zu beantworten. Der Auftragnehmer muss den Auftraggeber dabei unterstützen, indem er ihm eine aussagekräftige Dokumentation des Modells zur Verfügung stellt.

Die Modellabnahme erfolgt bereits zur Projektlaufzeit und ist im Sinne des Qualitätskriteriums „Systematische Projektdurchführung" (Abschn. 1.1) die Voraussetzung für Experimente und Analyse (Abb. 1). Die Ergebnisse der Simulation einschließlich der abgeleiteten Interpretation sind zum Projektende Betrachtungsgegenstand der *Projektabnahme*. Aspekte der Modell- und Projektabnahme werden in den Abschnitten 3.2.3 und 4.4.4 und 4.7 näher erläutert.

Die *Nachnutzung* umfasst Aspekte zur Nutzung der Simulationsmodelle im Sinne einer Wieder- und Weiterverwendung (Kap. 5).

1.3   Partner in einem Simulationsprojekt

Der Anspruch des vorliegenden Buches ist, alle in einem Simulationsprojekt involvierten Akteure zu unterstützen. Hierzu bedarf es einer nachvollziehbaren Trennung von Aufgaben und Verantwortlichkeiten für jede Projektphase. Dies setzt eine Bestimmung der Aufgaben der beteiligten Akteure voraus.

In erster Linie sieht die Rollenverteilung das Wechselspiel zwischen *Auftraggeber* und *Auftragnehmer* in ihrer Rolle als *Projektpartner* vor. Der Auftragnehmer erweist sich hinsichtlich der Studie als *Dienstleister*, und zwar unabhängig davon, ob es sich um ein *externes* Unternehmen oder eine *interne* Organisationseinheit handelt. Der Auftraggeber ist grundsätzlich der *Nutzer* der Simulationsergebnisse. Insbesondere aus Sicht des externen Auftragnehmers stellt sich der Auftraggeber auch als *Kunde* der Simulationsdienstleistung dar.

Das Projektteam selbst wird sowohl auf Seiten des Auftragnehmers als auch auf Seiten des Auftraggebers hinsichtlich seiner Aufgaben differenziert. So sind auf beiden Seiten jeweils ein verantwortlicher Projektleiter (*Verantwortung/Managementebene*), ein oder auch mehrere Mitarbeiter zur operativen Abwicklung der jeweiligen Aufgaben in den einzelnen Projektphasen (*Mitarbeiterebene*) sowie ggf. fachspezifische Ansprechpartner in unterschiedlichen Abteilungen mit ausgewiesenem Fachwissen (*Informationsebene*) zu benennen. In Abhängigkeit von der Unternehmensgröße einerseits und von dem Umfang des geplanten Projektes andererseits kann der Grad der Differenzierung der Aufgabenbereiche allerdings schwanken. So ist es für beide Seiten keine Seltenheit, dass auch Aufgaben in Personalunion abgewickelt werden. Tabelle 1 verdeutlicht die Zuordnung der beteiligten Projektpartner zu den einzelnen Aufgaben innerhalb eines Simulationsprojektes. Steht die Bezeichnung des Akteurs in Klammern, weist dies auf eine nur u. U. bestehende Aktivität hin.

Für die Projektdurchführung kann auch die Rolle des Auftraggebers in einem übergeordneten Projekt beispielsweise als Anlagen*lieferant* oder als Anlagen*betreiber* von Interesse sein. Ist der Kunde Anlagenlieferant, werden die Simulationsergebnisse häufig vom Kunden des Lieferanten (also vom späteren Anlagenbetreiber als dem möglichen weiteren Partner im Projekt) benötigt. Ist der Anlagenbetreiber selbst Auftraggeber der Studie, so sind die Simulationsergebnisse im Allgemeinen direkt für ihn und seine Anlage relevant.

Tabelle 1. Zuordnung der Akteure zu den Aufgaben innerhalb eines Simulationsprojektes (Verantwortung = V, Mitarbeit = M, Informationsweitergabe =I)

Aufgaben im Simulationsprojekt	Zuordnung der Akteure	
	Auftraggeber	Auftragnehmer
Zielbeschreibung	V, M	I, (M)
Angebotserstellung	I	V, M
Aufgabendefinition	I, M	V, M
Datenbeschaffung	I, M	V, M
Datenaufbereitung	I, (M)	V, M
Systemanalyse	I, (M)	V, M
Modellformalisierung	(I)	V, M
Implementierung	(I)	V, M
Modellabnahme	V, M	I, (M)
Experimente und Analyse	I, (M)	V, M
Verifikation und Validierung	M	V, M
Abschlussdokumentation	(I)	V, M
Projektabnahme	V, M	I, (M)
Nachnutzung	V, M	(M)

1.4   Aufbau des Buches

Die Qualität eines Simulationsprojektes ist nicht durch ein einzelnes praktisch nutzbares Qualitätsmaß *bestimmbar*, sondern kann nur über ein nach-
vollziehbares methodisches Vorgehen *gesichert* werden. Die erarbeiteten
und in den folgenden Kapiteln diskutierten Qualitätskriterien sind als ein
erprobtes Grundgerüst für dieses methodische Vorgehen zu betrachten. Die
Autoren erheben jedoch weder einen Anspruch auf Vollständigkeit der
Kriterien, noch fordern sie die vollständige Einhaltung der hier vorgestellten Kriterien. Ziel des Buches ist, allen an einem Simulationsprojekt beteiligten Akteuren Handlungsempfehlungen zu bieten, um ein nachprüfbares
und reproduzierbares Qualitätsniveau für Simulationsprojekte auf dem Gebiet von Produktion und Logistik zu erreichen. Die jeweiligen Aussagen
gelten im Aufgabenfeld von Produktion und Logistik branchenübergreifend.

Das Buch orientiert sich in seinem Aufbau an dem vorgestellten Vorgehensmodell (Abb. 1). Kapitel 2 geht als einführendes Kapitel auf die
grundsätzlichen Qualitätskriterien im Rahmen eines Simulationsprojektes
ein und diskutiert insbesondere auch die im Vorfeld einer Beauftragung
beim Auftraggeber zu klärenden Punkte. Kapitel 3 erläutert Maßnahmen

zur Erfüllung der Qualitätskriterien innerhalb der Definitions- und Angebotsphase und systematisiert Zielformulierung, erstes Gespräch sowie Angebotserstellung und -auswahl. Die eigentliche Durchführung der – dann beauftragten – Simulationsstudie vom Kick-off-Meeting bis hin zur Abschlusspräsentation und Projektabnahme wird in Kapitel 4 behandelt. In diesem Zusammenhang wird ein besonderes Augenmerk auf die maßgeblichen Qualitätsaspekte bei der Modellbildung und bei der Erreichung statistischer Sicherheit während der Experimentdurchführung gelegt. Auf Voraussetzungen zur qualitätskonformen Nutzung der Modelle und Ergebnisse auch nach Ende einer Simulationsstudie geht abschließend Kapitel 5 ein.

Für die einzelnen Projektphasen sind im Rahmen dieses Buches insgesamt 18 Checklisten sowie Bewertungsverfahren und Vorlagen für Abnahmeprotokolle erarbeitet worden, die dem Anhang zu entnehmen sind. Zusätzlich enthält der Anhang die Dokumentstruktur für alle Ergebnisse des Simulationsprojektes.

2 Grundlegende Qualitätskriterien für Simulationsprojekte

Für die Durchführung von Simulationsprojekten in Produktion und Logistik legt dieses Buch die folgenden fünf Qualitätskriterien zugrunde (Abschn. 1.1), aus denen Handlungsempfehlungen für den Projektalltag abgeleitet werden:

1. Sorgfältige Projektvorbereitung
2. Konsequente Dokumentation aller Projektaktivitäten
3. Durchgängige Verifikation und Validierung
4. Kontinuierliche Integration des Auftraggebers
5. Systematische Projektdurchführung

Bevor in den folgenden Kapiteln 3 bis 5 spezifische Handlungsempfehlungen für die einzelnen Phasen von Simulationsprojekten dargelegt werden, stellt Kapitel 2 zunächst grundsätzliche Handlungsempfehlungen für jedes dieser Qualitätskriterien vor.

Abschnitt 2.1 betrachtet die *sorgfältige Projektvorbereitung* und beschreibt die Voraussetzungen, die der Auftraggeber schon vor der Beauftragung der eigentlichen Studie berücksichtigen und ggf. mit grundlegenden Entscheidungen schaffen muss.

Während der Laufzeit einer Simulationsstudie vom Kick-off-Meeting bis zum Projektabschluss sind drei weitere Qualitätskriterien von besonderer Bedeutung. Dazu gehören eine *konsequente Dokumentation aller Projektaktivitäten* (Abschn. 2.2) und die *durchgängige Verifikation und Validierung* (Abschn. 2.3). Ebenso trägt die *kontinuierliche Integration des Auftraggebers* in den Projektablauf entscheidend zum Projekterfolg bei und ist für eine qualitativ hochwertige Simulationsstudie unverzichtbar (Abschn. 2.4). Die *systematische Projektdurchführung* ist während der gesamten Laufzeit des Projektes bis hin zur Nachnutzung von Modellen und Ergebnissen von Bedeutung (Abschn. 2.5). Als wichtiges Hilfsmittel zur Unterstützung einer systematischen Projektdurchführung findet der Leser im Anhang dieses Buches praxisnahe Checklisten. Die Einordnung dieser Checklisten in den Projektablauf wird in Abschnitt 2.5.1 beschrieben. In Abschnitt 2.5.2 werden Bewertungsverfahren vorgestellt, die beispielsweise die Auswahlprozesse für Dienstleistungsangebote und Simulationswerkzeuge unterstützen.

2.1 Grundsatzentscheidungen bei der Projektvorbereitung

Die Grundlagen für eine qualitativ hochwertige Studie werden schon in einem sehr frühen Stadium der Planungsphase, d. h. unmittelbar nach der Idee für eine Studie und damit vor ihrer Beauftragung, vom Auftraggeber selbst durch grundsätzliche Überlegungen und Entscheidungen geschaffen. Der Auftraggeber muss sich dabei seiner Verantwortung bewusst sein, dass die Qualität einer Simulationsstudie zu einem bedeutenden Maß von den von ihm bereitgestellten Informationen und insbesondere von seinen in dieser Vorbereitungsphase getroffenen Entscheidungen abhängt. Diesem besonderen Stellenwert der Entscheidungen und Maßnahmen auf Auftraggeberseite im Vorfeld einer Simulationsstudie wird durch die Festlegung des grundlegenden Qualitätskriteriums *Sorgfältige Projektvorbereitung* (Abschn. 1.1) Rechnung getragen.

Hingegen muss der Auftraggeber zur Erfüllung dieses Qualitätskriteriums nicht zwangsläufig über eigenes Wissen zur Lösung seiner Aufgabenstellung oder über eigene Simulationskenntnisse verfügen. Sofern ein externer Dienstleister mit der Durchführung einer Studie beauftragt wird, ist es dessen Aufgabe, beispielsweise Fragen hinsichtlich des einzuschlagenden Lösungsweges gemeinsam mit dem Auftraggeber zu erörtern (z. B. Abschn. 3.1). Jedoch muss der Auftraggeber meistens die Grundsatzentscheidungen zur Durchführung einer Simulationsstudie selbstständig, d. h. ohne Beteiligung bzw. ohne Beratung durch einen Dienstleister, fällen. Im Folgenden sind daher Aufgaben- und Fragestellungen, die als Maßnahmen zur Erfüllung des grundlegenden Qualitätskriteriums einer sorgfältigen Projektvorbereitung zu erörtern und zu entscheiden sind, im Sinne einer Handlungsempfehlung aufgeführt. Für die im Rahmen der Projektvorbereitung zu treffenden Grundsatzentscheidungen und durchzuführenden Maßnahmen steht im Anhang die Checkliste *C1 Projektvorbereitung auf Auftraggeberseite* zur Verfügung.

Simulationswürdigkeit prüfen

Zur Erörterung der Frage, ob eine Aufgabenstellung simulationswürdig ist, ist es notwendig zu wissen, wann der Einsatz der Simulation als Problemlösungsmethode als zweckmäßig eingestuft werden kann (Weiß et al.

2004, S. 241). Der ASIM-Leitfaden (ASIM 1997, S. 6) fasst die Notwendigkeit des Einsatzes der Simulation für Produktion und Logistik über die Aspekte „wenn Neuland beschritten wird, die Grenzen analytischer Methoden erreicht sind, komplexe Wirkungszusammenhänge die menschliche Vorstellungskraft überfordern, das Experimentieren am realen System nicht möglich bzw. zu kostenintensiv ist und das zeitliche Ablaufverhalten einer Anlage untersucht werden soll." zusammen. Die VDI-Richtlinie 3633, Blatt 1 (2008) konkretisiert diese Punkte und beurteilt die Simulationswürdigkeit einer Problemstellung u. a. nach den Gesichtspunkten Kosten/Nutzen, Komplexität der Aufgabenstellung, Unsicherheiten bezüglich der Daten und ihres Einflusses auf die Ergebnisgrößen, Fehlen anderer aufwandsadäquater Methoden zur Lösungsfindung, Sicherheitsbedürfnis bei unscharfen Vorgaben und Beweisnot sowie die Notwendigkeit der Mehrfachverwendung des erstellten Modells. Schulze (1988) ergänzt darüber hinaus die Fragen, ob und (wenn ja) welche Risiken beim Verzicht auf die Simulation entstehen können, inwieweit der zeitliche Rahmen eines Projektes die Durchführung einer Simulation zulässt, ob die Datenbasis hinreichend für eine Simulationsstudie ist und welche Abbildungsgenauigkeit nötig ist, um ausreichend sichere Ergebnisse zu erhalten. Robinson (2004, S. 8–10) ergänzt die Vorteile der Simulation im Vergleich zum Experimentieren mit dem realen System sowie im Vergleich zu anderen Analyseverfahren um die Aspekte aus Sicht des Managements (Förderung der Kreativität, Schaffung von Wissen und Nachvollziehbarkeit, Visualisierung und Kommunikation, Bildung von Konsens). Für weitere ausführliche Diskussionen sei auch auf Liebl (1995, S. 195 ff.) verwiesen, der den Begriff der „Adäquanz von Simulationsmodellen" einführt.

Basierend auf den Darstellungen in der Literatur wird im Folgenden eine mögliche Definition des Begriffs Simulationswürdigkeit, die auch Grundlage dieses Buches ist, gegeben:

> Eine Aufgabenstellung ist immer simulationswürdig, wenn die Lösung eines Problems nur mit der Methode Simulation gefunden werden kann. Das ist etwa der Fall, wenn dynamische Prozesse oder stochastische Einflüsse eine nicht zu vernachlässigende Rolle in dem zu untersuchenden System spielen. Die Simulationswürdigkeit ist ebenfalls gegeben, wenn die Lösung mit anderen mathematischen Verfahren zwar möglich wäre, ein Simulationsmodell die Lösung aber wesentlich erleichtert. Sind besondere Anforderungen bezüglich Kommunikation und Visualisierung der Ergebnisse gestellt, so ist die Erstellung eines Simulationsmodells durchaus auch dann zu vertreten, wenn das zugrunde liegende Problem mit anderen Mitteln u. U. sogar einfacher und schneller zu lösen wäre.

Der Auftraggeber muss nun prüfen, ob der zur Simulation erforderliche Aufwand gerechtfertigt ist oder ob die zu ermittelnde Aussage mit anderen Berechnungs-, Planungs- und Entscheidungswerkzeugen eventuell schneller oder mit geringerem Aufwand erzielt werden kann. Hierzu ist es erforderlich, die zu untersuchenden Prozesse bzw. Systeme hinsichtlich der auftretenden Eingangs-, Ausgangs- und Störgrößen sowie der Randbedingungen sorgfältig zu analysieren. Treten beispielsweise stochastische Einflüsse auf oder sollen die zu untersuchenden Prozesse mit variierenden Parametern animiert werden, so ist der Einsatz der Simulation zur Lösung der Problemstellung gerechtfertigt bzw. notwendig.

Hat der Auftraggeber einer Simulationsstudie keine Erfahrung mit Simulation, kann es ihm allerdings schwer fallen, die Simulationswürdigkeit einer Aufgabenstellung zu überprüfen. In diesem Fall ist es Aufgabe des späteren Auftragnehmers, diesen Aspekt gleich zu Beginn, d. h. noch während oder unmittelbar nach dem ersten Gespräch, aufzugreifen und gemeinsam mit dem Auftraggeber abzuwägen.

Akzeptanz für die Methode Simulation feststellen

Der Auftraggeber muss, insbesondere wenn Simulation erstmalig im Unternehmen bzw. in einer Abteilung eingesetzt werden soll, die Akzeptanz seiner Geschäftsführung, sofern diese nicht bereits selbst an der Entscheidung zur Einführung der Simulation beteiligt ist, und in jedem Fall die Akzeptanz der beteiligten Mitarbeiter sicherstellen. Das ist notwendig, um sowohl die Bereitstellung aller für die Simulation erforderlichen Daten, Informationen und Ressourcen als auch die offene Kommunikation und Mitwirkung des eigenen Hauses am Projekt zu gewährleisten. Dieser Schritt stellt eine grundlegende Voraussetzung für eine erfolgreiche und qualitativ hochwertige Simulationsstudie dar.

Darüber hinaus ist die Akzeptanz für die Methode Simulation im eigenen Unternehmen unbedingt erforderlich, um die ggf. durch die Ergebnisse einer Simulationsstudie aufgezeigten Maßnahmen umsetzen zu können.

Vergabe der Simulationsstudie festlegen

Der Auftraggeber muss abwägen, ob es sinnvoller ist, eine Simulationsstudie intern durchzuführen oder den Auftrag an einen externen Dienstleister zu vergeben. Diese Entscheidung wird unmittelbar von den mittel- und langfristigen Zielen des Unternehmens hinsichtlich Simulation, aber auch von der jeweiligen Ist-Situation hinsichtlich der im eigenen Unternehmen vorhandenen Simulationskompetenz beeinflusst, z. B.:

- Handelt es sich bei der aktuellen Aufgabenstellung auch auf lange Sicht um einen Einzelfall oder besteht prinzipiell oder zukünftig weiterer Simulationsbedarf im Unternehmen?
- Werden die Simulationsmodelle auch nach Projektende noch genutzt? Ist der Auftraggeber nur an den Ergebnissen einer Studie interessiert oder ist geplant, die Simulationsmodelle als Basis für spätere Planungen oder weitere Analysen zu nutzen?
- Soll die Simulation in das eigene Dienstleistungsportfolio aufgenommen werden?
- Sind im Unternehmen bereits personelle Kompetenzen im Bereich der Simulation vorhanden oder müssen entsprechende Kenntnisse erst erworben werden? Können vorhandene Mitarbeiter in der Simulation geschult werden oder wäre die Einstellung entsprechend kompetenter Mitarbeiter erforderlich?
- Stehen ausreichende finanzielle Mittel für den Aufbau und ggf. den Ausbau von Simulationskompetenz bereit? Kann zumindest ein Mitarbeiter so mit Simulation ausgelastet werden, dass der Erhalt der Kompetenz auf Dauer gewährleistet ist?

Zur Frage, ob die Simulation mit eigenen Kräften oder von einem externen Dienstleister durchgeführt werden soll, sei u. a. auch auf VDI 3633 (2008) sowie Noche und Wenzel (1991) verwiesen.

Aufgabenstellung eindeutig formulieren und vorbereiten

Bevor mit der Auswahl eines Simulationswerkzeuges und ggf. eines externen Simulationsdienstleisters begonnen werden kann, muss die Aufgabenstellung aus Sicht des Auftraggebers eindeutig und nachvollziehbar formuliert werden (s. Erstellung des Dokumentes Zielbeschreibung in Abschn. 2.2.1). Dabei ist es erforderlich, dass der *Modellzweck*, d. h. die Art und das Ziel der Modellnutzung, unmissverständlich dargestellt wird. Darüber hinaus muss der Auftraggeber alle bereits zur Verfügung stehenden relevanten Informationen und Daten zur Bearbeitung der Aufgabenstellung ermitteln sowie etwaige Konditionen und Restriktionen definieren. Hierzu kann bereits auch die Ermittlung möglicher Kriterien für die Abnahme des Simulationsmodells und der Simulationsstudie zählen.

Auswahl eines Dienstleisters

Hat sich der Auftraggeber zur Vergabe einer Simulationsstudie an einen Dienstleister entschlossen, so ist dieser sorgfältig und unter Verwendung möglichst objektiver Kriterien auszuwählen. Eine Möglichkeit ist hier die konsequente Anwendung einer Bewertungsmethodik, wie sie in den Abschnitten 2.5.2 und 3.3 beschrieben wird, um die Angebote von verschiedenen Dienstleistern zu bewerten und das bzgl. der aktuell vorliegenden Aufgabenstellung am besten geeignete Angebot zu ermitteln. Die Auswahl eines Angebotes und somit eines Dienstleisters wird durch die im Anhang beigefügte Checkliste *C4a Angebotsauswahl* unterstützt.

Auswahl eines Simulationswerkzeuges

Der Auswahl eines für die Aufgabenstellung geeigneten Simulationswerkzeuges kommt eine besondere Bedeutung zu, da kaum eine Möglichkeit besteht, diese Entscheidung im Verlauf eines Projektes zu revidieren. Insbesondere beim Kauf eines Simulationswerkzeuges wird eine zumindest mittelfristige Bindung eingegangen. Gerade hier ist daher die sorgfältige Anwendung einer objektiven Bewertungsmethodik zu empfehlen (Abschn. 2.5.2 und 3.3). Diese Auswahl kann, ggf. gemeinsam mit dem beauftragten Dienstleister, auch nach dem Start der Simulationsstudie durchgeführt werden. Allerdings kann die Formulierung der Anforderungen an das Simulationswerkzeug die Auswahl eines Dienstleisters beeinflussen, da Dienstleister im Allgemeinen mit einem Simulationswerkzeug oder einer geringen Anzahl an Simulationswerkzeugen arbeiten. Das Vorgehen bei der Werkzeugauswahl wird durch die im Anhang beigefügte Checkliste *C4b Werkzeugauswahl* unterstützt.

2.2   Konsequente Dokumentation

Das zweite grundlegende Qualitätskriterium verlangt die *konsequente Dokumentation aller Projektaktivitäten*. Aus der Formulierung *alle* wird deutlich, dass die Dokumentation bei einem Simulationsprojekt weit mehr umfasst als nur die Abschlussdokumentation, die dem Auftraggeber bei Projektende übergeben wird. Zur Dokumentation einer Simulationsstudie gehören somit alle Dokumente und Modelle, die im Verlauf der Studie erstellt werden, aber z. B. auch Folien für Zwischenpräsentationen oder nur für interne Zwecke bestimmte Beschreibungen des Modellaufbaus und des Modellierungsstils.

Diese Dokumente sind entsprechend zu verwalten und nach Abschluss der Studie gemeinsam mit der Schlussdokumentation zu archivieren. Die Dokumentation entsteht so idealerweise im Projektverlauf und wird nicht erst verfasst, wenn die Simulationsstudie abgeschlossen ist. Im Folgenden wird erläutert, welche Dokumente in einem Simulationsprojekt relevant sind und welche Maßnahmen zu ergreifen sind, um das Qualitätskriterium *konsequente Dokumentation* zu erfüllen. Vorschläge zur Dokumentation von Simulationsstudien sind beispielsweise auch in Liebl (1995, S. 233–236) und Bel Haj Saad et al. (2005, S. 102–195) zu finden.

Zu beachten ist, dass der Begriff „Dokument" nicht zwangsläufig mit *einem* einzigen Dokument im Sinne eines abgeschlossenen Berichtes oder einer Textdatei gleichzusetzen ist. Eine Dokumentation (z. B. die Aufgabenspezifikation) kann aus mehreren einzelnen Dokumentteilen (z. B. Layouts oder Organigrammen) bestehen. Umgekehrt können bei kleineren Projekten mehrere Teile der Dokumentation verschiedener Projektphasen in einem Dokument zusammenfasst werden. Die einzelnen Dokumentationen (z. B. des Konzeptmodells und des formalen Modells) überschneiden sich möglicherweise, da oftmals ein Dokument durch die Weiterentwicklung des in der vorgeschalteten Projektphase erstellten Dokumentes entsteht.

Eine Simulationsstudie kann darüber hinaus verschiedene *Varianten* eines Simulationsmodells erfordern, z. B. aufgrund von mehreren Layoutalternativen oder von verschiedenen Steuerungsstrategien. Diese Modellvarianten sind durch alle Phasen des Simulationsvorgehensmodells (Abb. 1) geordnet zu dokumentieren und damit Bestandteile der jeweiligen *Phasenergebnisse*.

Wichtig ist zudem eine durchgängige und konsistente *Versionierung* der Dokument- und Modellvarianten, um sicherzustellen, dass grundsätzlich die jeweils aktuelle Fassung verwendet wird. Darüber hinaus ist es sinnvoll, die Entstehung einzelner Entwicklungsschritte nachvollziehbar zu machen und eine erneute Verwendung der Vorgängerversionen zu ermöglichen. Insbesondere in größeren Projekten mit mehreren Projektbearbeitern ist die Kennzeichnung aller Dokumentationsbestandteile mit einer eindeutigen Dokumentbezeichnung, dem Namen des Dokumentbearbeiters und des Dokumentverantwortlichen, dem Datum der Erstellung und einer eindeutigen Versionsnummer (Versionsmanagement) sinnvoll.

Auch als Grundlage für die Verifikation und Validierung der Modelle und Daten innerhalb einer Simulationsstudie ist eine aussagekräftige Dokumentation unerlässlich. Nur so kann überprüft werden, ob das Simulationsmodell den gestellten Anforderungen genügt und ob es alle relevanten Aspekte der realen Anlage berücksichtigt.

Da Simulationsprojekte allgemeine Aspekte des Projektmanagements und des Software Engineering sowie spezifische Aspekte der Simulation umfassen, wird diese Differenzierung auch bei der nachfolgenden Beschreibung aufgegriffen. In Abschnitt 2.2.1 werden Dokumente beschrieben, die normalerweise in allen Projekten entstehen und daher auch für ein Simulationsprojekt von Bedeutung sind. Im Abschnitt 2.2.2 werden weitere, insbesondere für Softwareprojekte relevante Dokumente vorgestellt. Im

Abschnitt 2.2.3 werden die Dokumente aus dem Vorgehensmodell für Simulationsprojekte (Abb. 1) im Detail erläutert und weitere übergeordnete Dokumente in Simulationsprojekten beschrieben.

Die Dokumentstrukturen für die jeweiligen Ergebnisse der Phasen in einem Simulationsprojekt sind dem Anhang zu entnehmen. Diese Dokumentstrukturen zeigen auf, welche Inhalte in den entsprechenden Dokumenten beschrieben werden müssen. Eine ausführliche Erläuterung dieser Dokumentstrukturen finden sich in Rabe et al. (2008, Kap. 4).

Aus Qualitätssicht ist es wichtig, alle projektbezogenen Aktivitäten, Entscheidungen und Ergebnisse zu dokumentieren. Dokumentationen sind aber auch in Simulationsprojekten kein Selbstzweck. Die folgende Aufzählung dient dem Leser als Leitfaden. Selbstverständlich können projektabhängig einzelne Dokumente entfallen.

2.2.1 Dokumente in Projekten

Im Folgenden werden die Dokumente vorgestellt, die grundsätzlich in Projekten entstehen und daher auch in einem Simulationsprojekt von Bedeutung sind.

Zielbeschreibung

Eine Zielbeschreibung beinhaltet die hinreichend konkrete Formulierung eines Ziels mit einer Terminangabe zur Zielerreichung. Dabei muss möglichst objektiv zu bewerten sein, ob das Ziel erreicht werden kann, und festgelegt werden, wie bei Projektende die Zielerreichung überprüft werden kann.

Ist die Entscheidung gefallen, ein Projekt durchzuführen, muss der Auftraggeber eine derartige Zielbeschreibung erstellen, die bei größeren Projekten Bestandteil einer Ausschreibung ist oder umgekehrt eine Ausschreibung enthalten kann. Dort werden die Ausgangssituation vor Ort, Projektumfang und Projektziele, erwartete Ergebnisse sowie terminliche, finanzielle und rechtliche Randbedingungen beschrieben (s. *Zielbeschreibung* in Abschn. 2.2.3).

Auf der Basis der Zielbeschreibung erstellt der Auftraggeber, häufig gemeinsam mit dem potentiellen Auftragnehmer, einen Anforderungskatalog als Teil einer erweiterten Zielbeschreibung (ggf. auch in Form eines Lastenheftes; s. VDI 2519 (2001) oder VDI 3633 Blatt 2 (1997)).

Angebot

Basierend auf der Zielbeschreibung erstellen die potentiellen Auftragnehmer ein Angebot, das den Leistungsumfang beschreibt, aber auch aufführt, was explizit nicht Bestandteil des Leistungsumfanges ist. Außerdem werden hier die Verantwortlichkeiten im Projekt sowie rechtliche Rahmenbedingungen festgeschrieben. Ein weiterer wichtiger Bestandteil des Angebotes ist eine Kostenaufstellung (s. *Angebot* in Abschn. 2.2.3).

Vertrag

Bei der Beauftragung wird ein Vertrag zwischen Auftraggeber und Auftragnehmer geschlossen, der die rechtlichen Rahmenbedingungen zur Durchführung des Projektes schriftlich fixiert. Bestandteile eines solchen Vertrages sind beispielsweise der Auftrag, eine Auftragsbestätigung, eine Geheimhaltungserklärung und ggf. ein separates Vertragsdokument, das besondere Details wie in Frage kommende Kriterien zur vorzeitigen Projektbeendigung (z. B. Verlagerung der Produktion, Terminverzug) oder zur Freigabe von optionalen Arbeitspaketen beinhaltet.

Sind Auftraggeber und -nehmer verschiedene Abteilungen desselben Unternehmens, d. h. ein und dieselbe juristische Person, wird die Regelung der Zusammenarbeit in einer gleichwertigen internen schriftlichen Vereinbarung empfohlen.

Aufgabenspezifikation

Auf Basis der Zielbeschreibung erstellt der Auftragnehmer zu Beginn des Projektes gemeinsam mit dem Auftraggeber die Aufgabenspezifikation. Darin werden die Projektziele konkretisiert und ausführlich beschrieben, welche Leistungen jeweils durch Auftragnehmer und Auftraggeber zu erbringen sind, um diese Ziele zu erreichen (s. *Aufgabenspezifikation* in Abschn. 2.2.3). Sofern ein Pflichtenheft nicht bereits als Bestandteil des Angebotes oder des Vertrages existiert, kann die Aufgabenspezifikation für den weiteren Projektverlauf als Pflichtenheft genutzt werden. Die Aufgabenspezifikation bildet eine wichtige Grundlage der Abnahmeerklärung. Projektspezifische Abnahme- oder Akzeptanzkriterien müssen hier möglichst genau formuliert werden.

Projektpläne

Ein Projekt wird in Abhängigkeit der Inhalte und des Umfanges in einzelne Arbeitspakete aufgeteilt. Aus der funktionalen Anordnung der festgelegten Arbeitspakete ergibt sich der Projektstrukturplan. Für jedes Arbeitspaket werden die Dauer, der Aufwand, der Verantwortliche und die erforderlichen Ressourcen eingeplant. Anschließend können aus dem Projektstrukturplan weitere Projektpläne wie Netz-, Termin-, Ressourcen- und Kostenpläne abgeleitet werden. Die Notwendigkeit für Projektpläne wächst mit der Größe der Projekte. Ein Terminplan ist auch in kleinen Projekten sinnvoll, während andere Projektpläne dort nicht explizit erstellt werden müssen. Weitere Informationen zu Projektplänen befinden sich z. B. in Hemmrich und Harrant (2002) oder Burghardt (2001).

Risikoanalyse

Risiken im Projekt bestehen in potentiellen Abweichungen zwischen dem geplanten und dem tatsächlichen Projektverlauf oder in der Gefahr unerwarteter oder nicht auszuschließender negativer Ereignisse. Nicht erkannte oder unterschätzte Risiken können einen erheblichen Einfluss auf das Projektergebnis haben. Für jedes Projekt empfiehlt sich daher, eine Risikoanalyse durchzuführen und zu dokumentieren. Dabei werden mögliche Risiken erfasst und bezüglich ihrer Eintrittswahrscheinlichkeit und Tragweite bewertet. Mögliche Risiken in einem Simulationsprojekt sind u. a.:

- *Abwicklungsrisiko*: Beispielsweise entstehen höhere Personalkosten als geplant, um die Simulationsstudie termingerecht fertig zu stellen.
- *Informationsrisiko*: Z. B. sind Informationen über das zu untersuchende System fehlerhaft oder unvollständig und führen zu unbrauchbaren Ergebnissen.
- *Verifikations- und Validierungsrisiko*: Das verwendete Simulationswerkzeug weist interne Fehler auf oder richtige Simulationsergebnisse werden fehlerhaft interpretiert und umgesetzt.

Zur Reduzierung der wichtigsten identifizierten Risiken müssen geeignete Maßnahmen festgelegt werden.

Besprechungsprotokolle

In jedem Projekt finden Besprechungen mit ggf. unterschiedlichen Teilnehmerkreisen statt. Über diese Besprechungen ist stets ein Protokoll zu erstellen und zeitnah an alle Projektbeteiligten zu verteilen. Je nach Anlass einer Besprechung wird unterschieden zwischen

- ergebnisgesteuerten Besprechungen,
- ereignisgesteuerten Besprechungen und
- regelmäßigen Besprechungen.

Ergebnisgesteuerte Besprechungen finden in der Regel beim Erreichen von Meilensteinen statt. Beispiele für solche Besprechungen sind das Kick-off-Meeting und die Abschlusspräsentation (Abschn. 4.1 sowie Checklisten *C5 Kick-off-Meeting* und *C12 Abschlusspräsentation*). Für Zwischenpräsentationen umfasst das Protokoll normalerweise die Präsentationsunterlagen, die für die Dokumentation chronologisch geordnet archiviert werden müssen. Im Protokoll muss festgehalten werden, wenn in der Besprechung darüber hinaus Beschlüsse gefasst oder die weitere Vorgehensweise festgelegt werden. Bisweilen werden in diesen Besprechungen z. B. Entscheidungen über Parametereinstellungen getroffen oder gemeinsam mit dem Auftraggeber neue Steuerungsstrategien für das System entwickelt.

Ereignisgesteuerte Besprechungen finden bei besonderen – in der Regel unerwarteten – Vorkommnissen statt. Wird beispielsweise nach den ersten Datenlieferungen des Auftraggebers festgestellt, dass die Daten nicht die geforderte Qualität haben, so muss unverzüglich gemeinsam mit dem Auftraggeber die weitere Vorgehensweise festgelegt werden.

Regelmäßige Sitzungen finden beispielsweise alle zwei Wochen zur Abstimmung des aktuellen Projektstandes statt. Droht der Projektverlauf (zeitlich oder hinsichtlich der Kosten) von der Planung abzuweichen, können dort frühzeitig Gegenmaßnahmen diskutiert werden. Das kann beispielsweise der Fall sein, wenn die Datenaufbereitung wesentlich zeitaufwändiger ist als in der Terminplanung angenommen.

Statusberichte

In den Geschäftsprozessen vieler Unternehmen ist für umfangreiche, wichtige oder kritische Projekte die regelmäßige (meist monatliche) Erstellung eines Statusberichtes vorgesehen. Diese Berichte haben meist eine vorgegebene (kurze und knappe) Form und dienen der Überwachung des Projektverlaufes. Ist die Simulation ein Teilprojekt im Rahmen eines größeren Projektes, muss im Statusbericht auch der Stand der Modellentwicklung bzw. der Experimentdurchführung aufgezeigt werden. Bei kleineren Simulationsprojekten wird normalerweise kein regelmäßiger Statusbericht erforderlich sein.

Änderungen des Leistungsumfanges

Im Laufe eines Projektes ergibt sich mitunter der Wunsch nach Änderungen des zuvor vereinbarten Leistungsumfanges. Das kann bei Simulationsprojekten beispielsweise dann erforderlich werden, wenn die ersten Simulationsergebnisse einen Bereich (oder Parameter) der Anlage ins Blickfeld rücken, der vorher als eher unwichtig angesehen wurde. In solchen Fällen muss das Modell verfeinert oder der Experimentplan überarbeitet werden. Solche nachträglichen Änderungen am Leistungsumfang sind keineswegs ein Zeichen für schlechte Planung, sondern im obigen Beispiel sogar ein Beweis für erste Erfolge der Simulationsstudie. Aus Qualitätssicht ist es wichtig, dass solche Änderungen mit einer Erläuterung über den jeweiligen Grund der Änderung dokumentiert werden. Sind beispielsweise zusätzliche Datenerhebungen oder umfangreichere Modellierungsarbeiten als ursprünglich geplant notwendig, müssen ggf. die bestehenden Kosten- und Terminpläne angepasst werden.

Abschlussdokumentation

Die Abschlussdokumentation wird dem Auftraggeber am Ende des Projektes übergeben. Sie fasst alle wichtigen Projektergebnisse zusammen. Zu beachten ist, dass die Abschlussdokumentation in der Terminologie des Auftraggebers formuliert sein muss. Der Inhalt beschränkt sich auf das aus Sicht des Auftraggebers Wesentliche. Sinnvoll ist, zu Beginn das ursprüngliche Projektziel zu nennen und in den folgenden Ausführungen darzustellen, auf welchem Weg dieses Ziel erreicht wurde (s. *Abschlussdokumentation* und *Abschlusspräsentation* in Abschn. 2.2.3).

Abnahmeerklärung

Am Projektende – nach der Abschlusspräsentation und der Übergabe der Abschlussdokumentation – findet die eigentliche Projektabnahme statt. Der Auftraggeber muss während einer angemessenen Frist prüfen, ob und in wie weit die erzielten Ergebnisse den Anforderungen und Abnahmekriterien aus der Aufgabenspezifikation genügen. Die Abnahmeerklärung enthält entweder eine Bestätigung der Projektabnahme oder eine Liste noch zu erledigender Aufgaben bzw. zu behebender Mängel (s. auch *Modellabnahme* und *Projektabnahme* in Abschn. 2.2.3).

2.2.2 Ergänzende Dokumente in Softwareprojekten

Projekte mit einem Anteil im Bereich Software Engineering erfordern zusätzlich zu den bisher vorgestellten Dokumenten eine integrierte Dokumentation des entwickelten Programms (Balzert 2005) sowie ggf. ein Handbuch für den Benutzer. Die für Simulationsprojekte mit Softwareanteil unbedingt einzuplanenden Dokumente werden im Folgenden beschrieben.

Kommentierter Quellcode

Wie jede andere Software auch, muss der Quellcode der neu implementierten Teile eines Simulationsmodells (z. B. spezifische Steuerungen) durchgängig kommentiert werden. Dies erleichtert die Verständlichkeit und sorgt für Übersichtlichkeit bei größeren Modellen. Zudem sind mit einer guten Kommentierung spätere Änderungen leichter möglich.

Beschreibung der Programmstruktur

Zusätzlich zu den Kommentaren im Quellcode empfiehlt sich, besonders für den internen Gebrauch, auch die Struktur des Programmcodes detailliert zu dokumentieren. Beispielsweise können für komplexe Steuerungsstrategien Struktogramme erstellt werden, die den späteren Einstieg in das Modell erleichtern. Bei objektorientierten Simulationswerkzeugen bietet es sich an, die vom Simulationsexperten definierten Klassen und ihren Aufbau zu dokumentieren. Ist schon absehbar, dass das Simulationsmodell in Zukunft erweitert oder modifiziert werden soll, sollten entsprechende Hinweise in die Dokumentation eingefügt werden.

Benutzerhandbuch

Ein Benutzerhandbuch ist eine Bedienungsanleitung für ein Softwareprodukt, die sich ausdrücklich an den Endnutzer der Software richtet. Es umfasst u. a. eine Erläuterung des Funktionsumfanges, der möglichen Ein- und Ausgabedaten sowie der Fehler- und Statusmeldungen. Ein Benutzerhandbuch geht dagegen *nicht* auf Details der Implementierung des Programms ein.

Wenn der Auftraggeber selbst Simulationsexperimente durchführen möchte, so ist ihm zusammen mit dem Simulationsmodell ein solches Benutzerhandbuch zu übergeben. Darin ist z. B. detailliert zu beschreiben, wie Parameteränderungen am Simulationsmodell vorgenommen werden, wie ein Simulationslauf gestartet wird, in welcher Form die Ergebnisse eines Simulationslaufs vorliegen und wie sie zu interpretieren sind.

2.2.3 Dokumente in Simulationsprojekten

Die in einem Simulationsprojekt zu erstellenden Dokumente bauen sowohl auf allgemeinen Dokumenten der Projektdurchführung als auch auf Dokumenten für Softwareprojekte auf. Diese sind teilweise für Simulationsprojekte inhaltlich anzupassen und neu zu strukturieren. Darüber hinaus gibt es weitere, für die Simulation spezifische Dokumente. Die simulationsspezifischen und die für die Simulation angepassten Dokumente werden im Folgenden nur kurz beschrieben. Eine detaillierte Darstellung findet sich in Rabe et al. (2008). Die Reihenfolge der Beschreibung in diesem Abschnitt orientiert sich an dem Vorgehensmodell für Simulationsprojekte (Abb. 1). Dabei wird die Dokumentation der Verifikation und Validierung, die die Phasen des Vorgehensmodells insgesamt begleitet, der Auflistung vorangestellt.

Verifikation und Validierung (V&V)

Die Validität der verwendeten Simulationsmodelle ist ebenso wie vollständige und valide Daten ein entscheidender Aspekt für eine qualitätskonforme Simulationsstudie (Abschn. 2.3). Wichtige Grundlage für die Verifikation und Validierung sind aussagekräftige Dokumentationen, die zu jeder Phase eines Simulationsprojektes Folgendes festhalten:

- Was ist Gegenstand der V&V-Aktivitäten?
- Welche Techniken zur V&V werden angewendet?
- Wer soll zu welchem Zeitpunkt die V&V-Aktivitäten durchführen?
- Welche Ergebnisse liefern die V&V-Aktivitäten?

Die V&V-Dokumentation in Form von *V&V-Reports* wird ausführlich bei Rabe et al. (2008, Kap. 6) behandelt und ist daher nicht Bestandteil dieses Buches.

Zielbeschreibung

Das Vorgehensmodell für Simulationsprojekte (Abb. 1) nennt als erstes Dokument die Zielbeschreibung. Darin wird zunächst das zu untersuchende System mit seinen typischen Ausprägungen kurz beschrieben. Danach werden die Aufgabenstellung, die Untersuchungsziele und der Modellzweck formuliert. Liegen mehrere konkurrierende Ziele vor (z. B. enge terminliche Vorgaben und hohe Variantenvielfalt), muss eine Priorisierung der Ziele durchgeführt werden. In Abschnitt 3.1.3 werden Regeln zur Formulierung der Zielbeschreibung für ein Simulationsprojekt erläutert (s. auch Checkliste *C1 Projektvorbereitung auf Auftraggeberseite* und Dokumentstruktur *D1 Zielbeschreibung*).

Angebot

Basierend auf einem ersten Gespräch zwischen Auftraggeber und potentiellem Auftragnehmer (Abschn. 3.1.1 und Checkliste *C2 Erstes Gespräch*) werden in einem Angebot die Ausgangssituation beim Auftraggeber, der

Betrachtungsgegenstand, das Projektziel und die einzusetzende Lösungsmethode dargestellt. Die Beschreibung des Angebotsumfanges umfasst eine Aufschlüsselung aller Arbeitspakete im Projekt (Abschn. 3.2.1). Auch
Leistungen, die explizit nicht im Angebot enthalten sind, wie z. B. eine
Datenerhebung durch den Auftraggeber, werden benannt. Weiterhin müssen im Angebot Aussagen zu Terminen, zu Kosten und zu rechtlichen
Rahmenbedingungen enthalten sein (Abschn. 3.2 und Checkliste *C3 Angebotserstellung*).

Aufgabenspezifikation

Die Aufgabenspezifikation entsteht aus der inhaltlichen Konkretisierung
der Zielbeschreibung im Hinblick auf das Projektziel sowie das zu untersuchende System und seine Teilsysteme. Dies impliziert die Benennung
der Systemgrenzen, die grobe Darstellung des Systemverhaltens, die Auflistung der relevanten Systemkomponenten inklusive deren Eigenschaften
sowie die Formulierung der Anforderungen an den Detaillierungsgrad des
Simulationsmodells. Darüber hinaus werden die notwendigen Informationen und Daten hinsichtlich Art, Umfang und Granularität, zu verwendende
Informations- und Datenquellen sowie Schnittstellen zu externen Systemen
festgelegt. Weiterhin werden der Modellzweck, die spätere Modellnutzung
sowie weitere Anforderungen an die Lösungsmethode (ggf. inklusive des
zu verwendenden Simulationswerkzeuges), die Modellbildung (z. B. Verwendung von Simulationsbausteinbibliotheken), und die Experimentdurchführung (ggf. erste Experimentpläne) formuliert (Dokumentstruktur
D2 Aufgabenspezifikation).

Die aus den vorgenannten Aspekten resultierenden Aufgaben bilden die
Basis für die Termin- und Projektpläne, die in Simulationsprojekten Bestandteil der Aufgabenspezifikation sind.

Rohdaten

Für den Aufbau eines Simulationsmodells werden unterschiedliche Informationen und Daten benötigt, die der Auftraggeber zur Verfügung stellen
muss. Bei diesen sogenannten Rohdaten handelt es sich beispielsweise um
Konstruktionsdaten, Lagerbestandslisten, Auftragslisten oder Leistungsdaten. Bei der Untersuchung bestehender Systeme werden oft auch Statisti-
ken über den momentanen Betrieb herangezogen. Mitunter werden auch
Mitarbeiter des Auftraggebers zu spezifischen Daten und zum Systemverhalten der Anlage befragt (zu Erhebungsmethoden s. Abschn. 4.3.1). In allen Fällen muss ergänzend zu den Angaben in der Aufgabenspezifikation
neben den eigentlichen Informationen und Daten das konkrete Vorgehen

der Datenbeschaffung dokumentiert werden (Checkliste *C7a Datenbeschaffung* und Dokumentstruktur *DR Rohdaten*).

Aufbereitete Daten

Die zur Verwendung für die Simulation aufbereiteten Daten entstehen durch Bereinigung, Strukturierung und Verdichtung der Rohdaten. Beispielsweise sind fehlerhafte Datensätze mittels Plausibilitäts- und Konsistenzprüfungen zu identifizieren, ggf. zu korrigieren oder ebenso wie fehlende Daten neu zu beschaffen. Insbesondere bei Planungsstudien können bestimmte Gegebenheiten des Systems noch unbekannt sein. In solchen Fällen müssen Auftragnehmer und Auftraggeber einvernehmlich Annahmen treffen.

Die für die Datenaufbereitung ausgeführten Schritte sind nachvollziehbar zu dokumentieren, und in diesem Zusammenhang getroffene Annahmen sind ausdrücklich zu kennzeichnen. Darüber hinaus sind der Verwendungszweck im Modell und der Bezug zu den Rohdaten zu benennen.

So sind z. B. für die Verdichtung der Rohdaten in Form einer statistischen Verteilung die Verteilungsfunktion, die Koeffizienten sowie die eingesetzten statistische Verfahren inklusive der daraus erhaltenen Ergebnisse festzuhalten (Checkliste *C7b Datenaufbereitung,* Dokumentstruktur *DA Aufbereitete Daten* und Abschn. 4.3).

Konzeptmodell

Die Dokumentation des Konzeptmodells ergibt sich aus der Weiterentwicklung der in der Aufgabenspezifikation formulierten Systembeschreibungen. Die Strukturen des Modells und der Teilmodelle werden erläutert und vorzugsweise graphisch dargestellt (z. B. Flussdiagramme, Netzpläne, Prozesskettenmodelle). Material- und Informationsflüsse des Systems werden ebenso beschrieben wie die zu verwendenden Eingabe- und die geplanten Ausgabe- und Ergebnisgrößen des Modells. Hier wird außerdem die Vorgehensweise zur Modellerstellung (z. B. Top-down) begründet (Checkliste *C8a Systemanalyse*, Dokumentstruktur *D3 Konzeptmodell* sowie Abschn. 4.4.2).

Formales Modell

Das formale Modell ist ein Dokument, das eine genaue, aber weiterhin systemunabhängige Beschreibung des zu erstellenden Simulationsmodells enthält. Dieses Dokument schreibt die Inhalte des Konzeptmodells fort. In der Regel wird jedoch kein vollständig formales Modell erstellt. Vielmehr werden nur die Aspekte des Konzeptmodells in konkrete Algorithmen und Datenstrukturen formalisiert, die nicht direkt und eindeutig in ein ausführbares Modell umgesetzt werden können. Beispielsweise sind bei der Verwendung eines Simulationswerkzeuges mit vordefinierten Simulationsbausteinen nicht die Funktionalitäten der zu verwendenden Bausteine zu formalisieren, wohl aber ggf. erforderliche Steuerungsstrategien zur logischen Verknüpfung dieser Bausteine (Checkliste *C8b Modellformalisierung*, Dokumentstruktur *D4 Formales Modell* und Abschn. 4.4.3).

Ausführbares Modell

Die Dokumentation des ausführbaren Modells berücksichtigt im Gegensatz zur Beschreibung des Konzeptmodells und des formalen Modells die spezifischen Elemente und Nomenklaturen des einzusetzenden Simulationswerkzeuges und beinhaltet – soweit erforderlich – die integrierte Dokumentation des Programmcodes. Je nach verwendetem Simulationswerkzeug kann es sinnvoll sein, z. B. globale Variablen und Attribute mit ihrer jeweiligen Funktion aufzulisten oder die Aufrufhierarchie von Prozeduren, Funktionen und Methoden zu visualisieren. Dokumentiert wird auch, mit welchen Simulationsbausteinen das Modell umgesetzt wird (Checkliste *C8c Implementierung*, Dokumentstruktur *D5 Ausführbares Modell* und Abschn. 4.4.4).

Durch eine sorgfältige Dokumentation wird die spätere Nutzung eines ausführbaren Modells wesentlich erleichtert. Bei der Modellierung hat der Simulationsexperte ein hohes Maß an Freiheit. Jeder pflegt seinen eigenen Modellierungsstil, durch den zwangsläufig verschiedene Modellierungsansätze für ein und dasselbe Problem existieren können. Ohne ausreichende Dokumentation ist selbst für Simulationsexperten oft nicht mehr nachvollziehbar, warum einzelne Systemteile gerade in der vorliegenden Form abgebildet wurden.

Modellabnahme

Die Modellabnahme ist der Verifikation und Validierung des ausführbaren Modells nachgeschaltet und setzt ein gültiges (valides) Modell voraus. Sie beinhaltet die Bestätigung der Glaubwürdigkeit des Simulationsmodells und seiner Nutzbarkeit für die gegebene Aufgabenstellung unter Berücksichtigung der projektspezifisch festgelegten Akzeptanz- bzw. Abnahmekriterien. (Abschn. 3.2.3 und Checkliste *C9a Modellabnahme*). Basis sind die im Projektverlauf entstandenen Dokumentationen, insbesondere auch die Dokumentation der Verifikation und Validierung zu allen Projektschritten. Die Abnahme des Modells erfolgt explizit und schriftlich und o-

rientiert sich an den in der Aufgabenspezifikation formulierten Abnahme-
bzw. Akzeptanzkriterien. Sie wird mit der Freigabe des Modells durch den
Auftraggeber abgeschlossen.

Simulationsergebnisse

Zu einem Simulationsexperiment werden für jeden einzelnen Lauf die Ergebnisse zu den in der Aufgabenspezifikation festgelegten Größen (z. B.
Durchsatz) dokumentiert. Für jeden Simulationslauf ist die Einstellung al-
ler variablen Parameter zu benennen. Weiterhin müssen hier der Simulati-
onszeitraum und ggf. die Dauer der Einschwingphase angegeben sowie
Aussagen zur statistischen Signifikanz der Simulationsergebnisse gemacht
werden. Die Ergebnisse werden analysiert und Schlussfolgerungen für die
Realität abgeleitet. In diesem Zusammenhang wird auch die Bedeutung der
Ergebnisse für den praktischen Betrieb des Auftraggebers dargestellt
(Abschn. 4.5 sowie Checkliste *C10 Durchführung von Experimenten* und
Dokumentstruktur *D6 Simulationsergebnisse*).

Abschlusspräsentation

Für die Abschlusspräsentation erstellt der Auftragnehmer Präsentationsunterlagen, die beginnend mit dem Projektziel den Projektverlauf und die
wesentlichen Projektergebnisse zusammenfassen. Je nach Wissensstand
des Zielpublikums kann die Darstellung mehr oder weniger detailliert erfolgen.

Wichtige Inhalte der Abschlusspräsentation sind neben dem Projektziel
Aussagen über die verwendeten Daten, die Struktur des Simulationsmo-
dells und die Simulationsergebnisse. Auch die Umsetzung der erzielten
Ergebnisse in den praktischen Betrieb und damit letztlich der Nutzen der
Simulationsstudie für den Auftraggeber muss deutlich zum Ausdruck kom-
men.

Für die Effizienz der Abschlusspräsentation kann es hilfreich sein, dem
Auftraggeber vorab Dokumente (z. B. Präsentationsfolien, vorläufiger Abschlussbericht) zukommen zu lassen. In diesem Fall sollte der Auftraggeber aufkommende Fragen vor der Präsentation formulieren und dem Auftragnehmer mitteilen (Abschn. 4.6 sowie Checkliste *C11 Abschlusspräsentation*).

Abschlussdokumentation

Die Abschlussdokumentation für eine Simulationsstudie fasst die für den Auftraggeber wichtigsten Inhalte der Gesamtdokumentation zusammen und kann wie folgt gegliedert werden:

- Zielsetzung und Randbedingungen der Simulationsstudie
- Verwendete Eingabedaten und getroffene Annahmen
- Aufbau des Simulationsmodells
- Steuerungsstrategien
- Varianten des Modells
- Experimentpläne
- Simulationsergebnisse, Analyse und Bewertung
- Maßnahmen zur Verifikation und Validierung
- Aussagen zur Nachnutzung des Modells

Die Abschlussdokumentation entsteht in der Regel aus Auszügen oder einer Zusammenfassung der bereits erstellten Dokumente zu den Ergebnissen der einzelnen Phasen der Simulationsstudie. Details zum Simulationsmodell sind nicht erforderlich. Dagegen kann eine kurze Erklärung, was Simulation ist und was sie leisten kann, zu Beginn der Dokumentation sinnvoll sein (Checkliste *C11 Abschlussdokumentation*).

Projektabnahme

Im Anschluss an eine Abschlusspräsentation und – soweit gefordert – eine Übergabe der Abschlussdokumentation sind die Ergebnisse der Simulationsstudie formal abzunehmen. Betrachtungsgegenstand der Abnahme sind die Experimentpläne, die die durchgeführten Simulationsexperimente dokumentieren, sowie die Ergebnisse der Simulation, ggf. einschließlich der abgeleiteten Interpretation. Voraussetzung für die Projektabnahme ist die vollständige Abarbeitung und Dokumentation aller in der Aufgabenspezifikation definierten Arbeiten durch den Auftragnehmer und die Erfüllung der dort benannten Anforderungen und Abnahmekriterien. Die *Checkliste C9b Projektabnahme* im Anhang dieses Buches unterstützt die Abnahme.

2.3   Durchgängige Verifikation und Validierung

Ein wesentliches Qualitätskriterium der Simulation ist die durchgängige Verifikation und Validierung (Abschn. 1.1) und damit die Beantwortung der Fragen, ob das Modell konsistent ist, ob es alle für die Aufgabenstellung wesentlichen Eigenschaften des abgebildeten Systems enthält und ob es für den Untersuchungszweck angemessen ist. Diese Modelleigenschaften lassen sich allerdings im Allgemeinen nicht formal nachweisen. Daher ist das tatsächliche Ziel der Verifikation und Validierung (V&V) die Erreichung der Glaubwürdigkeit des Modells. Das Modell wird als glaubwürdig eingestuft, wenn die beteiligten Personen – insbesondere diejenigen, die auf Basis des Modells Entscheidungen treffen – von der Gültigkeit des Modells für die jeweilige Aufgabenstellung überzeugt sind. Zur Herstellung der Glaubwürdigkeit ist besonders der im Qualitätskriterium benannte Aspekt der *Durchgängigkeit* zu beachten.

Die beschriebenen Unsicherheiten bei der Herstellung der Glaubwürdigkeit verstärken die Forderung, dass jede einzelne Projektphase einer definierten Prozessqualität genügen muss (Abschn. 1.1). Die Untersuchung der Gültigkeit muss sich im Sinne der geforderten Durchgängigkeit auf alle Phasenergebnisse einer Simulationsstudie beziehen und kann sich keinesfalls allein auf das ausführbare Modell und die Simulationsergebnisse beschränken.

In allen Phasen werden die erzeugten *Ergebnisse* betrachtet. V&V führt also nicht unmittelbar zu einer höheren Qualität der jeweiligen Phase, sondern prüft die erzielte Qualität und schafft damit zugleich die Basis für eine höhere Qualität der folgenden Phasen. Hierzu werden qualitative und quantitative Ergebnisse untersucht oder das Verhalten des Modells in unterschiedlichen Situationen nachvollzogen, z. B. in einer Graphik auf dem Bildschirm oder durch das strukturierte Durchgehen einer Beschreibung. Faktisch wird hierdurch nicht Gültigkeit nachgewiesen, sondern nach Konstellationen gesucht, in denen das Modell nicht gültig ist. Lassen sich solche Konstellationen nicht auffinden, erhöht dies die Glaubwürdigkeit.

Das Qualitätskriterium der durchgängigen V&V hat daher einen etwas anderen Charakter als die anderen Qualitätskriterien. Letztere beziehen sich auf Maßnahmen, die die Entstehung ungültiger Phasenergebnisse (oder Zwischenergebnisse) verhindern sollen. Aufgabe der V&V ist dagegen in erster Linie die Aufdeckung von ungültigen Ergebnissen. Hieraus folgt, dass die V&V einer spezifischen Vorgehensweise bedarf, die im Rahmen dieses Buches nur kurz erläutert werden kann, so dass auf entsprechende Checklisten zur V&V in diesem Buch verzichtet werden muss. Eine Übersicht über solche Vorgehensweisen und die detaillierte Beschreibung einer für Simulationsstudien in Produktion und Logistik spezifischen Vorgehensweise zur V&V geben (Rabe et al. 2008).

2.3.1 Die Begriffe Verifikation, Validierung und Test

Vereinfacht formuliert untersucht Verifikation Aspekte der Korrektheit eines Modells („Ist das Modell richtig?") und Validierung Aspekte der Eignung („Ist es das richtige Modell?") (Balci 2003; VDI 3633 2008). Allerdings lassen sich Verifikation und Validierung in der praktischen Durchführung nur schwer trennen (Balci 1998). Reine Verifikationsaufgaben (z. B. Vergleich einer Software-Implementierung mit der Spezifikation) sind zwar von der Validierung getrennt durchführbar, die Mehrzahl der V&V-Techniken zeigt aber nur Abweichungen zwischen dem tatsächlichen Verhalten und dem erwarteten Verhalten eines Modells auf. Ob diese Abweichungen aus einer fehlerhaften Umsetzung (hier greift die Verifikation) oder einer fehlerhaften Spezifikation des Modells (hier greift die Validierung) herrühren, ist von untergeordnetem Interesse. Bei der V&V angewandte Techniken lassen sich daher nicht vollständig in Verifikationstechniken und Validierungstechniken unterscheiden und werden zusammenfassend auch mit dem Oberbegriff „Tests" bezeichnet.

Als Beispiel sei das strukturierte Durchgehen eines Konzeptmodells genannt, bei dem Simulationsfachleute mit Experten aus den Fachbereichen des Unternehmens alle Elemente des Konzeptmodells systematisch betrachten und versuchen, Unstimmigkeiten innerhalb des Modells oder Diskrepanzen zwischen dem Konzeptmodell und anderen, bereits vorliegenden Phasenergebnissen aufzudecken. Gelingt dies nicht, gilt der Test als bestanden. Bei der spezifischen Durchführung des Tests ist offenbar die Zuordnung zu Verifikation oder Validierung ohne Belang.

Ausführlichere Definitionen von Verifikation, Validierung und Test sowie von verwandten Begriffen finden sich bei Rabe et al. (2008, Kap. 2).

2.3.2 Anwendung von V&V-Techniken

Ein wesentlicher Aspekt der V&V ist die sorgfältige Auswahl der jeweils spezifisch geeigneten V&V-Techniken (Rabe et al. 2004). Hierzu ist die Kenntnis der verfügbaren Verfahren sowie deren richtiger Anwendung eine unbedingte Voraussetzung. Erfahrungen der Autoren dieses Buches belegen jedoch, dass diese Techniken oft nicht vollständig bekannt sind oder nicht korrekt angewendet werden. Dies gilt durchaus auch für Personen, die Simulation häufig einsetzen. Das Wissen, welche Verfahren existieren, wann sie anwendbar sind und wie sie korrekt eingesetzt werden, ist eine unabdingbare Voraussetzung für die Durchführung der Simulationsstudien.

Tests in V&V sind häufig subjektiv geprägt, d. h. nicht unabhängig von der testenden Person. So darf Animation legitim eingesetzt werden, um ein zu testendes Modell im Betrieb zu beobachten und um zu untersuchen, ob unerwartete Situationen oder Bewegungen auftreten. Ein solcher Test wird stark von der Erfahrung des Beobachters abhängen, da dieser einerseits sinnvolle Situationen im Modellablauf gezielt auswählen muss und andererseits über einen „Blick für Fehler" verfügen sollte. Daher empfiehlt sich, auch V&V-Techniken mit einem überprüfbar objektiven Anteil (z. B. statistische Techniken, Historical Data Validation) einzusetzen. Der korrekte Einsatz der Techniken hat hier besondere Bedeutung, da bei einer unsystematischen oder unzulässigen Anwendung solcher Tests eine tatsächlich nicht existente Objektivität vorgegaukelt wird.

Rabe et al. (2008, Kap. 5) geben hierzu Hinweise und gruppieren V&V-Techniken nach ihrer Anwendbarkeit in unterschiedlichen Phasen der Simulationsstudie. Weitere Auflistungen von V&V-Techniken finden sich z. B. bei Balci (1994), Balci (1998), Berchtold et al. (2002) sowie Sargent (2005).

2.3.3 Durchgängige Anwendung von V&V

V&V ist grundsätzlich als permanenter, iterativer Prüfprozess durchzuführen, der letztendlich in einer Abnahme des Modells durch den Auftraggeber mündet: Qualität äußert sich in der durchgängigen V&V *während der gesamten Simulationsstudie* (Abb. 1).

Zunächst kann in jeder Phase einer Simulationsstudie verifiziert werden, ob das Modell in sich konsistent ist und ob die Ergebnisse der unmittelbar vorhergehenden Phase (formal) berücksichtigt sind. Wegen der subjektiven Anteile, die sich in jeder Modellierungsphase finden, kann daraus aber nicht auf die Gültigkeit des Modells in Bezug auf alle vorhergehenden Phasenergebnisse geschlossen werden, auch wenn diese jeweils sorgfältig verifiziert und validiert worden sind. Daher muss jeweils eine Validierung eines Phasenergebnisses in Bezug auf alle vorherigen Phasenergebnisse durchgeführt werden. Beispielsweise ist das ausführbare Modell nicht nur im Zusammenhang mit dem formalen Modell als Beschreibung des ausführbaren Modells zu untersuchen, sondern auch im Zusammenhang mit dem Konzeptmodell, der Aufgabenspezifikation und ggf. sogar mit der ursprünglichen Zielbeschreibung. Abb. 2 veranschaulicht diesen Zusammenhang. Aktivitäten, die in einer bestimmten Phase mit Bezug auf das Ergebnis einer anderen Phase durchgeführt werden, fassen Rabe et al. (2008) unter dem Begriff „V&V-Element" zusammen. Jedes Kästchen in Abb. 2 entspricht also einem V&V-Element. Da die detaillierte Erläuterung des V&V-Vorgehensmodells den Rahmen dieses Buches sprengen würde, sei auf die ausführliche Darstellung (a. a. O., Kap. 6) verwiesen.

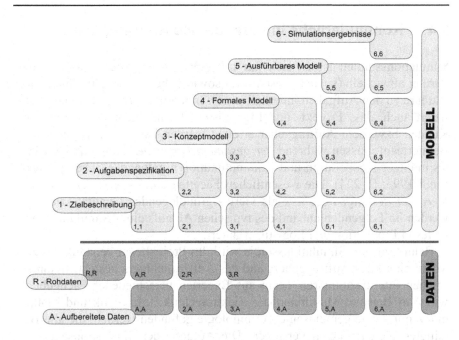

Abb. 2. V&V-Vorgehensmodell in der Simulation (vereinfacht nach Rabe et al. (2008, Kap. 6))

Wie aus dem V&V-Vorgehensmodell ablesbar ist, wächst der Umfang der zu bearbeitenden V&V-Elemente im Verlauf der Simulationsstudie. Zusätzlich nimmt die Zahl der in einem V&V-Element anwendbaren V&V-Techniken von Phase zu Phase zu. Typische Ablauftests (Animation, Trace-Analyse) sind z. B. erst möglich, wenn zumindest für ein Teilsystem ein ausführbares Modell vorliegt. Die Überprüfung des Modells in der Diskussion mit einem Fachexperten („Face Validity") kann dagegen in jeder Phase vorgenommen werden.

Die vollständige Anwendung aller geeigneten Techniken für jedes V&V-Element ist aus wirtschaftlichen Gründen nicht sinnvoll, zumal der Modellbildungsprozess in der Regel Iterationen unterliegen wird, die auch eine Wiederholung von V&V-Aktivitäten erfordern. Qualität bestimmt sich daher auch aus der bewussten Entscheidung für spezifische Tests zu jedem einzelnen V&V-Element. Darüber hinaus können unterschiedliche Randbedingungen wie Umfang und Komplexität des Simulationsprojektes, Einsatz des Modells (z. B. im laufenden Betrieb) oder Art der verwendeten Beschreibungsmittel eine spezifische Anpassung des Vorgehensmodells erforderlich machen (Rabe et al. 2008, Abschn. 6.2).

2.4   Kontinuierliche Integration des Auftraggebers

Simulationsstudien lassen sich nur mit einem Auftraggeber als aktivem Partner abwickeln (s. auch Abschn. 1.3 sowie Tabelle 1 zur Zuordnung der Akteure zu den Aufgaben innerhalb eines Simulationsprojektes). Dies impliziert auch, dass Projekt- und Ergebnisqualität nur gemeinsam mit dem Kunden bzw. dem Auftraggeber erreicht werden kann. Auftraggeber und Beraterteam müssen während *der gesamten Dauer des Simulationsprojektes* in enger Kooperation und Kommunikation miteinander stehen (s. auch Liebl 1995, S. 224). Die wesentlichen Facetten einer *kontinuierlichen Integration des Auftraggebers* als viertes grundlegendes Qualitätskriterium werden im Folgenden anhand des typischen Ablaufs eines Simulationsprojektes in Produktion und Logistik erläutert.

Beim Start der Simulationsstudie wird das Projektteam benannt, das aus Mitarbeitern des Auftraggebers und des Auftragnehmers besteht. In einem solchen interdisziplinären Team aus Experten verschiedener Fachgebiete wie zum Beispiel Maschinenbau, Elektrotechnik, Informatik und Mathematik muss eine gemeinsame Terminologie gefunden werden, die alle Beteiligten gleichermaßen verstehen. Die Aufgabe der Simulationsexperten ist, sich an den Terminologien des Auftraggebers zu orientieren und in Präsentationen und Besprechungen dessen Fachsprache zu verwenden. Simulationsexperten benötigen daher neben den üblichen Simulationskenntnissen immer auch Kenntnisse über die Branchenspezifika des Auftraggebers und müssen in der Lage sein, sich auf verschiedene Zielgruppen einzustellen. Daher kann es auch erforderlich sein, dass die Simulationsexperten sich zunächst in die technologischen Fragestellungen des Auftraggebers einarbeiten. Umgekehrt ist eine Einführung in die Simulationstechnik für Projektmitglieder ohne Simulationserfahrung durchaus sinnvoll. Kenntnisse über das fachspezifische Wissen des Projektpartners erleichtern in jedem Fall die Zusammenarbeit.

Eine entscheidende Rolle übernimmt der Auftraggeber bereits im Vorfeld der Beauftragung eines Angebotes. Hier prüft er, ob das Angebot für ihn verständlich und eindeutig formuliert ist und seine Wünsche, Ziele und Randbedingungen korrekt wiedergegeben sind. Das Angebot ist die Basis der weiteren Zusammenarbeit. Das Projektteam legt dann im Rahmen der Aufgabenspezifikation den Projektverlauf und die Meilensteine fest, bestimmt Randbedingungen, Systemgrenzen, Untersuchungsziele, Modellzweck und Abnahmekriterien und trägt letztlich *gemeinsam* Sorge für die Modellabnahme und die zielgerichteten Experimente zur Sicherstellung der Nutzbarkeit der Simulationsergebnisse. Eine kontinuierliche Einbeziehung des Auftraggebers in die Simulationsstudie stärkt sein Vertrauen in das Simulationsmodell, unterstützt die Akzeptanz der Simulationsergebnisse und macht es ihm leichter, die Ergebnisse der Simulationsstudie später umzusetzen.

Elementar für eine Simulationsstudie ist die Bereitstellung korrekter, valider Daten. Falsche oder ungenaue bzw. unvollständige Daten liefern auch falsche Simulationsergebnisse. Oftmals ist der Auftraggeber bei der Datenbeschaffung auf sich alleine gestellt und hat für die Plausibilität, Korrektheit und Gültigkeit der Daten Sorge zu tragen. Umgekehrt kommt es vor, dass Auftraggeber Daten ohne ernsthafte Prüfung auf Aktualität, Repräsentativität und Korrektheit liefern. In kooperierenden Projektteams unterstützen sich die Partner auch in diesem Punkt gegenseitig. Werden dem Auftraggeber methodische Grundlagen der Simulationstechnik erläutert, wird für ihn nachvollziehbar, warum die angeforderten Daten benötigt werden. Häufig übernimmt auch der Auftragnehmer die anschließende Verifikation und Validierung der Daten. Hinsichtlich fehlender Daten müssen Auftraggeber und Auftragnehmer einvernehmlich festlegen, welche Annahmen für die Erstellung des Simulationsmodells zu treffen sind.

In der Phase der Modellerstellung ist es wichtig, regelmäßig Kontakt zum Auftraggeber zu halten, ihn über den Bearbeitungsstand zu informieren und ihn so am Entstehen des Simulationsmodells teilhaben zu lassen. Tauchen bei der Modellierung Fragen auf, die sich aus der Aufgabenspezifikation nicht beantworten lassen, kann so schnell eine gemeinsame Lösung gefunden werden.

Verifikation und Validierung sowie die abschließende Modellabnahme sind ebenfalls wichtige gemeinsame Schritte. Das Wissen des Auftraggebers über das System und dessen Verhalten ist hier unerlässlich. Es unterstützt maßgeblich den V&V-Prozess und trägt somit zur Sicherstellung der Validität und Glaubwürdigkeit des Simulationsmodells bei.

In der sich an die Modellabnahme anschließenden Experimentphase legen Auftragnehmer und -geber gemeinsam den endgültigen Experimentplan fest, bestimmen die Vorgehensweise für die Experimentdurchführung und die Art der Simulationsergebnisse. Die bereits zu Projektbeginn durchgeführten gemeinsamen Gespräche zur Bestimmung des Modellzwecks und der Untersuchungsziele sowie die abgestimmte Aufgabenspezifikation stellen die Ausrichtung der Experimentdurchführung im Sinne der geplanten Untersuchungsziele sicher. Die Erreichung der Untersuchungsziele und die Erfüllung der gemeinsam definierten Abnahmekriterien bestätigt der Auftraggeber durch die abschließende Projektabnahme.

Da Simulationsexperimente überwiegend neue Erkenntnisse und damit auch neue kreative Lösungen hervorrufen, müssen die Projektpartner stets das weitere gemeinsame Vorgehen abwägen und bei Bedarf von der Möglichkeit der Änderung des Leistungsumfangs Gebrauch machen. Auch personelle Veränderungen unter den Ansprechpartnern sind im Sinne der Sicherstellung der Projektfortführung einvernehmlich und längerfristig zu klären.

In einer partnerschaftlich geführten Simulationsstudie haben stillschweigend getroffene Annahmen, unausgesprochene Akzeptanzprobleme oder unbegründete Vorgehensweisen keinen Platz. Der Projektverlauf, alle Zwischenergebnisse, Modellvarianten und Simulationsergebnisse müssen für alle Beteiligten verständlich sein. Jede Entscheidung, z. B. im Hinblick auf eine Modelländerung oder ein Experimentdesign, ist nachvollziehbar und abgestimmt zu treffen. Die kontinuierliche Integration des Auftraggebers ist eine grundsätzliche Forderung an die Zusammenarbeit und kann daher weniger durch Checklisten unterstützt werden. Die im folgenden Abschnitt vorgestellten Checklisten und Maßnahmen zur systematischen Projektabwicklung implizieren die kontinuierliche Integration des Auftraggebers.

2.5   Systematische Projektdurchführung

Zur Erzielung einer hohen Ergebnisqualität ist es unbedingt erforderlich, den Qualitätsaspekt konsequent über den gesamten Projektverlauf zu berücksichtigen. Eine Hilfestellung für eine *systematische Projektdurchführung* – und damit für die Erfüllung des fünften grundlegenden Qualitätskriteriums – bieten dabei die für dieses Buch ausgearbeiteten Checklisten, die speziell für den praktischen Einsatz im Projektalltag für alle Phasen eines Simulationsprojektes konzipiert sind (Abschn. 2.5.1 und im Anhang).

Noch vor Beginn der Simulationsstudie sind im Rahmen des Projektes die Auswahl eines Angebotes und ggf. eines Simulationswerkzeuges vorzunehmen. Gerade diese beiden Entscheidungen können maßgeblich den Erfolg der Simulationsstudie beeinflussen. Allzu oft werden hier Entscheidungen auf Basis subjektiver oder falsch bewerteter Kriterien gefällt, die später zu Schwierigkeiten bei der Durchführung der Simulationsstudie führen können. Abhilfe können hier Methoden zum Ermitteln relevanter Bewertungskriterien und zur Bewertung und Auswahl eines Angebotes bzw. eines Simulationswerkzeuges schaffen (Abschn. 2.5.2).

2.5.1   Checklisten

Die Checklisten im Anhang dienen der Unterstützung von Auftraggeber und -nehmer und beinhalten jeweils eine Zusammenstellung konkreter Handlungsempfehlungen, die in jeder einzelnen Projektphase zur Erfüllung der grundlegenden Qualitätskriterien beitragen. Der bewusst anwendungsunabhängige Charakter der Handlungsempfehlungen ermöglicht somit auch eine branchenübergreifende Verwendung. Dies bedeutet einerseits, dass der Projektverantwortliche individuell und aufgabenspezifisch entscheiden muss, welche der in den Checklisten enthaltenen Empfehlungen tatsächlich für sein aktuelles Projekt relevant sind. Andererseits stellen die Checklisten zwar fundierte Handlungsempfehlungen für eine systematische Projektdurchführung in jeder einzelnen Phase eines Simulationsprojektes dar, erheben jedoch keinesfalls einen Anspruch auf Vollständigkeit. Insgesamt 18 Checklisten, die nachfolgend kurz vorgestellt werden, begleiten Auftraggeber und Auftragnehmer durch die einzelnen Phasen eines Simulationsprojektes. Jede Checkliste besitzt eine eindeutige Bezeichnung sowie ein Kürzel, das aus einem „C" in Verbindung mit einer Zahl zwischen 1 und 13 und ggf. einem weiteren Ordnungskennzeichen „a", „b" oder „c" besteht. Abb. 3 stellt die Einordnung der Checklisten in das Vorgehensmodell für Simulationsprojekte dar.

Sobald in einem Unternehmen geplant ist, eine Simulationsstudie durchzuführen, sind verschiedene Grundsatzentscheidungen zu treffen. Die Checkliste *C1 Projektvorbereitung auf Auftraggeberseite* unterstützt hierbei den Auftraggeber. In der Checkliste *C2 Erstes Gespräch* sind alle wichtigen Punkte zusammengefasst, die zur Vorbereitung, Durchführung sowie Nachbereitung eines Abstimmungsgespräches zwischen Auftraggeber und potentiellen Auftragnehmern zum Zweck der gemeinsamen Ziel- und Strategieerörterung zu klären sind.

Hat ein Auftraggeber eine Zielbeschreibung verfasst und ggf. eine Ausschreibung veröffentlicht, erstellen mögliche Auftragnehmer entsprechende Angebote. Die dabei unter qualitätsrelevanten Aspekten zu betrachtenden Punkte sind in der Checkliste *C3 Angebotserstellung* aufgeführt. Ein Auftraggeber muss nun ggf. aus mehreren vorliegenden Angeboten das für ihn am besten geeignete auswählen. Er wird dabei von der Checkliste *C4a Angebotsauswahl* unterstützt. Mitunter steht zusätzlich die Auswahl eines Simulationswerkzeuges für das konkrete Projekt an. Hierzu steht die Checkliste *C4b Werkzeugauswahl* zur Verfügung, die auch dann eingesetzt werden kann, wenn ein Unternehmen sich für eine interne Durchführung einer Simulationsstudie entscheidet.

Zeitnah zur Beauftragung ist ein Kick-off-Meeting zu organisieren, das alle Projektbeteiligten zusammenführt. Die Checkliste *C5 Kick-off-Meeting* gibt Hilfestellung bei der Organisation und Durchführung dieses Meetings, das den eigentlichen Projektstart darstellt. Mit dem Kick-off-Meeting beginnt die Aufgabendefinition, deren Ergebnis die Aufgabenspezifikation ist. Die Checkliste *C6 Aufgabendefinition* unterstützt Auftraggeber und Auftragnehmer in dieser gemeinsam durchzuführenden Phase.

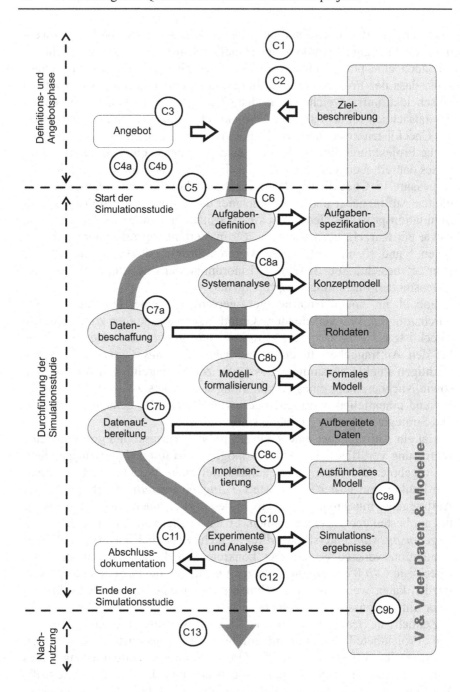

Abb. 3. Einordnung der Checklisten in das erweiterte Vorgehensmodell

Die Checklisten *C7a Datenbeschaffung* und *C7b Datenaufbereitung* helfen dem Auftraggeber, aber auch dem Auftragnehmer, bei der Bereitstellung und Aufbereitung der für die Simulation erforderlichen Daten. Der Auftragnehmer kann für die Modellerstellung auf die Checklisten *C8a Systemanalyse*, *C8b Modellformalisierung* und *C8c Implementierung* zurückgreifen.

Vor der Durchführung der Simulationsexperimente muss eine Abnahme der erstellten Modelle durch den Auftraggeber erfolgen. Die hierzu erforderlichen Maßnahmen sind in der Checkliste *C9a Modellabnahme* zusammengefasst. Die Checkliste *C10 Durchführung von Experimenten* dient in der Phase der Experimentdurchführung der unterstützenden Begleitung des Auftragnehmers.

Zum Projektende sind aus Qualitätssicht neben der vom Auftraggeber vorzunehmenden *C9b Projektabnahme* eine ausführliche *C11 Abschlussdokumentation* zu erstellen und eine *C12 Abschlusspräsentation* beim Auftraggeber durchzuführen.

Zunehmend werden Simulationsmodelle nach Projektabschluss für gleiche oder vergleichbare Aufgabenstellungen weiter- oder wiederverwendet. Die Checkliste *C13 Nachnutzung* beinhaltet die dabei aus Qualitätssicht zu ergreifenden Aktivitäten.

Grundsätzlich ist es möglich, eine systematische Projektdurchführung in Form von einfachen „Abhaklisten" für die zugehörigen Handlungsempfehlungen zu unterstützen. Bereits auf diese Weise kann sichergestellt werden, dass alle Qualitätskriterien, d. h. sowohl die fünf grundlegenden als auch ggf. unternehmensindividuell zusätzlich vorhandene Qualitätskriterien (Abschn. 1.1), bei der Vergabe, Durchführung und Nachbereitung einer Studie berücksichtigt werden. Die Autoren des vorliegenden Buches möchten aber einen Schritt weitergehen und statt einfacher Abhaklisten ein dynamisches Hilfsmittel bereitstellen, das *projektbegleitend* auch organisatorische Daten wie Termine und Verantwortlichkeiten sowie Anmerkungen zur Ausführung dokumentiert. Die so entstandenen Checklisten dienen einerseits als Hilfsmittel zur Erlangung der gewünschten Prozess- und Ergebnisqualität einer Simulationsstudie und andererseits als Teil der Dokumentation des Gesamtprojektes. Somit ist es möglich, die Durchführung von Projekten transparent und nachvollziehbar zu gestalten, so dass auch im Nachhinein, etwa bei Beanstandung der Ergebnisse, Fehler ermittelt und Verantwortlichkeiten eindeutig geklärt werden können.

Abb. 4 stellt ein speziell auf die Erfüllung der fünf grundlegenden Qualitätskriterien (Abschn. 1.1) für Simulationsprojekte zugeschnittenes Checklistenformular vor. Dieses Formular bietet eine strukturierte Übersicht aller Handlungsempfehlungen, die in einer Projektphase berücksichtigt werden müssen. Die Empfehlungen sind jeweils als *Aktivität* formuliert und bilden somit eine Art Arbeitsplan für die Projektbeteiligten. Der Aufbau des Formulars bietet zahlreiche Möglichkeiten, die Ausführung der einzelnen Aktivitäten nachvollziehbar zu planen, den Status zu protokollieren sowie ggf. die Ergebnisse zu dokumentieren.

Je nach Anzahl der definierten Aktivitäten kann eine Checkliste aus mehreren Seiten bestehen und somit als Sammlung mehrerer Formularblätter vorliegen. Dokumentnummern und Seitenzahlen ermöglichen eine eindeutige und nachvollziehbare Dokumentordnung und -ablage des für den Ausdruck im DIN A4-Format entwickelten Checklistenformulars.

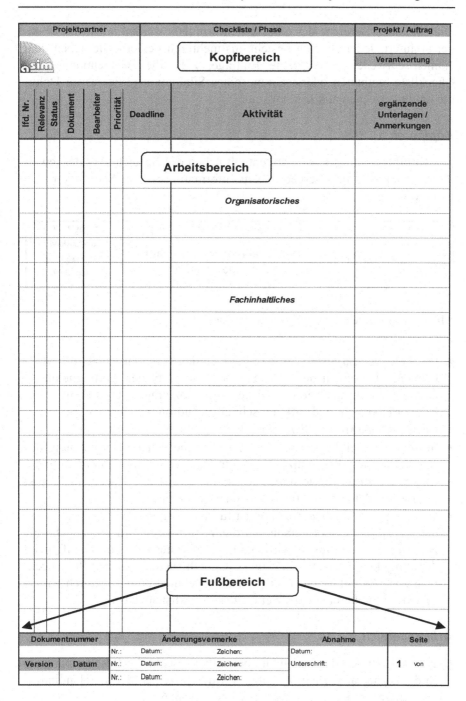

Abb. 4. Checklistenformular – Gesamtansicht

Die einzelnen Bereiche des Checklistenformulars werden nachfolgend näher erläutert. Jeder Bereich besteht aus mehreren Feldern, die neben dem Namen entweder vorgegebene Einträge, z. B. die Bezeichnung einer Checkliste, enthalten oder während eines Simulationsprojektes zu Dokumentationszwecken auszufüllen sind.

Kopfbereich

Der Kopfbereich des Formulars enthält neben der Bezeichnung der jeweiligen Checkliste die übergeordneten Informationen zum Simulationsprojekt (Abb. 5).

Projektpartner	Checkliste / Phase	Projekt / Auftrag
Muster GmbH & Co.	C1 – Projektvorbereitung auf Auftraggeberseite	Studie Musterwerk
		Verantwortung
		Max Mustermann
		Abt. XY-123

Abb. 5. Kopfbereich des Checklistenformulars

- Das Feld *Projektpartner* im Kopfbereich des Formulars bietet die Möglichkeit, die Namen des Auftraggebers und evtl. des Auftragnehmers, falls gewünscht auch je ein Firmenlogo, einzutragen. Dies dient lediglich der Übersicht und evtl. der schnellen Zuordnung einer Checkliste.
- Das Feld *Checkliste / Phase* enthält die Bezeichnung der Checkliste.
- In das Eingabefeld *Projekt / Auftrag* ist eine genaue Bezeichnung des Simulationsprojektes einzufügen, um eine eindeutige Zuordnung der Checkliste zu gewährleisten. Die Eintragung ist in allen einem Projekt zuzuordnenden Formularen identisch vorzunehmen.
- Das Eingabefeld *Verantwortung* ist für den Namen sowie ggf. die Firma und die Abteilung der Person, der die Verantwortung für die zugehörige Projektphase übertragen wird, vorgesehen. Diese Person, nachfolgend der „Projektverantwortliche", muss letztlich auch die ausgefüllte Checkliste zum Abschluss der Projektphase abnehmen und dies durch Unterschrift im Fußbereich jeder Seite einer Checkliste belegen.

Arbeitsbereich

Der Arbeitsbereich des Formulars beinhaltet sowohl die Beschreibung als auch die organisatorischen Angaben für die einzelnen der als Handlungsempfehlungen zu verstehenden Aktivitäten (Abb. 6):

- Die Spalte *Aktivität* im Arbeitsbereich beinhaltet die wesentlichen Eintragungen eines Checklistenformulars. Die Felder dieser zentralen Spalte (Abb. 4) enthalten die Aktivitäten, die in einer Projektphase zur Erfüllung der grundlegenden Qualitätskriterien durchgeführt werden sollen. Die Aktivitäten sind jeweils in Form einer kurzen, klar verständlichen Anweisung formuliert. In den Checklisten im Anhang sind bereits alle von den Autoren dieses Buches vorgeschlagenen Aktivitäten in den einzelnen Projektphasen eingetragen. Weiterführende Erläuterungen sind den entsprechenden Abschnitten dieses Buches zu entnehmen. Selbstverständlich steht es dem Anwender der Checklisten frei, zusätzliche, z. B. firmen- oder projektspezifische Anforderungen zu definieren und entsprechende Handlungsempfehlungen zu deren Erfüllung abzuleiten und in die zugehörigen Checklisten als Aktivitäten einzutragen bzw. zusätzliche Checklisten aufzusetzen. Zur besseren Übersicht empfiehlt sich, die Aktivitäten entsprechend ihrer Ausrichtung innerhalb einer Projektphase zu ordnen. Wie in Abb. 4 dargestellt, wird hier eine Unterscheidung der Aktivitäten in organisatorische und fachinhaltliche Aktivitäten vorgeschlagen.
- In jeder Checkliste sind die empfohlenen Aktivitäten mit organisatorischen Informationen versehen. Hierzu zählt u. a. eine Nummer, die jeweils in der Spalte *Lfd. Nr.* vorgegeben ist (Abb. 6) und lediglich der Erleichterung eines Bezuges auf eine Handlungsempfehlung dient. Die laufende Nummer definiert keine Reihenfolge in der Abarbeitung der in der Checkliste aufgeführten Aktivitäten. Die Bearbeitungsfolge bleibt dem Projektverantwortlichen überlassen, sofern keine logische Folge der Aktivitäten besteht. In vielen Fällen können Aktivitäten auch zeitlich parallel ausgeführt werden. Grundsätzlich ist jedoch eine Reihenfolge durch die Vergabe von Prioritäten sowie die Einstufung in organisatorische und fachinhaltliche Aktivitäten gegeben, da organisatorische Aufgaben überwiegend zur Vorbereitung innerhalb einer Projektphase dienen.
- Über die Eingabefelder in der Spalte *Relevanz* wird gekennzeichnet, ob eine Aktivität im Rahmen des aktuellen Simulationsprojektes relevant ist oder nicht. Je nach Aufgabenstellung und Rahmenbedingungen können in einem Projekt unterschiedliche Aktivitäten erforderlich sein. Die Entscheidung bezüglich der Relevanz obliegt dem Projektverantwortlichen. Ein Beispiel für eine entsprechende Markierung ist in Abb. 6 dargestellt.

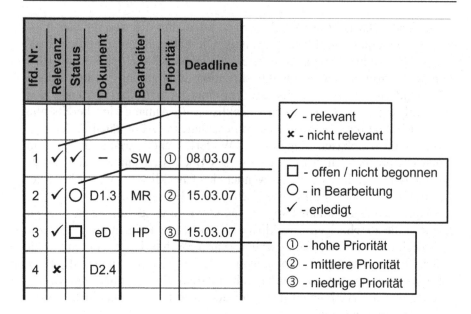

Abb. 6. Organisatorische Informationen im Arbeitsbereich des Checklistenformulars

- In den Eingabefeldern in der Spalte *Status* wird jeweils der Stand der Ausführung einer Aktivität vermerkt. Eine Checkliste ist grundsätzlich ein Dokument, das projektbegleitend geführt wird. Über die Angaben in der Spalte Status kann jederzeit eine Information über den Stand der Bearbeitung einer Projektphase erhalten werden. Neben einer Markierung für den Abschluss einer Aktivität ist es auch möglich, zwischen „offen" im Sinne von „noch nicht begonnen" und „in Bearbeitung" zu unterscheiden.
- Die Ergebnisse der in den Checklisten formulierten Aktivitäten fließen in die Dokumentation eines Simulationsprojektes ein. Die Spalte *Dokument* enthält die entsprechenden Verweise in die zugehörige Dokumentstruktur (Abschn. 2.2.1, Anhang sowie Rabe et al. (2008, Kap. 4)). Die Verweise sind in der Form *Dx.y* angegeben. Dabei steht „*D*" für „Dokument", „*x*" gibt die Nummer des Dokumentes und „*y*" für das sogenannte Kapitel des Dokumentes, in dem die jeweiligen Ergebnisse zu dokumentieren sind. Gemäß der definierten Struktur werden die folgenden acht Dokumente unterschieden:
  - D1 – Zielbeschreibung
  - D2 – Aufgabenspezifikation
  - D3 – Konzeptmodell
  - D4 – Formales Modell

- D5 – Ausführbares Modell
- D6 – Simulationsergebnisse
- DR – Rohdaten
- DA – Aufbereitete Daten

Kann die Dokumentation des Ergebnisses einer Aktivität nicht der Dokumentstruktur gemäß dem Vorgehensmodell nach Abb. 1 zugeordnet werden, so ist dies in der Spalte *Dokument* durch den Eintrag „eD" für „eigenes Dokument" vermerkt. Hierbei handelt es sich beispielsweise um Sitzungs- und Abnahmeprotokolle oder Präsentationsunterlagen. Ist hingegen das Ergebnis einer Aktivität nicht zu dokumentieren, wie beispielsweise die Reservierung eines Raumes für die Durchführung des Kick-off-Meetings, so ist dies durch eine entsprechende Markierung („–") in dieser Spalte angezeigt.

• In die Spalte *Bearbeiter* ist für jede Aktivität der Name oder ein eindeutiges Namenskürzel der mit der Durchführung der Aktivität verantwortlich beauftragten Mitarbeiter einzutragen. Dieser Eintrag ist zusammen mit dem geplanten Abschlusszeitpunkt der Aktivität („Deadline") spätestens zu Beginn einer Projektphase gemeinsam vom Projektverantwortlichen und den Bearbeitern abzustimmen. Die eindeutige Zuordnung der Aktivitäten zu Personen unterstützt das Verantwortungsbewusstsein und die Motivation des Einzelnen. Ferner können bei Fehlern und Verzögerungen Ansprechpartner schnell ausfindig gemacht sowie Ursachen zügig behoben werden. Grundsätzlich ist es möglich, dass als Bearbeiter auch der Auftraggeber bzw. Mitarbeiter des Auftraggebers eingetragen wird. Dies ist insbesondere bei Anwendung der Checkliste *C1 Projektvorbereitung auf Auftraggeberseite* der Fall.
• Der Projektverantwortliche muss für die einzelnen Aktivitäten Prioritäten vergeben und kann diese entsprechend in die Spalte *Priorität* eintragen. Der Vorschlag in Abb. 6 sieht eine Unterscheidung von 1 = hohe Priorität bis 3 = niedrige Priorität vor. Die Prioritätenvergabe ermöglicht einerseits die Festlegung einer Reihenfolge in der Bearbeitung der Aktivitäten bei prinzipiell zeitlich parallel durchführbaren Aufgaben und kennzeichnet andererseits die Wichtigkeit einzelner Aktivitäten.
• In die Spalte *Deadline* ist für jede als relevant eingestufte Aktivität der Termin einzutragen, zu dem eine Aktivität spätestens abgeschlossen sein muss. In Verbindung mit der Prioritätenvergabe ergibt sich somit auch für Bearbeiter, die mehrere Aktivitäten einer Phase durchzuführen haben, zumeist eine klare Bearbeitungsreihenfolge. Die Angabe von Terminen ist in jeder Phase und für jede Aktivität erforderlich, um direkt von Beginn eines Simulationsprojektes an den verfügbaren zeitli-

chen Gesamtrahmen zu kontrollieren. Die Deadline ist vom Projektverantwortlichen so zu wählen, dass der Verlauf des Projektes in seiner Gesamtheit nicht gefährdet wird.

• In die Spalte *Ergänzende Unterlagen / Anmerkungen* (Abb. 4) können bei der Projektdurchführung Verweise auf zusätzliche Dokumente und Dateien, die einer Aktivität zuzuordnen sind, eingetragen werden. Somit kann z. B. jederzeit schnell auf einzelne Daten eines Simulationsprojektes zugegriffen werden. In dieser Spalte ist auch Platz für kurze Kommentare zum Status einer Aktivität, Vermerke zu deren Durchführung oder auch Begründungen für Entscheidungen oder das Fehlen von Analysen.

Fußbereich

Im Fußbereich des Checklistenformulars werden schließlich die organisatorischen Angaben zur Checkliste eingetragen (Abb. 7).

Dokumentnummer		Änderungsvermerke			Abnahme	Seite	
C1 - 1	Nr.: 14	Datum: 31.07.07	Zeichen: *Ph*		Datum: 08.08.07		
Version	**Datum**	Nr.:	Datum:	Zeichen:	Unterschrift:	**1** von **3**	
1.3	02.08.07	Nr.:	Datum:	Zeichen:	*M. Mustermann*		

Abb. 7. Fußbereich des Checklistenformulars

• In das Eingabefeld *Dokumentnummer* ist für jede Checkliste eine eindeutige Nummer bzw. Bezeichnung einzutragen. Die Nomenklatur kann dabei frei gewählt werden, muss aber zumindest innerhalb eines Projektes für alle Checklisten identisch sein. Daher empfiehlt es sich, wie beispielhaft in Abb. 7 dargestellt, das eindeutige Checklistenkürzel, ggf. um weitere Ziffern oder Zeichen ergänzt, zu verwenden. Ebenso ist es sinnvoll, in der Dokumentnummer einen Bezug zum Projekttitel herzustellen.

• Das Feld *Version* dient zur Eingabe der aktuellen Versionsnummer einer Checkliste. Da die einzelnen Formulare projektbegleitend ausgefüllt bzw. aktualisiert werden müssen, ist es notwendig, die einzelnen Versionen zu kennzeichnen, um Änderungen nachverfolgen zu können. Die Versionsnummer wird vom Projektverantwortlichen vergeben. Hierbei ist die Vergabe einer neuen Versionsnummer von der Art oder dem Grad der Änderung abhängig. Eine neue Versionsnummer ist zu vergeben, wenn Änderungen an vorgegebenen Einträgen oder bereits ausgefüllten Eingabefeldern vorgenommen werden, s. *Änderungsvermerke,* nicht jedoch, wenn lediglich ein neuer Bearbeitungsstatus für eine Aktivität dokumentiert wird.

- Die Angabe im Eingabefeld *Datum* gibt das Erscheinungsdatum der letzten offiziellen, d. h. vom Projektverantwortlichen herausgegebenen, Version einer Checkliste an. Dabei kann diese offizielle Version z. B. aus der Zusammenführung verschiedener Arbeitsexemplare entstehen, die von den einzelnen Bearbeitern während der Durchführung der einzelnen Aktivitäten verwendet werden.

- Änderungen an bereits vorgenommenen Angaben in vorherigen Versionen einer Checkliste oder an vorgegebenen Einträgen wie etwa dem Wortlaut einer Aktivität sind in den Eingabefeldern *Änderungsvermerke* mit der laufenden Nummer der betroffenen Aktivität sowie des Datums anzugeben und vom jeweiligen Bearbeiter zu paraphieren. Die Änderungen müssen vom Projektverantwortlichen geprüft und ggf. bei der Erstellung der nächsten offiziellen Version einer Checkliste übernommen werden.

- Jede Version einer Checkliste ist vor deren Veröffentlichung vom Projektverantwortlichen abzunehmen. Dies ist in den Eingabefeldern *Abnahme* durch Unterschrift und Angabe des Datums vorzunehmen. Das Datum der Unterschrift kann vom Datum der Version abweichen, wenn der Projektverantwortliche die Konsolidierung der Daten aus den bei den Bearbeitern im Umlauf befindlichen Exemplaren einer Checkliste nicht selbst vornimmt, sondern lediglich zu einem späteren Zeitpunkt abzeichnet.

- Das Feld *Seite* dient zur Angabe der fortlaufenden Seitenzahl sowie der Gesamtzahl der Seiten einer Checkliste. Aufgrund des vorgegebenen Formates des Formulars können umfangreiche Checklisten mehrere Seiten umfassen. Diese Struktur einer Loseblattsammlung erfordert daher eine eindeutige Kennzeichnung jeder einzelnen Seite einer Checkliste.

Die im Anhang dieses Buches zur Verfügung gestellten Checklistenformulare stellen sowohl für Auftraggeber als auch für Auftragnehmer einfach zu handhabende Hilfsmittel dar, um die Qualität in jeder Phase eines Simulationsprojektes sicherzustellen. Dabei können die Checklisten dem Simulationserstanwender durchaus als Leitfaden, dem erfahrenen Simulationsexperten vielleicht eher als Nachschlagewerk dienen. Grundsätzlich muss einem Anwender der Checklisten aber bewusst sein, dass diese ihn bei seiner Arbeit zwar unterstützen sollen, jedoch keine Garantie für die Erzielung der gewünschten Qualität darstellen können. Die Umsetzung der Handlungsempfehlungen in qualitätsorientiertes Handeln obliegt letztendlich dem Projektverantwortlichen und den Bearbeitern. Ferner muss der Projektverantwortliche entscheiden, ob er – abhängig von der jeweiligen

Aufgabenstellung einer Simulationsstudie, von den spezifischen Projektre-
striktionen oder den Rahmenbedingungen für die Durchführung – einzelne
Handlungsempfehlungen oder einzelne Checklisten unberücksichtigt lässt.
Andererseits kann es erforderlich sein, zusätzliche Aktivitäten durchzuführen und die thematisch zugehörigen Checklisten entsprechend zu erweitern. Auch hierzu lässt die Struktur des vorgestellten Checklistenformulars
den notwendigen Spielraum.

2.5.2 Methoden

In Abschnitt 2.1 wurde bereits darauf hingewiesen, dass in einem Unternehmen *vor* Beginn einer Simulationsstudie verschiedene Entscheidungen
zu treffen sind, die maßgeblich den Erfolg der Studie beeinflussen können.
Hierzu zählen u. a. die Auswahl eines Angebotes oder eines Simulationswerkzeuges. Die Tragweite dieser Entscheidungen bedingt, dass sie nicht
„aus dem Bauch heraus" getroffen werden sollten, sondern aus der zu Beginn des Simulationsprojektes definierten, konkreten Aufgabenstellung für
eine Studie objektiv, strukturiert, logisch und nachvollziehbar abzuleiten
sind. Eine tatsächlich objektive Auswahl eines Simulationswerkzeuges o-
der eines Angebotes eines Simulationsdienstleisters kann allerdings nur
durch den Einsatz eines Bewertungsverfahrens auf der Basis von zuvor
festgelegten, aufgaben-, unternehmens- und anwenderspezifischen Kriterien erfolgen.

Einerseits ist zwar der zur Durchführung eines solchen Bewertungsverfahrens zu erbringende Aufwand nicht vernachlässigbar, andererseits ermöglicht ein solches Verfahren aber das Auffinden einer im Hinblick auf
die gewählten Bewertungskriterien am besten geeigneten Lösung aus der
Menge der zur Verfügung stehenden Alternativen. Somit kann die Gefahr
fehlerbehafteter Simulationsstudien bzw. -ergebnisse reduziert werden.
Damit sinkt auch die Wahrscheinlichkeit notwendiger Nacharbeiten mit
den damit verbundenen, weiteren Investitionen.

Vergleichbar zur Entscheidungsfindung in technischen Problemlö-
sungsprozessen bieten sich hier Bewertungsverfahren, die z. B. aus der
Konstruktionsmethodik bekannt sind, zur Auswahl von Angebotsalternati-
ven und Simulationswerkzeugen an (Gerhard 1998). Der Entscheidungsprozess gliedert sich dabei in drei elementare Stufen:

1. Ermitteln der für die gegebene Aufgabenstellung geeigneten Bewertungskriterien
2. Bestimmen relevanter Bewertungskriterien
3. Bewerten der Alternativen

Diese Gliederung lässt bereits erkennen, dass nicht das Bewertungsverfahren selbst, sondern die Auswahl der „richtigen" Bewertungskriterien den Schwerpunkt des Entscheidungsprozesses bildet. Demzufolge wird an dieser Stelle auch keine Übersicht über prinzipiell in Frage kommende Bewertungsverfahren geliefert. Vielmehr wird exemplarisch ein bewährtes Bewertungsverfahren, das als hinreichend und einfach in der Anwendung angesehen wird, vorgestellt.

Ermitteln geeigneter Bewertungskriterien

Die Bewertungskriterien zum Ermitteln der bestmöglichen Alternative werden von den in der Zielbeschreibung festgelegten Anforderungen abgeleitet. Dies bedingt, dass zunächst die Aufgabenstellung eindeutig und präzise detailliert formuliert wird. Die im nächsten Schritt abzuleitenden Anforderungen müssen gemäß Definition nach VDI 2221 (1993) qualitative oder quantitative Festlegungen von Eigenschaften oder Bedingungen, die eine Lösung oder ein Produkt aufweisen oder erfüllen muss, hinsichtlich Funktionalität, Wirtschaftlichkeit, Mensch-Produkt-Beziehungen oder der einzusetzenden Technologie beinhalten.
Auf die Bewertung von Simulationsdienstleistungsangeboten und Simulationswerkzeugen übertragen bedeutet dies, dass die Formulierungen der Anforderungen, die als Bewertungskriterien herangezogen werden, mindestens auf Basis

- der Simulationsaufgabe,
- des zu analysierenden Prozesses bzw. Systems,
- der Pläne hinsichtlich einer möglichen Nachnutzung der Modelle,
- der Ist-Situation sowie der Ziele des Unternehmens,
- der verfügbaren technischen Ausstattung und
- der Kenntnisse und Bedürfnisse der mit der Simulationsstudie betrauten Mitarbeiter

zu definieren sind. Bei der Festlegung der Bewertungskriterien können zusätzlich z. B. auch

- bereits abgeschlossene, ähnliche Simulationsstudien – ggf. auch in anderen Bereichen des eigenen Unternehmens,
- Richtlinien, wie z. B. VDI 3633 (2008),
- wissenschaftliche Veröffentlichungen,
- Diskussionen mit Kollegen, ggf. aus anderen Abteilungen des eigenen Unternehmens,
- Produktbeschreibungen von Simulationswerkzeugen

- oder auch Werbematerial anderer Unternehmen, ggf. Unternehmen des Wettbewerbs

als Quellen herangezogen werden. Um die so ermittelten Kriterien in einem Bewertungsverfahren für die Auswahl eines Angebotes oder eines Simulationswerkzeuges verwenden zu können, ist es notwendig, die Kriterien hinsichtlich ihrer Priorität zu klassifizieren. Hierbei sind zu unterscheiden:

- *Ja/Nein-Forderungen* – Eine derartige Anforderung muss in jedem Fall erfüllt werden. Ansonsten wird ein Angebot oder ein Simulationswerkzeug im weiteren Bewertungsverfahren nicht berücksichtigt.

- *Tolerierte Forderungen* – Für diese Anforderungen ist ein individueller, quantitativer oder qualitativer Maßstab festzulegen, der jeweils einen Wert für die Mindest-, die Soll- und die Ideal-Erfüllung dieser Anforderung vorsieht. Hier sind nach Möglichkeit quantitativ beschreibbare Forderungen vorzuziehen, weil das Erreichen quantitativer gegenüber qualitativen Größen eindeutig geprüft und schließlich mathematisch bewertet werden kann.

- *Wünsche* – Diese Kriterien sind nach Möglichkeit zu erfüllen, in einem Bewertungsverfahren allerdings nur dann zu berücksichtigen, wenn anhand der höher priorisierten tolerierten Forderungen keine eindeutige Auswahl der Alternativen vorgenommen werden kann. Es ist keinesfalls zulässig, in einem Bewertungsverfahren tolerierte Forderungen und Wünsche zu mischen. Wie bei den tolerierten Forderungen ist es sinnvoll, quantitative oder qualitative Schwellen für die Mindest-, die Soll- und die Ideal-Erfüllung eines Wunsches festzulegen. Die Nichterfüllung eines Wunsches darf allerdings den Wert eines Angebotes bzw. eines Werkzeuges nicht reduzieren. Sollte dies doch der Fall sein, so handelt es sich bei der Anforderung um eine tolerierte Forderung oder gar um eine Ja/Nein-Forderung und nicht um einen Wunsch. Die Erfüllung eines Wunsches kann hingegen den Wert eines Angebotes oder eines Werkzeuges erhöhen. Dies ist jedoch lediglich als Bonus zu verstehen und darf keinen Einfluss auf die Bewertung anhand der tolerierten Forderungen haben.

Unter Berücksichtigung der o. g. Quellen lassen sich auf diese Weise in den meisten Fällen zahlreiche Bewertungskriterien für die Auswahl eines Angebotes oder eines Werkzeuges definieren. Die ermittelten Anforderungen können zunächst für eine ggf. zu erstellende Ausschreibung genutzt werden. Sie bilden auf jeden Fall eine Basis für die Anforderungsliste bzw. das Lastenheft und sind entsprechend zu dokumentieren.

Bei der Durchführung eines Bewertungsverfahrens können aber grundsätzlich folgende Schwierigkeiten auftreten:

* Die Menge der ermittelten Bewertungskriterien kann theoretisch sehr groß sein. Die Durchführung eines Bewertungsverfahrens wird damit sehr aufwendig und unter Zeit- und Kostenaspekten unwirtschaftlich. Für die Anwendung eines Bewertungsverfahrens ist daher eine Reduzierung auf tatsächlich entscheidungsrelevante Kriterien erforderlich.
* Die Kriterien sind eventuell nicht unabhängig voneinander. Dies führt zur Verzerrung des Bewertungsergebnisses. Für eine Bewertung müssen daher voneinander abhängige Kriterien entfernt bzw. zusammengefasst und entsprechend neu definiert werden.
* Die Bewertungskriterien sind nicht gewichtet, d. h. jedes Kriterium hat den gleichen Stellenwert bei der Auswahl. So wäre etwa die Frage nach der Kompatibilität eines Simulationswerkzeuges zur Auftragsdatenbank eines Unternehmens für die Auswahl gleichermaßen wichtig wie die Gestaltung der Bedienoberfläche. Beides sind Kriterien für die Auswahl eines Werkzeuges, jedoch sind nicht beide unbedingt gleichgewichtig entscheidungsrelevant.
* Eine große Anzahl an Bewertungskriterien garantiert nicht deren Vollständigkeit. Eine umfassende Bewertung ist nur dann möglich, wenn alle wesentlichen Eigenschaften, die von einem Angebot oder einem Simulationswerkzeug erwartet werden, von den Kriterien abgedeckt werden.

Daher muss zunächst ermittelt werden, welche der definierten tolerierten Forderungen tatsächlich für die Auswahl eines Werkzeuges oder eines Dienstleisters bei gegebener Problemstellung relevant sind.

Bestimmen relevanter Bewertungskriterien

Die Bestimmung der relevanten Bewertungskriterien muss sehr sorgfältig vorgenommen werden. Die verbleibende Kriteriensammlung muss nämlich aussagekräftig genug sein, um repräsentativ für alle aufgefundenen Kriterien im nachfolgenden Schritt unter Anwendung eines Bewertungsverfahrens das bestmögliche Angebot bzw. die optimale Software für die geplante Studie aus allen vorliegenden Alternativen zu ermitteln. Ja/Nein-Forderungen sind grundsätzlich relevant und dienen einer Vorauswahl der vorliegenden Alternativen. Wünsche bleiben zunächst unberücksichtigt. Aus diesem Grund bezieht sich die Bestimmung der relevanten Bewertungskriterien nur auf die tolerierten Forderungen.

In der Literatur sind verschiedene Verfahren zur Bestimmung der relevanten Bewertungskriterien bekannt (Gerhard 1998). Ein geeignetes Verfahren, die *Gewichtete Rangreihe mit Grenzwertklausel*, wird hier exemplarisch kurz vorgestellt. Dieses Verfahren bedarf unter Verwendung eines entsprechenden Formulars nur eines geringen Aufwandes und ist einfach zu erlernen (Abb. 8).

Die gewichtete Rangreihe erlaubt, schnell und nachvollziehbar die Relevanz einzelner Kriterien für eine vorliegende Aufgabenstellung zu ermitteln. Weniger relevante Kriterien sind sofort zu erkennen. Dabei kann die Relevanzgrenze vom Anwender frei über einen definierbaren Grenzwert g_{kgr} eingestellt werden. Die Bestimmung der Relevanz der einzelnen Kriterien erfolgt über den paarweisen Vergleich aller Kriterien. Der Anwender dieses Verfahrens entscheidet hierbei unter Berücksichtigung der Aufgabenstellung für die geplante Simulationsstudie für jedes Kriterium separat, ob dieses relevanter, gleich relevant oder weniger relevant als jedes andere Kriterium ist.

Der Vorgang des paarweisen Vergleiches muss von einer Person oder besser einem Team durchgeführt werden, die bzw. das später entweder mit dem Dienstleister zusammenarbeiten wird bzw. direkt mit der Simulation oder deren Ergebnissen beschäftigt sein wird. Grundsätzlich müssen die Mitglieder des Teams über detailliertes Wissen über die in der Simulation abzubildenden Systeme und Prozesse im eigenen Unternehmen sowie über die definierte Aufgabenstellung der Studie und ggf. auch über Pläne für eine Nachnutzung der Simulationsmodelle verfügen. Wichtig ist, dass hier keine generellen Aussagen getroffen werden dürfen, sondern unbedingt und ausschließlich die spezifische Aufgabenstellung einer Studie als Entscheidungsbasis herangezogen werden muss.

Dass dieses Vorgehen nicht wirklich objektiv sein kann, ist sofort ersichtlich. Für die Bestimmung der relevanten Kriterien ist eine absolute Objektivität aber auch nicht notwendig. Vielmehr sind hier Erfahrungen und Kenntnisse, die sich in subjektiven Einschätzungen über die Relevanz von Kriterien niederschlagen, von Bedeutung. Die Bestimmung der Bewertungskriterien für die Auswahl von Angeboten oder Software für eine spezifische Simulationsstudie darf diesbezüglich aber auch nicht mit der eigentlichen Bewertung der vorliegenden Alternativen verwechselt werden. Bei der abschließenden Angebots- bzw. Softwarebewertung ist dann selbstverständlich eine objektive Betrachtung und Bewertung der einzelnen Alternativen hinsichtlich des Erfüllungsgrades für jedes vorab ermittelte, relevante Kriterium objektiv durchzuführen. Wird dieses Vorgehen strikt befolgt, so kann das Bewertungsverfahren als weitgehend objektiv anerkannt werden.

Das Verfahren zur Ermittlung der relevanten Bewertungskriterien wird mit Hilfe eines Formulars, wie in Abb. 8 vorgestellt, durchgeführt. In diesem Formular wird für jedes Kriterium mit einem eindeutigen Symbol vermerkt, ob es relevanter (z. B. „+"), weniger relevant (z. B. „–") oder gleich relevant (z. B. „o") hinsichtlich der Angebots- oder Softwareauswahl als ein anderes Kriterium ist. Ist eine Entscheidung unklar, so sind die entsprechenden Kriterien eindeutiger zu definieren.

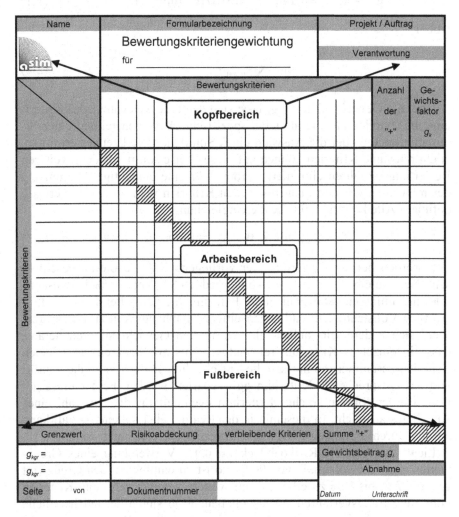

Abb. 8. Formular zur Gewichtung von Bewertungskriterien (nach Gerhard 1998)

Die jeweilige Summe der „+"-Notierungen eines Kriteriums k dient als Maß für dessen absolute Relevanz. Diese Summen liefern jeweils als Produkt mit dem Gewichtsbeitrag g_i (Gl. 2.2) einer einzelnen „+"-Notierung den Gewichtsfaktor g_k für jedes Kriteriums k (Gl. 2.1). Für die Bestimmung des Gewichtsbeitrages g_i werden nach Durchführung aller paarweisen Vergleiche die insgesamt vergebenen „+"-Notierungen gezählt. Dabei gilt

$$g_k = g_i \times \left(Anzahl \ "+" \ des \ Kriteriums \ k\right), \tag{2.1}$$

wobei

$$g_i = \frac{1}{\sum "+"}. \tag{2.2}$$

Über die Gewichtsfaktoren g_k lässt sich dann die Relevanz jedes Kriteriums im Hinblick auf die aktuelle, spezifische Aufgabenstellung einer Simulationsstudie oder die Auswahl eines Simulationswerkzeuges ermitteln. Nicht relevante Kriterien können auf diese Weise sofort aus dem weiteren Bewertungsverfahren eliminiert werden. Für eine eindeutige Abgrenzung der relevanten von den nicht relevanten Kriterien wird ein Grenzwert g_{kgr} definiert. Alle Kriterien, für die die Ungleichung

$$g_k < g_{kgr} \ \text{mit z. B. } \ g_{kgr} = 0,05, \tag{2.3}$$

gilt, werden bei der Bewertung der vorliegenden Angebote ausgeschlossen. Die verbleibenden Kriterien sollten jedoch 80 % bis 90 % der Gesamtrelevanz umfassen. Ist dies nicht der Fall, sind die gewählten Kriterien hinsichtlich Vollständigkeit und gegenseitiger Unabhängigkeit zu überprüfen. Stellt sich andererseits anhand der ermittelten Gewichtsfaktoren heraus, dass ein einzelnes Kriterium relevanter ist als alle anderen betrachteten Kriterien zusammen, so müssen die Entscheidungen der Rangreihe geprüft und das entsprechende Kriterium ggf. separiert werden. Ferner muss geprüft werden, ob ein solches Kriterium eventuell für die Auswahl eines Angebotes ausreicht. In diesem – in der Realität eher seltenen – Fall kann auf die Durchführung eines Bewertungsverfahrens verzichtet werden.

Liegt hingegen die Risikoabdeckung unter Verwendung eines Grenzwertes g_{kgr} = 5 % oberhalb von 90 %, so ist zu empfehlen, den Grenzwert g_{kgr} auf 7 % bis 9 % zu erhöhen, um weitere weniger relevante Kriterien vom Bewertungsverfahren auszuschließen. Eine sinnvolle und handliche Anzahl an verbleibenden Bewertungskriterien liegt im Bereich von 6 – 10 Kriterien, vorausgesetzt, dass mit diesen eine Risikoabdeckung von mindestens 80 % erreicht wird.

Die einzelnen Bereiche und Felder des Formulars zur Bewertungskriteriengewichtung werden nachfolgend näher erläutert.

- Der Kopfbereich des Formulars enthält – vergleichbar zum Checklisten-formular (Abschn. 2.5.1) – neben dem Namen und der Zielstellung des Formulars die übergeordneten Informationen zum Simulationsprojekt (Abb. 9).

Name	Formularbezeichnung	Projekt / Auftrag
Muster AG	Bewertungskriteriengewichtung für Auswahl Simulationsdienstleister	Simulationsstudie Musterwerk
		Verantwortung
		Max Mustermann, Abt. XY-123

Abb. 9. Kopfbereich des Formulars zur Bewertungskriteriengewichtung

- Das Feld *Name* im Kopfbereich des Formulars bietet die Möglichkeit, den Namen und das Logo der eigenen Firma einzutragen. Dieses Feld hat keine organisatorische Bedeutung.
- Im Eingabefeld *Formularbezeichnung* wird spezifiziert, für was genau die Bewertungskriterien gewichtet werden. Dies können z. B. die Auswahl eines Dienstleisters bei Angeboten über Simulationsstudien oder die Auswahl eines Simulationswerkzeuges sein.
- In das Feld *Projekt / Auftrag* ist eine genaue Bezeichnung des Simulationsprojektes bzw. des späteren Auftrages einzufügen, um eine eindeutige Zuordnung des Gewichtungsformulars zu gewährleisten. Die Eintragung ist in allen Formularen zu einem Simulationsprojekt identisch vorzunehmen.
- Das Feld *Verantwortung* enthält den Namen sowie ggf. die Firma und die Abteilung der Person, welcher die Verantwortung für die Kriterienauswahl übertragen wurde. Diese Person muss letztlich auch das ausgefüllte Formular abnehmen und dies durch Unterschrift im Fußbereich belegen. In den meisten Fällen wird dies der Projektverantwortliche (Abschn. 2.5.1) vornehmen.

- Der Arbeitsbereich des Formulars zur Bewertungskriteriengewichtung enthält eine Matrix, in die alle zu bewertenden Kriterien, die aus den tolerierten Anforderungen abgeleitet wurden, in derselben Reihenfolge vertikal in die erste Spalte und horizontal in die erste Zeile eingetragen werden. In die Kästchen im Innenraum des Arbeitsbereiches werden die Symbole eingetragen, die die Ergebnisse der paarweisen Vergleiche darstellen (Abb. 10).

| | Bewertungskriterien | | | | | | | | | | | | | Anzahl der "+" | Gewichts-faktor g_k |
	Kriterium 1	Kriterium 2	:	:	Kriterium i	:	:	:	Kriterium n						
Kriterium 1		+	–	+	o	+	+	–	+					5	11,9 %
Kriterium 2	–		–	+	+	+	–	–	o					3	7,1 %
...															
...															
Kriterium i															
...															
...															
Kriterium n															

Bewertungskriterien

Abb. 10. Arbeitsbereich des Formulars zur Bewertungskriteriengewichtung

Beim paarweisen Vergleich der Kriterien ist zu beachten, dass die Einträge in den an der aus den schraffierten Feldern bestehenden Diagonalen gespiegelten Kästchen umzukehren sind: einem „+" in einem Kästchen auf der einen Seite der Diagonalen muss ein „–" in dem Kästchen an der gespiegelten Position gegenüberstehen. Ist dies nicht der Fall, so bedeutet dies, dass der Anwender innerhalb des Bewertungsverfahrens eine Entscheidung hinsichtlich der Relevanz eines Kriteriums im paarweisen Vergleich zu einem zweiten Kriterium geändert hat. Die Bewertung ist damit ungültig und muss wiederholt werden. Die Markierung für gleichrelevante Kriterien „o" muss hingegen auf beiden Seiten gleich sein. Diese redundante Bewertung muss explizit erfolgen, da für jedes Kriterium ein Gewichtungsfaktor ermittelt werden muss.

- Die Spalte *Anzahl der „+"* enthält die für jedes Kriterium separat zu bestimmende Summe der Fälle, in denen das in einer Zeile eingetragene Kriterium im paarweisen Vergleich zu einem in einer Spalte eingetragenen Kriterium als relevanter, d. h. geeigneter für die vorliegende Aufgabenstellung eingestuft wird. Die Summe ermöglicht eine Aussage über die absolute Relevanz eines Kriteriums.
- In die Spalte *Gewichtsfaktor g_k* wird gemäß Gl. 2.1 für jedes Kriterium der auf Basis des sich ergebenden Gewichtsbeitrags g_i *einer* positiven Bewertung ermittelte Wert eingetragen, der abschließend eine

Aussage über die weitere Nutzung eines Kriteriums zur Bewertung der Angebots- oder Softwarealternativen erlaubt.

- Der Fußbereich enthält Informationen zur Berechnung der Kriteriengewichte g_k sowie zur Auswertung der Bewertung (Abb. 11):

  - Die Spalte *Grenzwert* enthält die verwendeten Grenzwerte g_{kgr} zur Selektion der relevanten Kriterien. Die Angabe eines zweiten Wertes ist hier nur erforderlich, wenn nach Definition der ersten Grenze eine sehr hohe Risikoabdeckung gegeben und gleichzeitig noch eine „unhandlich" große Zahl an Kriterien verblieben ist.

Grenzwert		Risikoabdeckung	verbleibende Kriterien	Summe "+"	42	
$g_{kgr}=$	5,0 %	87,3 %	7	Gewichtsbeitrag g_i	≈ 2,38 %	
$g_{kgr}=$				Abnahme		
Seite	1 von 1	Dokumentnummer	KBew 4711	14.08.07 *M. Mustermann* Datum Unterschrift		

Abb. 11. Fußbereich des Formulars zur Bewertungskriteriengewichtung

- In die Spalte *Risikoabdeckung* wird jeweils die Summe der Gewichtsfaktoren g_k der Kriterien, die nach Anwendung eines Grenzwertes für die spätere Bewertung verbleiben, eingetragen.
- Die Spalte *verbleibende Kriterien* enthält die Zahl der Bewertungskriterien, die nach Anwendung eines Grenzwertes für die Bewertung der Angebote oder Simulationswerkzeuge verbleiben.
- Das Feld *Summe „ + "* enthält die Anzahl der insgesamt im Formular vergebenen Symbole zur Kennzeichnung eines relevanteren Kriteriums beim paarweisen Vergleich.
- Das Feld *Gewichtsbeitrag g_i* enthält das nach Gl. 2.2 berechnete Gewicht eines positiven Symbols beim paarweisen Vergleich.
- In das Feld *Dokumentnummer* ist eine eindeutige Nummer bzw. Bezeichnung für das Gewichtungsformular einzutragen. Die Nomenklatur kann dabei frei gewählt werden, muss aber zumindest innerhalb eines Projektes konform zu weiteren Dokumenten bzw. Formularen sein.
- Das Feld *Seite* enthält die Angabe der fortlaufenden Seitenzahl sowie die Gesamtzahl der Seiten des Formulars zur Gewichtung der Bewertungskriterien. Aufgrund des vorgegebenen Formates ist es ggf. erforderlich, bei einer hohen Anzahl an Bewertungskriterien die Gewichtung über mehrere Seiten zu erstrecken. Die Struktur einer Loseblattsammlung erfordert daher eine eindeutige Kennzeichnung jeder einzelnen Seite des Formulars.

- Die Gewichtung der Bewertungskriterien ist abschließend vom Projektverantwortlichen abzunehmen. Dies ist im Feld *Abnahme* durch Unterschrift und Angabe des Datums vorzunehmen.

Bewertung der Alternativen

Die Bestimmung der bestgeeigneten Alternative aus vorliegenden Dienstleistungsangeboten oder zur Auswahl eines Simulationswerkzeuges beginnt noch vor dem Einsatz eines Bewertungsverfahrens mit der Vorauswahl anhand der als Ja/Nein-Forderungen eingestuften Kriterien. Alternativen, die eine derartige Forderung nicht erfüllen, müssen sofort aus dem weiteren Bewertungsprozess ausgeschlossen werden. Ein Ausgleich über die Erfüllung zahlreicher anderer Forderungen ist nicht möglich. Die mit der Bewertung beauftragten Personen müssen diese Regel akzeptieren, auch wenn dadurch evtl. ein persönlicher Favorit ausscheidet. Entsprechend ist eine gezielte bzw. vorausschauende Bewertung zur Bevorzugung eines persönlichen Favoriten unzulässig. Auch wenn dies befolgt wird, ist es möglich, dass bei der Definition der Kriterien sowie bei deren Gewichtung subjektive Kenntnisse oder Einschätzungen einfließen. Dies birgt die Gefahr einer lediglich vermeintlich objektiven Bewertung trotz des Einsatzes eines prinzipiell objektiven Bewertungsverfahrens.

Um das Risiko einer gezielten Manipulation bei der Bewertung weitgehend zu vermeiden, sind quantitative Kriterien gegenüber qualitativen Kriterien vorzuziehen, da hier Ist-Werte mit den vorgegebenen Größen der tolerierten Forderungen mathematisch verglichen werden können. Für die nach Anwendung der gewichteten Rangreihe verbleibenden relevanten Bewertungskriterien sind daher *vor* der Durchführung eines Bewertungsverfahrens Werte bzw. Spezifikationen für die Mindest-, die Soll- und die Ideal-Erfüllung festzulegen, sofern dies nicht bereits bei der Formulierung der Anforderungen erfolgt ist.

Die Mindesterfüllung einer Anforderung stellt die Grenze des „Noch-Tragbaren" dar (Gerhard 1998). Eine Alternative, die für ein Kriterium nicht einmal die Mindesterfüllung liefert, scheidet von der weiteren Bewertung aus. In diesem Sinne stellen die Grenzen des Toleranzbereiches für die Erfüllung einer Forderung selbst ein Ja/Nein-Kriterium dar.

Der Sollwert kennzeichnet den Wert einer Forderung, der erforderlich ist, um die Erreichung aller Ziele, die mit einem Simulationsprojekt oder einem Simulationswerkzeug verfolgt werden, zu ermöglichen. Dementsprechend beschreibt der Bereich zwischen Soll- und Mindesterfüllung Werte, die zwar noch tragbar sind, jedoch eine Verschlechterung des Ergebnisses verursachen können. Der Bereich zwischen Soll- und Idealerfül-

lung umfasst entsprechend Werte für eine Forderung, die eine Ergebnis-
verbesserung erwarten lassen.

Die Idealerfüllung kennzeichnet letztlich den Wert einer Forderung, der
(z. B. technisch oder finanziell) maximal realisierbar ist und das Ergebnis
gegenüber der Zielvorgabe deutlich verbessern würde. Derartige Angaben
sind sowohl für quantitativ als auch für „nur" qualitativ erfassbare Forderungen möglich. Für Letztere sind verbale Formulierungen erforderlich.

Die Ausprägungen der Eigenschaften der zu bewertenden Angebote o-
der Simulationswerkzeuge stellen Ist-Werte dar, die im Rahmen des Bewertungsverfahrens mit den zuvor definierten Werten für die Mindest-, die
Soll- und die Idealerfüllung verglichen werden. Entsprechend ist vor der
eigentlichen Bewertung ein Schema für eine Punktvergabe zu definieren.
Dabei ist zu beachten, dass die Vorteile der Anwendung eines Punktbewertungsverfahrens nur dann zum Tragen kommen, wenn der Aufwand für
dessen Durchführung überschaubar bleibt. Dies bedeutet beispielsweise,
dass die Bandbreite der zu vergebenden Punkte relativ klein und die Punkte selbst nur ganzzahlig sein sollten. In der Praxis hat sich entsprechend eine Punkteskala von 0 bis 4 als ausreichend und praktikabel erwiesen
(VDI2225 1997). Die Punktvergabe je Forderung richtet sich dann nach
dem jeweiligen Erfüllungsgrad eines Kriteriums:

- Idealerfüllung: maximal mögliche Punktzahl, in diesem Beispiel 4
  Punkte
- Sollerfüllung: ca. 80 % der maximalen Punktzahl, in diesem Beispiel 3
  Punkte (da nur ganzzahlige Werte zugelassen)
- Mindesterfüllung: kleinste zu vergebende Punktzahl, in diesem Beispiel
  0 Punkte

Diese Zuordnung erlaubt eine relativ einfache und eindeutige Punktvergabe. Die Ist-Werte der Eigenschaften der zu bewertenden Angebote oder
Simulationswerkzeuge werden aber zumeist, insbesondere bei den quantitativen Anforderungen, nicht genau den definierten Werten für die Min-
dest-, die Soll- oder die Idealerfüllung entsprechen. Bei einer Bewertung
anhand von Kriterien auf Basis von tolerierten Forderungen bieten sich für
die Punktzuordnung in den Zwischenbereichen verschiedene Vergabericht-
linien an. Die Darstellung in Abb. 12 zeigt eine mögliche Punktzuordnung
für quantitativ formulierte Kriterien.

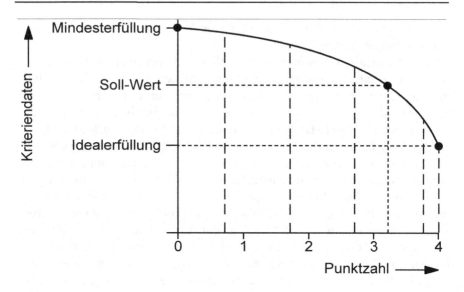

Abb. 12. Beispiel einer Einteilung der Punkteskala für quantitativ formulierte Kriterien (nach (Gerhard 1998))

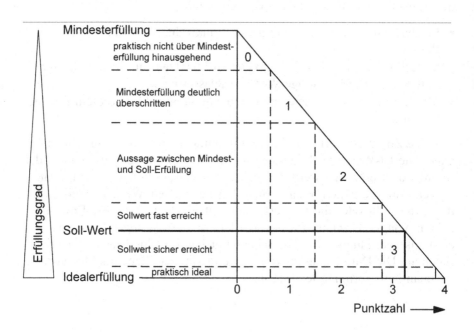

Abb. 13. Beispiel einer Einteilung der Punkteskala für qualitativ formulierte Kriterien (nach (Gerhard 1998))

In Abb. 13 wird eine Einteilung der Punkteskala für qualitativ formulierte Kriterien vorgeschlagen. Der Soll-Erfüllung wird auch hier eine Punktzahl zugeordnet, die ca. 80 % der maximalen Punktzahl, die dem Idealwert zugeordnet wird, entspricht. Inwieweit eine Unterteilung zwischen der Mindest- und der Sollerfüllung bei qualitativ formulierten Kriterien sinnvoll ist, muss jedoch fallweise entschieden werden.

Da zur Vereinfachung der Verfahrensanwendung nur ganzzahlige Punkte vergeben werden, ist für jede Punktzahl ein Gültigkeitsbereich definiert. Diese Bereiche sind in den Abb. 12 und 13 jeweils durch unterbrochene Linien angezeigt.

Neben dem in diesem Buch exemplarisch vorgestellten Punktbewertungsverfahren von Gerhard (1998) gibt es zahlreiche weitere Verfahren für die Bewertung und Auswahl von Angeboten oder Simulationswerkzeugen. Beispiele sind verschiedene Arten von Rangreihen, graphische Darstellungsformen wie Werteprofile, die Nutzwertanalyse nach Zangemeister (2000) oder die technisch-wirtschaftliche Bewertung von Entwürfen gemäß der VDI-Richtlinie 2225 (1997).

Grundsätzlich stellt ein geeignetes Verfahren zur objektiven Bewertung vorliegender Angebote oder Simulationswerkzeuge die konsequente Anwendung eines Schemas dar, das

- quantitative und qualitative Kriterien gleichermaßen berücksichtigt,
- eine gewichtete und eine ungewichtete Bewertung ermöglicht,
- eine direkte Gegenüberstellung der Ausprägungen einzelner Eigenschaften der Alternativen für jedes Kriterium ermöglicht,
- die Bewertung überschaubar, transparent und nachvollziehbar gestattet und
- verschiedene Auswertemöglichkeiten beinhaltet.

Das Schema für ein Punktbewertungsverfahren nach Gerhard (1998) ist in Abb. 14 in ein direkt für die Bewertung und Auswahl von Angeboten für Simulationsstudien bzw. von Simulationswerkzeugen anwendbares Formular übertragen worden. Die einzelnen Bereiche und Felder dieses Formulars werden nachfolgend näher erläutert:

- Der Kopfbereich des Formulars enthält in Analogie zum Formular „Bewertungskriteriengewichtung" neben dem Namen und der Zielstellung des Formulars die übergeordneten Informationen zum Simulationsprojekt. Die einzelnen Felder werden bei der Vorstellung des Formulars zur Bewertungskriteriengewichtung detailliert erläutert (Abb. 8 und 9).

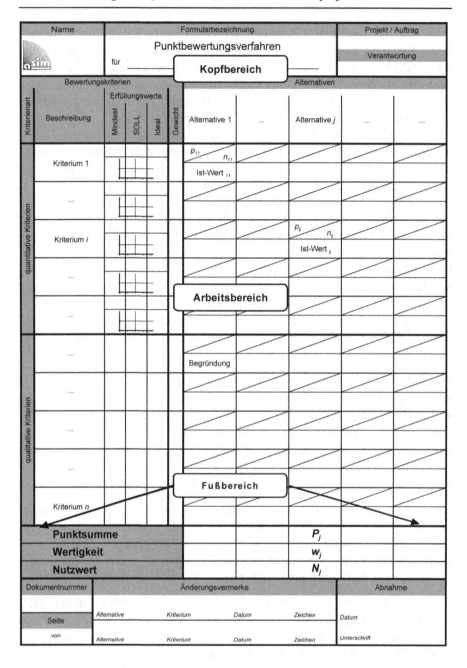

Abb. 14. Formular für das Punktbewertungsverfahren (nach (Gerhard 1998))

- Im Arbeitsbereich des Formulars wird die Bewertung der Alternativen hinsichtlich jedes vorab mit Hilfe des oben erläuterten Gewichtungsprozesses als relevant für die vorliegende Aufgabenstellung einer Simulationsstudie eingestuften Kriteriums vorgenommen. Der Arbeitsbereich ist in separate Bereiche für die *Kriterienart*, d. h. für quantitative und qualitative Kriterien aufgeteilt (Abb. 14):

  - Die Rubrik *Bewertungskriterien* enthält neben einer kurzen, aber präzisen Kriterien*beschreibung* Spalten für die zugehörigen *Erfüllungswerte* der *Mindest-*, *Soll-* und *Ideal*erfüllung sowie für das jeweilige *Gewicht* eines Kriteriums, das in der vorhergehenden Stufe des Entscheidungsprozesses ermittelt wurde. Zur Verdeutlichung der Punktvergabe können bei den quantitativen Kriterien zusätzlich die individuellen Punkteskalen, die vorab definiert wurden, graphisch dargestellt werden.
  - Die Rubrik *Alternativen* stellt für jedes zu bewertende Angebot bzw. für jedes zu bewertende Simulationswerkzeug eine separate Spalte bereit, die im Kopf jeweils eine eindeutige Bezeichnung der Alternative enthält.
  - Für jede Alternative sind die jeweiligen *Ist-Werte* für alle quantitativen Kriterien in die entsprechenden Felder einzusetzen. Diese sind aus den Angaben der Angebote der Dienstleister oder z. B. aus den Produktbeschreibungen der Simulationswerkzeuge abzuleiten. Liegen diese Werte nicht vor, so sind sie vor der Bewertung gezielt beim Anbieter zu erfragen. Eine eigene Abschätzung dieser Daten ist nicht zulässig.
  - Die Felder p_{ij} enthalten je Kriterium i die erzielten Punkte der einzelnen Alternativen j.
  - Entsprechend der Gleichung

$$n_{ij} = g_i \cdot p_{ij} \qquad (2.4)$$

  sind für alle quantitativen und qualitativen Kriterien i unter Verwendung des jeweils zugehörigen Kriteriengewichts g_i die Teilnutzwerte n_{ij} der Alternative j zu ermitteln und einzutragen.
  - Die Punktvergabe für qualitative Kriterien gestaltet sich üblicherweise schwieriger als die Punktvergabe für quantitative Kriterien. Obwohl eine Zuordnung der Punkte unter Anwendung einer Skala möglich ist (Abb. 13), sind hier subjektive Einflüsse bei der Bewertung, d. h. bei der Beurteilung des erzielten Erfüllungsgrades, nicht auszuschließen. Daher muss bei den qualitativen Kriterien eine *Begründung* für die Punktvergabe in das Schema eingetragen werden, um die Entscheidung später nachvollziehen zu können, während bei den

quantitativen Kriterien die Angabe des Ist-Wertes einer Alternative sowie die Darstellung bzw. Nennung des Toleranzbereiches genügt.
- Bedarfsweise kann je eine zusätzliche Zeile in die Teilbereiche für quantitative und qualitative Kriterien eingefügt werden, welche die entsprechenden Punkt- bzw. Nutzwertzwischensummen für die einzelnen Alternativen enthält. Auf diese Weise ist es einfach nachzuvollziehen, ob eher quantitative, d. h. objektiv messbare Kriterien wie beispielsweise Preise, oder eher qualitative Kriterien die Bewertungen der einzelnen Alternativen maßgeblich beeinflusst haben.

• In den Fußbereich des Formulars für das Punktbewertungsverfahren sind folgende Auswertungen für jede Alternative einzutragen (Abb. 14):

- Die *ungewichtete Punktsumme* P_j einer Alternative j ergibt sich aus

$$P_j = \sum_{i=1}^{n} p_{ij} \, .$$ (2.5)

Dieser absolute Wert lässt einen direkten Vergleich der einzelnen Alternativen zu. Allerdings tragen hohe Punktzahlen bei der Erfüllung von Kriterien mit einem niedrigen Gewicht zu einer hohen Gesamtpunktzahl bei und lassen so vermuten, dass es sich bei der Alternative um ein insgesamt sehr gutes Angebot oder Werkzeug handelt.
- Die *ungewichtete Wertigkeit* w_j einer Alternative j ergibt sich aus der ungewichteten Punktsumme P_j nach

$$w_j = \frac{\sum_{i=1}^{n} p_{ij}}{n \cdot p_{max}} \, .$$ (2.6)

Bezogen auf die maximal mögliche, ungewichtete Gesamtpunktzahl gibt dieser Wert Auskunft darüber, wie nah eine Alternative am Ideal, d. h. an der maximal möglichen Punktzahl, hinsichtlich der berücksichtigten Bewertungskriterien liegt.
- Das optimale Angebot oder das bestgeeignete Werkzeug zur Simulation einer aktuell vorliegenden Aufgabenstellung in einem Unternehmen lässt sich jedoch nur aus dem Vergleich der *Nutzwerte N_j* nach

$$N_j = \sum_{i=1}^{n} n_{ij} = \sum_{i=1}^{n} g_i \cdot p_{ij}$$ (2.7)

bestimmen. Durch die Gewichtung liefert der Nutzwert N_j eine eindeutige Aussage über die Eignung einer Alternative für eine geplante

Simulationsstudie, da er auch die Wichtigkeit der einzelnen Kriterien berücksichtigt. Der Nutzwert einer Alternative ist beispielsweise klein, wenn bei Kriterien mit einem hohen Gewichtungsfaktor nur geringe Punktzahlen erzielt werden.

- In das Feld *Dokumentnummer* ist eine eindeutige Nummer bzw. Bezeichnung für das Punktbewertungsformular einzutragen. Die Nomenklatur kann dabei frei gewählt werden, muss aber zumindest innerhalb eines Projektes konform zu weiteren Dokumenten bzw. Formularen sein.
- Das Feld *Seite* enthält die Angabe der fortlaufenden Seitenzahl sowie die Gesamtzahl der Seiten eines Punktbewertungsformulars für Angebote oder Simulationswerkzeuge. Aufgrund des vorgegebenen Formates ist es erforderlich, bei mehr als fünf Alternativen die Bewertung über mehrere Seiten zu erstrecken. Die Struktur einer Loseblattsammlung erfordert daher eine eindeutige Kennzeichnung jeder einzelnen Seite des Bewertungsformulars.
- Änderungen an bereits vorgenommenen Bewertungen, z. B. aufgrund aktualisierter Ist-Werte von Alternativen, sind im Feld *Änderungsvermerke* mit Angabe von Alternative und Kriterium sowie des Datums der Änderung zu kennzeichnen und zu paraphieren.
- Die Bewertung der Alternativen ist abschließend vom Projektverantwortlichen abzunehmen. Dies ist im Feld *Abnahme* durch Unterschrift und Angabe des Datums zu dokumentieren.

Grundsätzlich sind Bewertungsverfahren als Hilfsmittel zur Entscheidungsfindung zu verstehen. Dies bedeutet, dass darüber hinaus Kalkulationen etwa zur technischen oder finanziellen Überprüfung von Angeboten, wertanalytische Betrachtungen und auch Erprobungen weiterhin gültige Methoden zur Entscheidungsfindung sind.

Die Anwendung der vorgestellten Methoden in Entscheidungsprozessen wird in einem fiktiven Beispiel zur Angebotsauswahl im Abschn. 3.3.2 demonstriert.

3 Qualitätssichernde Maßnahmen in der Definitions- und Angebotsphase

Eine sorgfältige Projektvorbereitung (erstes grundlegendes Qualitätskriterium s. Abschn. 1.1) beinhaltet eine präzise Zielbeschreibung und damit eine klar definierte Aufgabenstellung. Diese stellt als Ausgangspunkt eines Projektes – bei einer externen Beauftragung ggf. zusätzlich ergänzt um ein Angebot – für alle beteiligten Projektpartner zu Projektbeginn ein gemeinsames Verständnis über den Betrachtungsgegenstand und das Untersuchungsziel sicher und legt die organisatorischen Rahmenbedingungen für die Projektdurchführung fest.

Das nachfolgende Kapitel beschreibt, welche Aspekte *vor* Beginn einer Simulationsstudie zu klären sind und wie ein qualitativ hochwertiges Angebot inhaltlich ausgestaltet sein sollte. Darüber hinaus wird der Prozess der Angebotsauswahl über den Einsatz eines geeigneten Verfahrens zur Angebotsbewertung systematisiert. Dies impliziert auch die möglicherweise notwendige Auswahl eines Simulationswerkzeuges im Rahmen der Simulationsstudie.

3.1 Projektdefinition

Um ein Projekt ordnungsgemäß und zweckorientiert umsetzen zu können, ist vor Beginn des Projektes und damit auch vor einer vertraglich vereinbarten Zusammenarbeit zwischen Projektpartnern (hier z. B. Simulationsdienstleister und Anlagenbetreiber) die Zielbeschreibung im Sinne eines gemeinsamen Verständnisses zu formulieren. Hierbei werden je nach Projektumfang und der in dem Unternehmen üblichen Verfahrensweise bei der Projektvergabe unterschiedliche Wege beschritten. So kann beispielsweise bei Vorlage einer groben Zielvorgabe seitens des Auftraggebers (Kunden) bereits das erste Gespräch mit dem potentiellen Projektpartner (Auftragnehmer) gesucht werden, um gemeinsam die Zielbeschreibung zu konkretisieren. Eine übliche Verfahrensweise – vor allem bei Großprojekten – ist allerdings auch die Formulierung eines Lastenheftes oder sogar die Ausarbeitung eines vollständigen Pflichtenheftes (VDI 3633 Blatt 2

1997). Lasten- und Pflichtenhefterstellung können auch in Form einer umfassenden Ausschreibungsunterlage erfolgen, die dem potentiellen Auftragnehmer als Grundlage für die Angebotserstellung dient. Das erste gemeinsame Gespräch reduziert sich in diesem Fall in der Regel auf die Beseitigung von Unklarheiten und die Klärung offener Punkte.

Unabhängig von der Verfahrensweise und unabhängig von dem Inhalt und dem Konkretisierungsgrad der ersten Dokumente müssen nach dem ersten Gespräch und vor der Angebotserstellung alle Aspekte der Zielbeschreibung geklärt sein. Das erste gemeinsame Gespräch stellt unter Verwendung der möglicherweise schon erstellten Dokumente die Ausgangsbasis dieser gemeinsamen Projektdefinition dar, wobei je nach Erfahrung des Auftraggebers und Komplexität des Projektes auch mehrere Gespräche vor dem eigentlichen Beginn der Studie notwendig sein können. Projektvorbereitungsschritte des Auftraggebers, die noch vor dem ersten gemeinsamen Gespräch stattfinden, werden daher an dieser Stelle nicht behandelt. Zu Grundsatzentscheidungen der Projektvorbereitung sei auf Abschnitt 2.1 und auf die Checkliste *C1 Projektvorbereitung auf Auftraggeberseite* verwiesen.

3.1.1 Inhalte des ersten gemeinsamen Gespräches

Das erste gemeinsame Gespräch zwischen potentiellem Auftragnehmer und Auftraggeber dient der Konkretisierung und Vervollständigung der ggf. schon vorliegenden Zielbeschreibung. In diesem Buch dient der Begriff „Erstes gemeinsames Gespräch" als Zusammenfassung der gesamten Kommunikation, die in dieser Phase des Projektes zwischen Auftraggeber und Auftragnehmer stattfindet. Dazu können durchaus mehrere Termine erforderlich sein.

Die Rolle des Auftraggebers nimmt beispielsweise eine Planungsabteilung eines Produktions- oder Handelsunternehmens, ein Anlagen- oder Fördertechniklieferant, ein Generalunternehmer oder ein Beratungsunternehmen ein. Der Auftragnehmer ist ein Planungs- oder Simulationsdienstleister, ein Forschungsinstitut, eine universitäre Einrichtung oder eine Simulationsabteilung im Hause des Auftraggebers.

In Vorbereitung des ersten gemeinsamen Gespräches sind neben der Festlegung von Ort und Zeitpunkt insbesondere eine rechtzeitige Bekanntgabe des Termins an einen abgestimmten Teilnehmerkreis zu gewährleisten, um einen effizienten Gesprächsverlauf und eine möglichst umfassende Beantwortung der offenen Fragen zu ereichen.

Die Inhalte des ersten gemeinsamen Gespräches, das auch dann stattfinden muss, wenn die Partner einem gemeinsamen Unternehmen angehören, beziehen sich auf die folgenden Punkte:

1. *Beschreibung des zu lösenden Problems:* Wo liegt das Problem? Wie lautet die Aufgabe?
2. *Festlegung des Betrachtungsgegenstandes:* Was ist zu untersuchen?
3. *Abstimmung der Untersuchungsziele:* Warum muss das System untersucht werden und welche Ergebnisaussagen sind zu erzielen? Sind Systemvarianten zu untersuchen?
4. *Art der Nutzung und Nutzungsdauer:* Wie und in welchem Zeitrahmen soll das zu erstellende Modell nach Projektablauf eingesetzt werden?
5. *Festlegung von Annahmen und Rahmenbedingungen:* Welche zusätzlichen Aspekte sind von Relevanz für die Analyse des Systems? Welche zu beschaffenden Informationen leiten sich daraus ab?
6. *Festlegung der einzusetzenden Lösungsmethoden:* Womit soll das Ziel erreicht werden?
7. *Festlegung der zu verwendenden Hard- und Software:* Mit welchen Werkzeugen soll die Aufgabe umgesetzt werden? Gibt es relevante Kriterien zur Werkzeugauswahl?
8. *Formulierung des Lösungsweges (Projektverlauf):* Wie soll das Ziel erreicht werden? Welche Projektphasen sind notwendig? Welche Abnahmekriterien für Zwischen- und Endergebnisse sind festzulegen? Wann müssen erste Ergebnisse vorliegen? Gibt es unternehmensbedingte zeitliche Fristen?
9. *Verteilung der Aufgaben zwischen den Projektpartnern:* Wer übernimmt welche Aufgaben? Wer übernimmt die Projektkoordination? Welche weiteren Kompetenzen müssen einbezogen werden?
10. *Abstimmung des Budgets:* Bestehen projektbezogene Restriktionen in Bezug auf einen vorgegebenen Budgetrahmen? Gibt es Prioritätenpläne zur Umsetzung?
11. *Abstimmung rechtlicher Rahmenbedingungen:* Sind – soweit erforderlich - Lizenzen für die Nutzung der Simulationssoftware beim Auftraggeber vorhanden? Müssen Geheimhaltungsverpflichtungen eingegangen werden? Ist der Betriebsrat einzuschalten?

Die obigen Punkte behandeln spezifische Fragen der Modellbildung und Simulation (1 – 8), ggf. notwendige Aspekte der Softwareentwicklung (4, 7) sowie das Projektmanagement (4, 7 - 11). Die Checkliste *C2 Erstes Gespräch* ist dem Anhang zu entnehmen. Sie fasst die oben erläuterten

Punkte in Form eines Fragenkatalogs zum Abhaken nochmals zusammen und ermöglicht damit die einfache Verwendung während des Gespräches. Die im ersten Gespräch zu behandelnden Punkte werden in den folgenden Unterabschnitten näher erläutert.

Beschreibung des zu lösenden Problems

Das zu lösende Problem und die zu bearbeitende Aufgabe sind für alle am Gespräch Beteiligten klar zu formulieren und in ihren Inhalten und Facetten aufzuzeigen. Beispiele sind hier die Untersuchung eines gegebenen realen Systems hinsichtlich seiner Leistungsfähigkeit unter Berücksichtigung der Randbedingungen im Jahr 2020 oder die Überprüfung der Funktionalität eines geplanten Systems als vorbereitende Maßnahme für die Realisierung.

Festlegung des Betrachtungsgegenstandes

Der Betrachtungsgegenstand umfasst den Gegenstand der Untersuchung, d. h. das konkrete reale oder geplante System mit klar definierten Systemgrenzen. Hier sind auch systemspezifische Sachzusammenhänge und Auffälligkeiten (z. B. bereits bekannte Engpässe, saisonale Schwankungen) zu diskutieren. Des Weiteren ist aufzuzeigen, welche Wechselwirkungen im System nur zu bestimmten Zeiten auftreten, beispielsweise in der Hochlastphase des Weihnachtsgeschäfts oder wenn eine bestimmte Baureihe in der Anlage produziert wird. Häufig werden zur Diskussion des Betrachtungsgegenstandes das Anlagenlayout oder eine Prozessbeschreibung zugrunde gelegt. Auch Besichtigungen des zu untersuchenden Systems oder einer Referenzanlage können hilfreich für die Klärung der systemspezifischen Zusammenhänge sein.

Ein an dieser Stelle ggf. auch zu diskutierender Aspekt ist die sinnvolle Abstraktion des Betrachtungsgegenstandes und damit der Detaillierungsgrad der später zu erstellenden Modelle. Fachliche Relevanz in Bezug auf die Fragestellung einerseits und möglicher Modellierungsmehraufwand andererseits bestimmen dabei die praktikable Umsetzung. Beispielsweise muss zur Untersuchung des Maschinendurchsatzes das Produktionsverhalten der Maschinen, aber nicht die interne Kinematik, die aufgrund von Belastungsspitzen zu einem langfristigen Maschinenverschleiß führt, modelliert werden.

Abstimmung der Untersuchungsziele

Die Untersuchungsziele umreißen die Fragen, die zur Lösung des Problems beantwortet werden sollen, und konkretisieren damit den Modellzweck. In diesem Zusammenhang können bereits Zielvorgaben detailliert, gewünschte Ergebnisaussagen konkretisiert und Form und Umfang der Ergebnispräsentation abgestimmt werden. Auch die mögliche Benennung von zu untersuchenden Systemvarianten (Analyse mit zwei oder drei Maschinen – mit oder ohne redundante Streckenführung) gehört zu diesem Unterpunkt. Die Abstimmung der Untersuchungsziele geht eng einher mit der Formulierung des zu lösenden Problems und wird in der Regel auch mehrfach iterativ durchgeführt. Nicht selten wird nach Konkretisierung der Untersuchungsziele auch die Beschreibung des zu lösenden Problems nochmals überprüft und angepasst. Bei der späteren Modell- bzw. Projektabnahme muss der Auftraggeber dann prüfen, ob seine vorgegebenen Untersuchungsziele durch das Simulationsprojekt erreicht werden. Die Untersuchungsziele müssen sich daher auch in den noch zu formulierenden Abnahmekriterien wieder finden (s. auch Punkt 8 *Formulierung des Lösungsweges (Projektverlauf)* sowie Abschn. 3.2.3).

Art der Nutzung und Nutzungsdauer

Die geplante Modellnutzung beeinflusst ggf. die Art der späteren Modellierung und die Möglichkeiten zur Parametrisierung des Modells. Die Nutzungsformen reichen von der ausschließlichen Verwendung der Ergebnisse im Rahmen des Projektes über eine eingeschränkte Parametrier- und Experimentierbarkeit des Modells für einen Anwender beim Auftraggeber bis hin zur vollständigen Nutzung des Modells ggf. auch innerhalb anderer Projekte. Für die Art der Nutzung spielt auch eine Rolle, ob das Modell weiterhin nur in der Planung oder auch zur Beantwortung von Fragen im operativen Betrieb eingesetzt werden soll (Abschn. 3.2.4).

Festlegung von Annahmen und Rahmenbedingungen:

Kein System ist so einfach, dass nicht auch Annahmen oder Rahmenbedingungen benannt werden müssen. Oftmals fällt es den beteiligten Projektpartnern allerdings schwer, diese zu formulieren, da sie gar nicht als solche erkannt werden. Beispiele sind: Die notwendigen Neuinvestitionen in die Anlage dürfen nicht mehr als 2.000.000 € betragen. – Die Personalkosten dürfen nicht steigen. – Die Anlieferung von Ware kann nur vormittags zwischen 9:00 Uhr und 11:00 Uhr erfolgen. – Die reale Anlage wurde im Vergleich zum vorliegenden Layout bereits verändert. – In den mitprotokollierten Datenbeständen sind nicht alle erforderlichen Informationen enthalten. – Es liegen nur Monatsdaten für die Analyse vor. Derartige Annahmen und Rahmenbedingungen sind zwingend in der Formulierung der Zielbeschreibung zu berücksichtigen.

Festlegung der einzusetzenden Lösungsmethoden

In diesem Zusammenhang sind die möglichen Lösungsmethoden wie analytische Methoden, Simulations- oder auch Optimierungsverfahren gegeneinander abzuwägen und auch die Simulationswürdigkeit (Abschn. 2.1) einer Aufgabenstellung, d. h. die Zweckmäßigkeit des Einsatzes der Simulation als Problemlösungsmethode, zu diskutieren. Dies ist von entscheidender Bedeutung für den direkten und indirekten Erfolg der Studie. Die direkten Erfolgsfaktoren beziehen sich auf die anschließende oder auch spätere Ergebnisnutzung und -umsetzung; indirekte Erfolgsfaktoren umfassen eine nachhaltige Nutzbarkeit der Modelle (Kap. 5). Nicht zwangsläufig muss die Simulation immer die geeignete Problemlösungsmethode sein.

Nach Klärung der Punkte 1 – 6 erscheint in einigen Fällen auch eine analytische Methode ausreichend. Sinnvoll kann es daher sein, verschiedene Lösungsmethoden bei der weiteren Projektdefinition einzubeziehen.

Ergänzend sind auch die grundsätzliche Leistungsfähigkeit der einzusetzenden Methoden sowie Hinweise auf mögliche zeitliche oder auch inhaltliche Risiken Inhalte des Gespräches zwischen den potentiellen Projektpartnern (s. auch Kap. 2).

Festlegung der zu verwendenden Hard- und Software

Für die Bearbeitung einer Aufgabe können in der Regel unterschiedliche Softwarewerkzeuge eingesetzt werden, so dass eine Werkzeugauswahl getroffen werden muss (s. VDI 3633 Blatt 4 (1997) für Kriterien zur Simulationswerkzeugauswahl). Unternehmensintern können jedoch Restriktionen vorliegen (beispielsweise sind bestimmte Rechner im Einsatz oder ein Werkzeug wird aus unternehmenspolitischen Gründen favorisiert), die den Entscheidungsrahmen einschränken (Abschn. 3.3.3). Darüber hinaus kann auch der spätere Einsatz der Modelle im laufenden Betrieb (s. Punkt 4 *Art der Nutzung und Nutzungsdauer* sowie Abschn. 3.2.4) Hard- und Softwarerestriktionen bedingen.

Formulierung des Lösungsweges (Projektverlauf)

Der Lösungsweg umfasst die Skizzierung der Projektphasen und Meilensteine auf dem Weg zur Zielerreichung. Seine endgültige Formulierung kann erst nach Festlegung der verwendeten Lösungsmethode erfolgen. Bei der Formulierung des Lösungswegs sind ebenfalls Kriterien für die Abnahme der Projektergebnisse (Abschn. 3.2.3) und Termine auch im Zusammenhang mit der Verteilung der Aufgaben innerhalb des Projektteams (s. Punkt 9 *Verteilung der Aufgaben zwischen den Projektpartnern*) zu konkretisieren. Eine wichtige Rolle spielt in diesem Zusammenhang die Einbindung des Projektes in übergeordnete Projekte mit ggf. bestehenden Terminvorgaben zur Projektbearbeitung (z. B. Beginn der Anlagenrealisierung).

Verteilung der Aufgaben zwischen den Projektpartnern

Die Verteilung der Aufgaben bezieht sich zu diesem Zeitpunkt nur auf die Benennung der Aufgabeninhalte auf Projektpartnerebene (z. B.: Welcher Partner leitet das Projekt? Wer übernimmt die Datenerfassung?). Eine Konkretisierung der Aufgaben auf Mitarbeiterebene ist erst zu einem späteren Zeitpunkt notwendig. Darüber hinaus ist zu klären, ob alle Arbeitsinhalte durch das spätere Projektteam bewerkstelligt werden können oder ob andere Fachabteilungen oder externe Partner einzubeziehen sind.

Abstimmung des Budgets

Nur selten macht ein Auftraggeber klare Aussagen zum Budget, das ihm zur Verfügung steht. Haben aber Budgetvorgaben einen Einfluss auf die einzusetzende Lösungsmethode und den Lösungsweg, muss dies thematisiert werden.

Abstimmung rechtlicher Rahmenbedingungen

Dieser Punkt umfasst alle für die Projektabwicklung notwendigen rechtlichen Vereinbarungen wie Informationspflichten oder Geheimhaltungsverpflichtungen, die insbesondere auch Bestandteil des Angebotes und des späteren Vertrags werden müssen.

3.1.2 Ergebnisse des ersten gemeinsamen Gespräches

Die Ergebnisse des ersten gemeinsamen Gespräches sind im Anschluss in Form eines *Ergebnisprotokolls* festzuhalten. Dabei sind zu allen obigen Punkten möglichst präzise die abgestimmten Gesprächsergebnisse darzustellen. Darüber hinaus sind im Protokoll noch zu klärende Aspekte festzuhalten und die dafür im Gespräch definierten Termine und Verantwortlichkeiten zu benennen.

Die Protokollierung übernimmt in der Regel der potentielle Auftragnehmer, da er die abgestimmten Ergebnisse als entscheidende Grundlage
für das im Anschluss zu erstellende Angebot benötigt. Zur Vermeidung
von Unstimmigkeiten ist empfehlenswert, nach Fertigstellung des Proto-
kolls dieses an alle potentiellen Projektpartner zu verteilen und sich die
Korrektheit und Vollständigkeit der Angaben bestätigen zu lassen. Müssen
weitere Kompetenzträger in das Projektteam einbezogen werden, ist die
Verteilung des Ergebnisprotokolls auch an diese Personen vorzusehen.

3.1.3   Regeln zur Diskussion der Zielbeschreibung

Der Formulierung der Zielbeschreibung kommt als Ausgangspunkt eines
(Simulations-)Projektes eine besondere Bedeutung zu. Werden hier für das
Projekt relevante Aspekte außer Acht gelassen, kann sich dies negativ auf
die spätere praktische Umsetzbarkeit der Ergebnisse der Simulationsstudie
auswirken. In Balci und Nance (1985) werden typische Fehler bei der
Formulierung der Zielbeschreibung aufgeführt. Regeln zur Formulierung
der Zielbeschreibung werden im Folgenden erläutert und durch Beispiele
aus der Praxis veranschaulicht.

Lösungsoffene Formulierung der Problemstellung

Die Problem- bzw. Aufgabenstellung muss lösungsoffen formuliert sein.
Das bedeutet zum einen, dass nicht von Anfang an nur eine Lösungsstrate-
gie verfolgt werden darf. Neben dem Einsatz der Simulation als Mittel der
Wahl müssen immer auch andere Wege in Betracht gezogen werden. So
kann eine Analyse mit Petri-Netzen oder eine Berechnung mit statischen
mathematischen Verfahren auch zu hinreichenden Lösungen bei geringerem Zeit- und Kostenbudget führen. Zum anderen darf in der Aufgabenstellung die Lösung nicht vorweggenommen oder die Lösungsfindung bereits in eine Richtung gedrängt werden. Bei Platzproblemen in einem
Lager sollte z. B. nicht nur untersucht werden, wie groß ein weiteres Lager
sein muss. Auch die Bearbeitungsstrategien (Wareneingang, Kommissionierung, Warenausgang) müssen im Umfeld des Lagers in die Untersuchungen einbezogen werden.

Umfassende Betrachtung

Produktions- und Logistikanlagen sind komplexe Systeme. Deshalb ist
darauf zu achten, dass zunächst alle relevanten Aspekte des Problems in
die Beschreibung einbezogen werden. Vereinfachungen können später
immer noch erfolgen. Auch spezielle Funktionen der Anlage (z. B. die Be-

handlung von Sperrgut oder eine manuelle Kommissionierung) dürfen nicht – ohne fundierte Begründung – von der Betrachtung ausgeschlossen werden. Ein unbegründetes Urteil wie „Das hat mit unserem Durchsatzproblem überhaupt nichts zu tun" darf im Rahmen der Projektdefinition nicht gelten.

Definition der Projektziele

Das Ziel des Projektes muss klar definiert werden. Mögliche *Untersuchungsziele* können Durchsatzsteigerung, Auslastungsmaximierung, Bestandsminimierung, Servicegraderhöhung oder auch Kostensenkung sein (zur Definition von Zielsystemen für Produktion und Logistiksysteme s. VDI 3633 (2008) oder Nyhuis und Wiendahl (2002)). Nicht immer ist es so einfach zu formulieren wie „Der Durchsatz soll um x Prozent steigen". Oft gibt es weitere Ziele, die nicht zwangsläufig auf den Untersuchungsgegenstand fokussieren, wie zum Beispiel „Wir brauchen das Ergebnis bis zum Ende des nächsten Quartals" oder „Das Simulationsmodell muss eindrucksvoll aussehen, damit wir unsere Werksleitung überzeugen können".

Gibt es mehrere Ziele, so ist ihre Gewichtung notwendig: Die Steigerung des Durchsatzes oder die Bestandsreduktion. Das schnelle Ergebnis oder die Visualisierung des Modells. Eine Gleichgewichtung der Ziele ist meistens nur bedingt möglich. Es muss ein Hauptziel definiert werden, die anderen Ziele sind Unterziele, möglicherweise mit unterschiedlicher Gewichtung. Ist das Hauptziel identifiziert, muss eine geeignete, messbare Zielgröße definiert werden. So ist z. B. zu definieren, an welcher Stelle im System und wie der Durchsatz gemessen werden soll. Aus den Zielen leiten sich in der Regel die Akzeptanzkriterien für die spätere Modell- und Projektabnahme ab. Aus diesem Grund müssen die Ziele möglichst klar und konkret formuliert werden.

Offene Gesprächsatmosphäre

Für das erste gemeinsame Gespräch ist eine offene Atmosphäre wichtig. Soll eine gute Lösung für die Aufgabenstellung gefunden werden, müssen möglichst alle notwendigen Informationen dargelegt werden. Sensible Themen sind in diesem Zusammenhang beispielsweise – aus Datenschutzgründen – manuelle Arbeitszeiten oder – aus Wettbewerbsgründen – Produktinformationen. Geheimhaltungsklauseln sichern in diesen Fällen die Zusammenarbeit vertraglich ab.

Um Ursachen für Engpässe zu finden oder Vorschläge für Durchsatzsteigerungen zu ermitteln, werden auch Informationen über den Produktionsprozess benötigt. Da Effizienzsteigerungen in der Produktion mitunter aber auch den Verlust von Arbeitsplätzen bedeuten können, ist auch dieses Thema offen anzusprechen. Von Mitarbeitern, die auch nur die vage Furcht haben, sie könnten „wegrationalisiert" werden, ist keine Kooperation bei der Datenbeschaffung für die geplanten Untersuchungen zu erwarten. Fingerspitzengefühl in der Kommunikation und die Schaffung einer Vertrauensbasis in der Zusammenarbeit sind wertvoll für die weitere Projektabwicklung.

Ursachenforschung

Mögliche Ursachen für die zu lösenden Probleme können bereits im ersten Gespräch diskutiert werden. In vielen Fällen bestehen schon erste Ideen zur Zielerreichung.

Möglich ist allerdings auch, dass bewusst von der Hauptursache des Problems abgelenkt wird. Beispiele sind hier: In der Anlage treten häufig Störungen durch Bedienfehler auf, weil der Auftraggeber im letzten Jahr die Mitarbeiterschulungen eingespart hat. Aus Kostengründen wurden Wartungsarbeiten nicht so oft durchgeführt, wie vom Maschinenhersteller empfohlen; die Anzahl der Störungen hat deswegen zugenommen.

Bei der Durchführung des ersten Gespräches ist daher stets zu berücksichtigen, dass möglicherweise Ursachen für ein Problem (beabsichtigt oder unbeabsichtigt) nicht oder nur sehr zögerlich angesprochen werden.

3.2   Das Angebot

Das Angebot selbst stellt die wesentliche schriftliche Grundlage für die spätere Auftragsabwicklung dar und muss die auf die Aufgabenstellung fokussierten Inhalte des gemeinsamen Gespräches aus Sicht des späteren Auftragnehmers möglichst umfassend wiedergeben. Hierzu gehört auch die Prüfung, inwieweit auf spezifische Wünsche des Auftraggebers eingegangen werden kann und ob auf Auftraggeber- oder Auftragnehmerseite keine firmenpolitischen Restriktionen gegen eine Zusammenarbeit sprechen.

Vor Beginn der Angebotserstellung sind die vorliegenden Unterlagen des potentiellen Auftraggebers (Layouts, Anlagendokumentationen, usw.) hinsichtlich ihrer Verwendung zu prüfen. Es ist jedoch keinesfalls notwendig, die Inhalte im Angebot wieder aufzunehmen; ein eindeutiger Verweis auf das jeweils verwendete Dokument ist ausreichend.

Des Weiteren ist zu klären, ob der potentielle Auftraggeber bereits Kunde des Unternehmens ist, ob ggf. spezielle Kooperationsverträge vorliegen, die berücksichtigt werden müssen, und wer der Empfänger des Angebotes sein wird. Angebote können wegfallen, wenn potentieller Auftraggeber und Auftragnehmer zu einem Unternehmen gehören. In diesem Fall sollte zur eindeutigen Klärung der gegenseitigen Erwartungen eine analoge interne Vereinbarung formuliert werden.

3.2.1 Grundlegende Inhalte des Angebotes

Sind sich die potentiellen Projektpartner grundsätzlich einig geworden, werden basierend auf den Erkenntnissen des ersten Gespräches in der Regel seitens der in Frage kommenden Auftragnehmer Angebote erstellt. Die Inhalte eines Angebotes zur Durchführung einer Simulationsstudie werden im Folgenden näher erläutert. Für Studien unter Verwendung von analytischen Methoden oder Optimierungsverfahren sind ggf. methodisch begründete Anpassungen in der Vorgehensweise (s. Punkt 3 und Abb. 1) notwendig. Das Grundgerüst kann jedoch weiter verwendet werden. Kommen mehrere Lösungsmethoden zum Einsatz, müssen die Arbeitspakete in Tabelle 2 entsprechend angepasst werden.

Ein Angebot umfasst im Wesentlichen die folgenden Punkte:

1. *Beschreibung der Ausgangssituation*: Beschreibung der gegebenen Situation beim Auftraggeber mit Darstellung der spezifischen Vor-Ort-Gegebenheiten, der allgemeinen Aufgabenstellung und der einzusetzenden Lösungsmethode.

2. *Projektziele*: Beschreibung von Betrachtungsgegenstand (Systemgrenzen, Detaillierungsstufen, etc.), Aufgabenstellung und Untersuchungszielen mit Festlegung der zu verwendenden modellgestützten Analysemethode.

3. *Angebotsumfang*: Ausformulierung der inhaltlichen Vorgehensweise mit den geplanten einzelnen Projektphasen bzw. Arbeitspaketen (Abschn. 3.2.2).

4. *Angebotsabgrenzung*: Beschreibung der Leistungen, die nicht im Angebotsumfang enthalten sind, wie z. B. manuelle Datenerhebungen vor Ort, Datenanalysen aufgrund inkonsistenter oder unvollständiger Daten, Wartung und Service sowie Schulung.

5. *Projektmanagement*: Angaben zum Projektteam mit verbindlicher Festlegung der Projektpartner mit ihren Aufgaben sowie Angaben zu Projektsitzungen (mit Bezug auf die unter 3 genannten Arbeitspakete). Die Einbeziehung externer Partner und die Zuordnung zu den von ihnen abzuwickelnden Arbeitspaketen sind hier oder ggf. bereits unter Punkt 3 aufzuführen. Die hierzu notwendigen vertraglichen Vereinba-

rungen werden jedoch meistens in einem separaten Dokument geregelt.

6. *Hardware- und Softwareumgebung*: Angaben zu notwendiger Hard- und Software, z. B. Vereinbarung über das verwendete Simulationswerkzeug und die Softwareversion.

7. *Termine und Kosten:* Aufwandskalkulation pro Arbeitspaket, Starttermin und Bearbeitungsdauer sowie Vergütung, Reisekosten und ggf. Lizenzkosten.

8. *Rechtliche Angebotsgrundlagen*: Vorgehensweise bei Änderungen im Leistungsumfang (Abschn. 2.2.1) sowie Zahlungsbedingungen, Erfüllungsort, Bindefrist des Angebotes, Geheimhaltungsklauseln und Geschäftsbedingungen.

Die obige Beschreibung geht von der Durchführung einer Simulationsstudie zur Planungsabsicherung aus. Entsprechend sind in dieser Auflistung vor allem Aspekte der Modellbildung und Simulation (1 – 4, 6) und des Projektmanagements (4 – 8) aufgeführt. In Abhängigkeit vom jeweiligen Untersuchungsziel sind sicherlich Variationen denkbar und notwendig. Die Gliederung ist daher auch nicht als Standardangebot zu verstehen, sondern aus Sicht des Auftragnehmers als Anleitung zur Erstellung des eigenen Angebotes bzw. aus Sicht des Auftraggebers zum Vergleich mehrerer vorliegender Angebote zu verwenden. Die Checkliste *C3 Angebotserstellung* ist dem Anhang zu entnehmen. In jedem Fall muss der Auftragnehmer sich an den eigenen unternehmensinternen Verfahrensweisen zur Erstellung von Angeboten orientieren. Ergänzende Aspekte für die betriebsbegleitende Simulation sind in Abschnitt 3.2.4 aufgezeigt; diese erweitern im Wesentlichen die Punkte 2, 3 und 4 des Angebotes um Aspekte der Softwareentwicklung.

3.2.2 Angebotsumfang

Zur vollständigen Beschreibung des Vorgehens sind innerhalb eines Angebotes die Projektphasen bzw. Arbeitspakete zu benennen und inhaltlich zu konkretisieren. Die Arbeitspakete (Tabelle 2) orientieren sich am Simulationsvorgehensmodell (Abschn. 1.2), fassen aber die Stufen der Modellbildung zusammen. Je nach betrachteter Aufgabenstellung müssen im Angebot hierfür weitere Unterarbeitspakete definiert werden. Des Weiteren sei darauf hingewiesen, dass das erste Arbeitspaket nicht in Anlehnung an das Vorgehensmodell „Aufgabendefinition" sondern „Herstellung der technischen Klarheit" heißt. Inhaltlich ist dieses Arbeitspaket vollständig konform mit der Projektphase „Aufgabendefinition". Diese Arbeitspakets-benennung kann in einem Angebot jedoch ggf. irreführend sein und zu Missverständnissen führen. Zu jedem Arbeitspaket sind stets die jeweiligen Inhalte (*Was ist zu machen?*), die Art des Vorgehens (*Wie ist es zu machen?*), der jeweils verantwortliche Partner (*Wer macht es?*), der Zeitrahmen (*Bis wann muss es gemacht sein?*) und das Arbeitspaketergebnis (*Was wird erreicht?*) aufzuführen. Die vollständige und konsistente Ausarbeitung des Angebotes erfordert in jedem Fall, das mit der Durchführung verbundene unternehmerische Risiko abzuschätzen und die Machbarkeit einer erfolgreichen Projektabwicklung zu überprüfen. Für die Planung des Projektverlaufs sind insofern auch – soweit möglich – extern bedingte zeitliche Einflüsse zu berücksichtigen, die zu einer verzögerten Projektbearbeitung führen könnten. Hierzu zählen beispielsweise Termine für notwendige Abstimmungsgespräche zur Klärung der Untersuchungsziele oder zur Modellabnahme sowie die Einholung der Zustimmung durch den Betriebsrat vor Beginn einer Datenaufnahme vor Ort. Abb. 15 zeigt die Beschreibung eines Arbeitspaketes an einem Beispiel.

Arbeitspaket 1 – AP 1: Herstellung der Technischen Klarheit

Das Arbeitspaket beinhaltet die Beschaffung, Sichtung und Überprüfung aller notwendigen Unterlagen für Projektabwicklung und Konkretisierung der Zielbeschreibung (Aufgabenstellung) in Form einer Aufgabenspezifikation. Zur Untersuchung der Anlage entsprechend der formulierten Projektziele wird unter Verwendung des vorliegenden Systemlayouts NBG_4711 vom 01.01.2005 insbesondere folgende Information zusätzlich benötigt:

- technische Daten der Regalbediengeräte
- Qualifikationsprofile des Kommissionierpersonals
- Beschreibung der Kommissionierstrategie.
- mitprotokollierte Auftragsdaten vom 02/06-01/07

Die Arbeitszeiten der Kommissionier werden nach REFA-Angaben angenommen. Stichpunktartig werden ebenfalls Zeiterfassungen vor Ort zur Überprüfung der Annahmen durchgeführt (s. AP 2).

Verantwortlich: Auftragnehmer in Zusammenarbeit mit dem Auftraggeber. Insbesondere sind die o. a. Dokumente seitens des Auftraggebers bereit zu stellen

Zeitrahmen: 03/2008

Ergebnis: Detaillierte Aufgabenspezifikation

Abb. 15. Beispiel für eine Arbeitspaketbeschreibung

Die Arbeitspakete sind mit Zwischenergebnissen, Meilensteinen und Terminen in einem Projektplan aufzuschlüsseln. Auch ist es sinnvoll, – soweit möglich – bereits die Projektbesprechungen hinsichtlich Anzahl und ungefährer Zeitpunkte festzulegen. Während im Angebot allerdings nur die Arbeitspakete und der grundsätzliche Projektverlauf aufgeführt werden können, ist für die spätere Projektabwicklung keine starr sequentielle, sondern eine iterative Abwicklung der Arbeitspakete vorzusehen. Die Arbeitspakete AP 5 und AP 6 in Tabelle 2 beziehen sich inhaltlich auf alle durchzuführenden Arbeiten und liegen daher zeitlich parallel zu den übrigen Arbeitspaketen.

Im Rahmen eines Angebotes variieren je nach Projektvolumen die Arbeitspakete in ihrem Umfang und der Detaillierung ihrer Beschreibung. Die in Tabelle 2 aufgeführten Arbeitspakete sind jedoch in den meisten Fällen mehr oder weniger umfassend enthalten. Ihre jeweiligen Inhalte sind im Angebot je nach Aufgabenstellung zu konkretisieren. Die Ausführungen in diesem Buch erheben keinen Anspruch auf Vollständigkeit, sondern sollen als Anregung für die konkrete Ausarbeitung dienen.

Tabelle 2. Vorschlag einer Detaillierung des Projektumfangs nach Arbeitspaketen

Arbeitspakete und Ziele	Im Angebot je nach Aufgabenstellung zu konkretisieren
AP 1 Herstellung der Technischen Klarheit: Schaffung der Voraussetzungen hinsichtlich Informationen und Daten für Projektabwicklung und Konkretisierung der Zielbeschreibung (Aufgabenstellung) in Form einer Aufgabenspezifikation	Information (z. B. Aussagen zu notwendigen technischen Daten wie Anlagenlayout, physische Systemkomponenten und Leistungskennzahlen, zu organisatorischen Daten wie Ablauf- und Steuerungsregeln und zu Systemlastdaten (VDI3633 2008) sowie zur Experimentplanung und Ergebnisaufbereitung), Art und Verantwortlichkeit der Bereitstellung
AP 2 Datenbeschaffung und -aufbereitung: Vorbereitung, Erhebung und Aufbereitung nicht vorliegender Information und Daten	Information und Daten (aus AP 1), die beschafft und ggf. sogar erhoben werden müssen, mit Benennung von Art und Umfang der Daten, Erhebungsmethode sowie Form der Datenaufbereitung, Vorgehensweise, statistische Methoden. Je nach Umfang kann das AP 2 auch in Unterarbeitspakete unterteilt werden.

AP 3 Durchführung der Modellbildung: Aufbau des Modells bzw. der Modelle (Je nach einzusetzender Lösungsmethode kann dieser Arbeitsschritt differieren.)	Beschreibung des Detaillierungsgrades, der für die Untersuchung des Systems zweckdienlich ist; Benennung von Restriktionen und Besonderheiten, die bei der Modellierung zu beachten sind. Bei Bedarf kann dieses Arbeitspaket nach dem Simulationsvorgehensmodell (Kap. 1) wiederum in Unterarbeitspakete zur Systemanalyse, Modellformalisierung und Implementierung unterteilt werden.
AP 4 Experimentplanung und -durchführung	Darstellung eines ersten Experimentplans; Benennung der Verantwortlichkeiten für die Experimentdurchführung
AP 5 Verifikation: und Validierung (s. auch Abschn. 2.3) sowie Abnahme des Modells (s. auch Abschn. 3.2.3)	Benennung der geplanten Vorgehensweise und der zu verwendenden Methoden für Verifikation und Validierung sowie der Abnahmeverantwortlichkeiten, Zeitpunkte, Abnahmekriterien
AP 6 Dokumentation und Präsentation der Ergebnisse sowie Abnahme der Projektergebnisse (s. auch Abschn. 3.2.3)	Auflistung der zu verwendenden Formen der Ergebnisdarstellung (Statistiken, Animationen, Charts); Benennung der zu dokumentierenden Inhalte sowie Form und Umfang von Dokumentation und Präsentation
AP 7 Übergabe: Überlassung von Ergebnissen und Modellen beim Auftraggeber	Beschreibung der Übergabemodalitäten wie Art und Umfang der zu übergebenden Modelle und Ergebnisse; Art, Umfang und Zeitraum der Installation; Art der Archivierung von Daten und Modellen

3.2.3 Aspekte der Modell- und Projektabnahme

Wie bereits oben aufgeführt müssen im Angebot möglichst auch erste Kriterien für die Abnahme eines Modells sowie für die Abnahme der Projektergebnisse (d. h. die Ergebnisse der Simulationsstudie) festgelegt werden (s. Checklisten *C9a Modellabnahme* und *C9b Projektabnahme* sowie Kap. 4 zur Durchführung der Modell- und Projektabnahme).

Die Erfüllung dieser Abnahme- oder auch Akzeptanzkriterien ist ein Maß für die Glaubwürdigkeit („Credibility"), die der Anwender dem Modell zuweist (Balci et al. 2000; Robinson 2004; Rabe et al. 2008, Abschn. 2.3). Die jeweils zu verwendenden Akzeptanzkriterien sind projektspezifisch festzulegen und können sich auf alle technischen und funktionalen Eigenschaften der Zwischen- und Endergebnisse einer Simulationsstudie beziehen (Abschn. 4.2.3). Hierbei können grundsätzlich Unterschiede in Abhängigkeit von der späteren Verwendung der erstellten Simulationsmodelle bestehen. Beispielsweise kann bei einer Nutzung des Simulationsmodells während des laufenden Betriebes das Laufzeitverhalten ein wichtiges Abnahmekriterium sein. Soll lediglich eine simulationsgestützte Analyse für eine Planungsaufgabe erfolgen, ist die Modelllaufzeit ggf. nicht von so hoher Relevanz. Spätestens mit der Formulierung der Aufgabenspezifikation (Abschn. 4.2) liegen auch implizite Abnahmekriterien vor, da die Fertigstellung der dort definierten Arbeitspakete die Voraussetzung für die Modell- und Projektabnahme ist.

In Ergänzung können die Abnahmekriterien auch die Einhaltung von Zeit- und Kostenzielen des Projektes oder Aspekte der Projektabwicklung beinhalten und umfassen damit unterschiedliche Kriterien, die sich auf die Produkt-, Prozess- und Projektqualität beziehen (Balci 2003).

Da die Abnahme eines lauffähigen Simulationsmodells in der Regel durch V&V-Methoden unterstützt wird, müssen hierfür ggf. entsprechende Vorbereitungen getroffen werden, die im Rahmen des Projektes zu benennen sind. Soll z. B. die Abnahme durch den Vergleich der Simulationsergebnisse mit vorliegenden Daten erfolgen, um einen Beleg für die realitätsnahe Verhaltensweise des Simulationsmodells zu erhalten, muss der Aufwand für die Beschaffung und Aufbereitung dieser Daten bereits im Angebot Berücksichtigung finden. Wird ein solches Verfahren als Grundlage für die Modellabnahme gewählt, sind die stochastischen Eigenschaften des Modells in die Überlegungen einzubeziehen.

Bei der Abnahme der Gesamtergebnisse der Simulationsstudie im Sinne einer Projektabnahme (Abschn. 4.7) bewertet der Auftraggeber die Erfüllung der Projektziele. Damit die Bewertung im gegenseitigen Einvernehmen erfolgen kann, ist es sinnvoll, Kriterien der Projektabnahme – soweit bereits bekannt – im Angebot zu konkretisieren. Auf diese Weise können Missverständnisse vermieden und die Erreichung der Projektziele unterstützt werden. Typische Kriterien der Projektabnahme beziehen sich auf die Einhaltung von Terminen für die Abgabe der Ergebnisse und die Vollständigkeit der im Angebotsumfang benannten Ergebnisse. Des Weiteren werden aber auch Kriterien verwendet, die sich auf die reale Umsetzung beziehen. Besondere Sorgfalt bei der Definition der Abnahmekriterien ist erforderlich, wenn der Auftraggeber für die Abnahme der Ergebnisse einen

Nachweis der Leistungssteigerung seiner Anlage durch die in der Studie vorgeschlagenen Maßnahmen verlangt. Hier muss sehr genau definiert werden, wie die Leistung der Anlage gemessen wird, was als Leistungssteigerung anzunehmen ist und ob bzw. zu welchem Zeitpunkt nach Beendigung der Studie diese Form der Abnahme der Ergebnisse erfolgen kann. Zudem muss bedacht werden, dass ggf. eine Leistungssteigerung der Anlage mit den zur Verfügung stehenden Maßnahmen in der vom Auftraggeber gewünschten Höhe nicht erreicht werden kann.

3.2.4 Aspekte für die betriebsbegleitende Simulation

Bei der betriebsbegleitenden Simulation wird ein Simulationsmodell regelmäßig im Anlagenbetrieb eingesetzt, um den Betriebsablauf mit simulationsbasierten Entscheidungen zu unterstützen. Als Beispiele sind die Bewertung einer Auftragsreihenfolge oder die Analyse der Auswirkungen von Störzeiten auf den Betriebsablauf zu nennen. Ein betriebsbegleitend einzusetzendes Simulationsmodell muss weitergehende Anforderungen erfüllen als ein Modell für eine herkömmliche Simulationsstudie. Daher ist in der Regel auch ein höherer Zeitaufwand für die Erstellung eines derartigen Modells einzuplanen. Gründe hierfür sind der geforderte Detaillierungsgrad des Modells zur Beantwortung der im laufenden Betrieb anfallenden Fragestellungen bei gleichzeitig kurzen Simulationslaufzeiten, die Synchronisation des Simulationsmodells mit den Unternehmensdaten und die Bereitstellung einer adäquaten Bedienoberfläche für den nicht zwangsläufig simulationserfahrenen Anwender.

Im Angebot ist daher ergänzend zu spezifizieren, welche Funktionalitäten das Modell speziell für den betriebsbegleitenden Einsatz bieten soll und welche weiteren Anforderungen zu beachten sind. Die Anforderungen können dabei nach allgemeinen Anforderungen, die auch bei anderen Softwareprojekten von Bedeutung sind, und Gesichtspunkten, die speziell bei Simulationsprojekten eine Rolle spielen, differenziert werden.

Allgemeine Anforderungen

Bei Softwareprojekten sind im Lastenheft u. a. folgende Anforderungen zu formulieren:

- Erstellung einer anwendergerechten Bedienoberfläche
- Anbindung an das IT-System des Anwenders: (teil)-automatisches Einlesen von Eingangsdaten, Weiterverarbeitung der Ergebnisse
- Schulungsmaßnahmen: Erstellung eines Bedienhandbuchs, Schulung für ausgewählte Mitarbeiter

- Wartung und Pflege: Bereitstellung einer Hotline, Anpassung der Software bei Änderungen der Ausgangsbedingungen

Nicht alle genannten Punkte sind für jedes Simulationsprojekt relevant. Beispielsweise kann das Simulationsmodell auch abgekoppelt als eigenständige Lösung implementiert werden. Bei kleineren Modellen ist die Bereitstellung einer Hotline wahrscheinlich nicht erforderlich. Im Rahmen der Projektdefinition muss daher geklärt werden, welche Software- und Modellanforderungen in dem jeweils speziellen Fall vorliegen.

Spezielle Anforderungen bei Simulationsprojekten

Bei Simulationsprojekten kommen zusätzlich zu den allgemeinen Anforderungen noch folgende zwei Aspekte besonders zum Tragen:

- *Laufzeit des Modells*: Beim täglichen Einsatz eines Simulationsmodells spielt unter Leistungsgesichtspunkten die Laufzeit des Modells (nicht zu verwechseln mit dem zu untersuchenden Zeitraum der Betrachtung) eine viel größere Rolle als bei einer klassischen Simulationsstudie. Die Laufzeit ist an den realen Prozessanforderungen zu orientieren, damit das Modell für den häufigen Einsatz und als schnelle Entscheidungshilfe im betrieblichen Alltag geeignet ist. Die Laufzeit eines Modells hängt u. a. vom verwendeten Simulationswerkzeug ab; ein Aspekt, der – wenn möglich – bei der Werkzeugauswahl für das Simulationsprojekt berücksichtigt werden sollte. Darüber hinaus spielt auch die Hardwareumgebung, die für die Simulation verwendet wird, eine Rolle. Auch hierauf ist im Angebot hinzuweisen, da die Beschaffung von leistungsfähigerer Hardware zusätzliche Kosten bedeutet.
- *Stochastische Einflüsse in Simulationsmodellen:* Da Simulationsergebnisse meistens stochastischen Einflüssen unterliegen, müssen mehrere Simulationsläufe durchgeführt werden, um ein Ergebnis mit einer entsprechenden statistischen Sicherheit zu erhalten (Abschn. 4.5.2). Dies hat zwangsläufig Einfluss auf die Dauer der Ergebnisberechnung. Daher empfiehlt es sich, den Auftraggeber bereits im Angebot für diese Thematik zu sensibilisieren.

3.2.5 Dokumentation der Ergebnisse

Unter Verwendung der in das erste Gespräch eingeflossenen Dokumente (ggf. auch Lastenheft, Ausschreibungsunterlage oder Pflichtenheft) liegt als Ergebnis des ersten Gespräches und unter Verwendung der Erkenntnisse aus dem Angebot eine Zielbeschreibung vor, die

- die Aufgabenstellung präzisiert und ggf. in Unterarbeitspakete strukturiert,
- die Rahmenbedingungen benennt,
- Aspekte aus dem Problemumfeld mit einbezieht,
- das Projektziel und eventuell Unterziele aufführt und gewichtet,
- geplante Ergebnisaussagen und mögliche Systemvarianten festlegt,
- auf die geplante Modellnutzung eingeht und
- erste Abnahme- bzw. Akzeptanzkriterien festlegt.

Zudem ist es von hoher Wichtigkeit, dass für alle potentiellen Projektbeteiligten ein gemeinsames Verständnis darüber besteht, welche Anlagenbereiche in die Untersuchung einbezogen werden müssen und wo mögliche Problemursachen liegen können. Im Angebot präzisiert der potentielle Auftragnehmer nur die bereits im Vorfeld abgestimmte Zielbeschreibung ergänzt um die Kosten und die rechtlichen Angebotsgrundlagen. Die Inhalte einer möglichen Dokumentation der Zielbeschreibung sind dem Anhang zu entnehmen.

3.3 Methodische Bewertung von Angeboten und Werkzeugen

Fällt die Entscheidung zur Durchführung einer Simulationsstudie im Unternehmen positiv aus, so steht in den überwiegenden Fällen im nächsten Schritt die Auswahl eines Dienstleistungsunternehmens, das mit der Durchführung der Studie beauftragt wird, sowie – teilweise – auch die Auswahl eines geeigneten Simulationswerkzeuges an. Hierbei ist zu beachten, dass Simulationsdienstleister mit einer eingeschränkten Auswahl an Simulationswerkzeugen arbeiten. Dies hat zur Folge, dass mit der Wahl eines Dienstleisters unter Umständen auch die Entscheidung für eine Simulationssoftware getroffen wird. Letzteres gilt insbesondere dann, wenn Dienstleister und Softwarehersteller eine Firma sind. Grundsätzlich stellt sich aber gerade für ein Unternehmen, das sich erstmalig für den Einsatz der Simulation zur Planung oder Verbesserung von Prozessen oder Systemen entschieden hat, das Problem der Auswahl des „besten" Dienstleisters und des „richtigen" Werkzeuges. Während bei einer extern durchgeführten Simulationsstudie die Verantwortung für die Auswahl eines geeigneten Simulationswerkzeuges in der Regel beim Dienstleister liegt, und nur in den wenigsten Fällen gemeinsam von Auftragnehmer und Auftraggeber vorgenommen wird, so ist diese Verantwortung bei einer intern durchgeführten Studie vom Unternehmen selbst zu übernehmen. Die besondere

Schwierigkeit bei der Auswahl eines Simulationswerkzeuges liegt jedoch darin, dass hier eine Entscheidung für eine zumeist langfristige Festlegung getroffen werden muss. Während ein Dienstleister normalerweise schon bei der nächsten Simulationsstudie gewechselt werden kann, ist die Werkzeugwahl aufgrund der durchgeführten Investition für die Software sowie für die Ausbildung von Mitarbeitern nur schwer zu revidieren. Der Auftraggeber muss also in der Lage sein, die vorliegenden Angebote hinsichtlich der Eignung für eine aktuell vorliegende Aufgabenstellung sowie – im Falle der Werkzeugauswahl – hinsichtlich einer langfristigen Nutzung mit gegebenenfalls variierenden Anforderungen möglichst objektiv zu bewerten.

Die Bewertung und Auswahl von Dienstleistungsangeboten und Simulationswerkzeugen kann einen maßgeblichen Einfluss auf die Qualität einer Simulationsstudie haben. Die damit verbundenen Entscheidungen sind insbesondere dann kritisch, wenn im eigenen Unternehmen keine Kenntnisse über Simulation in Produktion und Logistik existieren. In den nachfolgenden Abschnitten wird die von den Autoren dieses Buches empfohlene Vorgehensweise zur Durchführung einer methodischen und weitestgehend objektiven Bewertung und Auswahl von Angeboten und Simulationswerkzeugen anhand eines verallgemeinerten, fiktiven Beispiels unter Verwendung der in Abschnitt 2.5.2 vorgestellten Verfahren demonstriert.

Die Vorgehensweise zur methodischen Bewertung und Auswahl von Angeboten und Werkzeugen ist zusammengefasst in den Checklisten *C4a Angebotsauswahl* und *C4b Werkzeugauswahl* dieses Buches enthalten.

3.3.1 Grundsätzliche Vorgehensweise

Bereits vor der Entscheidung für die Durchführung einer Simulationsstudie muss in einem Unternehmen das Bewusstsein existieren, dass eine methodisch und objektiv durchgeführte Bewertung und Auswahl von Angeboten bzw. Simulationswerkzeugen erforderlich sind, die grundsätzlich präzise Kenntnisse über die zu simulierenden Prozesse bzw. Systeme voraussetzen. Darüber hinaus sind Bewertung und Auswahl auf jeden Fall mit personellem und zeitlichem und somit auch mit finanziellem Aufwand verbunden. Eine bewusste Vermeidung dieses Aufwandes kann zur Auswahl eines unpassenden Angebotes oder eines für die aktuelle Simulationsaufgabe ungeeigneten Werkzeuges führen. Daraus folgen in der Regel ein erhöhter Arbeitsaufwand bei der Projektdurchführung, höhere Kosten oder sogar nicht verwendbare oder irreführende Ergebnisse. Daher wird insbesondere solchen Unternehmen, die zum ersten Mal die Simulation einsetzen wollen, ausdrücklich geraten, in den Aufwand einer ausführlichen Bewertung und Auswahl von Dienstleistern oder Werkzeugen zu investieren. Hierbei ist es wichtig, rechtzeitig mit dem Management die Beauftragung der geplanten Simulationsstudie, ggf. die Beschaffung eines Simulationswerkzeuges und die damit verbundenen Aufwendungen für den jeweiligen Auswahlprozess abzustimmen. Dabei ist auch ein Gesamtbudget für die Durchführung der Simulationsstudie festzulegen. In der Realität führen hingegen insbesondere die Faktoren Zeit und Kosten oft zu übereilten Entscheidungen bei der Angebots- sowie der Werkzeugauswahl.

Die folgende Aufstellung liefert einige typische, häufig auftretende Ursachen für Fehler bei der Auswahl eines Dienstleistungsangebotes oder einer Simulationssoftware:

- *Zeitdruck*: Der Auswahlprozess hat zu spät begonnen, die Ergebnisse der Simulation werden bereits in Kürze erwartet, so dass keine Zeit zur gründlichen Auswahl verbleibt. Zeitdruck führt u. U. dazu, dass nur von einem einzigen Dienstleister ein Angebot angefordert wird. Wenn dieses nicht schon auf den ersten Blick klare Mängel aufweist, wird der Dienstleister beauftragt, ohne weitere Vergleichsangebote einzuholen.

- *Finanzielle Aspekte*: Die Simulation wird zwar benötigt, darf aber nicht viel kosten, so dass das preisgünstigste Angebot ausgewählt oder ein bereits im Unternehmen vorhandenes Simulationswerkzeug, jeweils ungeachtet der Eignung für die gestellte Simulationsaufgabe, genutzt wird.

- *Mangelnde Unterstützung im Unternehmen*: Die für eine objektive Beurteilung der Eignung eines Angebotes oder einer Software notwendigen Informationen über den zu simulierenden Prozess werden nicht zur Verfügung gestellt. Insbesondere hemmt die Angst vor etwaigen Rationalisierungsmaßnahmen aufgrund von möglichen Simulationsergebnissen die unternehmensinterne Kooperationsbereitschaft.

- *Subjektive Einflüsse*: Geschäftsbeziehungen oder gar private Beziehungen zu einem Dienstleister oder zu Mitarbeitern eines Softwareherstellers können sowohl positive als auch negative Entscheidungen ungeachtet inhaltlicher und technischer Aspekte motivieren. Ferner können persönliches Empfinden sowie der individuelle Geschmack, wie etwa das Gefallen bzw. das Missfallen der graphischen Bedienoberfläche eines Werkzeuges, die Entscheidung beeinflussen.

- *Unkenntnis über Bewertungsverfahren*: Die Aufgabenstellung einer Simulationsstudie bzw. die zur Verfügung stehenden Prozess- und Systeminformationen werden nicht geeignet in gewichtete Bewertungskriterien umgesetzt, so dass ein Bewertungsverfahren nicht zum optimalen Werkzeug bzw. nicht zur Auswahl des besten der vorliegenden Dienstleistungsangebote führt. Mitarbeitern, die einen Dienstleister beauftragen sollen, wird mitunter gar nicht kommuniziert, welche Aufgaben und Randbedingungen überhaupt relevant sind und beachtet werden müssen.

- *Motivationsmangel*: Um den eigenen Aufwand bei der Werkzeugauswahl zu reduzieren, werden ungeprüft die Werkzeuge eingesetzt, die bereits im Unternehmen vorhanden sind oder von Dritten wie z. B. Unternehmen der gleichen Branche eingesetzt werden. Hierbei wird nicht berücksichtigt, ob auch die Aufgabenstellungen für die Simulation und die Randbedingungen des zu analysierenden Prozesses identisch oder zumindest vergleichbar sind.

Die für die jeweilige Aufgabenstellung einer Simulationsstudie richtige Auswahl eines Simulationswerkzeugs oder eines Dienstleisters anhand vorliegender Angebote kann nur durch den Einsatz eines vom Grundsatz her objektiven Bewertungsverfahrens auf der Basis von zuvor festgelegten Kriterien erfolgen. Ein entsprechendes Verfahren wird in Abschnitt 2.5.2 ausführlich vorgestellt.

Die zur Bewertung erforderlichen Kriterien für die Angebots- und Werkzeugauswahl entsprechen den in Abschnitt 2.5.2 beschriebenen, so genannten tolerierten Forderungen und sind aus der Aufgabenstellung für die jeweilige Simulationsstudie abzuleiten. Basis für die Ableitung von Forderungen ist eine präzise Aufgabenstellung, so dass eine Formulierung von Eigenschaften und Konditionen möglich wird. Darüber hinaus können diese aufgabenspezifischen Anforderungen durch allgemeine technische oder wirtschaftliche Forderungen ergänzt werden. Durch eine wiederum aufgabenspezifische Klassifizierung in Ja/Nein-Forderungen, tolerierte Forderungen und Wünsche können schon sehr früh die für die jeweilige Aufgabenstellung grundsätzlich ungeeigneten Dienstleistungsangebote bzw. Simulationswerkzeuge identifiziert und noch vor dem eigentlichen Bewertungsprozess ausgeschlossen werden.

Zur Vorbereitung der Auswahl eines Dienstleistungsangebotes zählt auch die Prüfung, ob und welche Simulationswerkzeuge bereits im eigenen Unternehmen vorhanden sind bzw. eingesetzt werden. Darüber hinaus ist zu ermitteln, ob es interne oder durch Kunden oder Zulieferer definierte Vorgaben für die Nutzung bestimmter Werkzeuge gibt. Fällt eine dieser Prüfungen positiv aus, muss eine Untersuchung der grundsätzlichen Tauglichkeit der Software für die aktuelle Simulationsaufgabe sowie eine Überprüfung der (noch) im Unternehmen vorhandenen Simulationskenntnisse durchgeführt werden.

Steht aus einem der zuvor genannten Gründe das Werkzeug bereits fest, so ist das „*beste*" Dienstleistungsangebot auf Basis jenes Werkzeuges zu ermitteln. Ist das Simulationswerkzeug hingegen nicht vorgeschrieben, so ergeben sich prinzipiell zwei Alternativen für das Vorgehen:

- Die *Werkzeugauswahl mit anschließender Angebotsauswahl* ermöglicht die maximale Kontrolle der Simulationsstudie, da zunächst das bestgeeignete Werkzeug anhand der eigens aufgestellten Bewertungskriterien ermittelt wird. Im zweiten Schritt wird dann ein Dienstleister, der mit dem festgelegten Werkzeug arbeitet, anhand von Angeboten ausgewählt. In einigen Fällen kann dies auch eine Dienstleistungsabteilung des Herstellers des ausgewählten Werkzeuges sein. Maximale Kontrolle bedeutet aber auch maximale Verantwortung: Der Auftraggeber muss in der Lage sein, selbst relevante Bewertungskriterien für das Werkzeug aus der Aufgabenstellung abzuleiten.

- Die *Angebotsauswahl mit anschließender Werkzeugauswahl* birgt die Gefahr, dass ein Angebot auf Basis eines nur bedingt geeigneten Simulationswerkzeuges ausgewählt wird, sofern das Angebot keine klaren Angaben über das geplante Werkzeug und dessen besondere Eignung für die vorliegende Aufgabenstellung enthält (Abschn. 3.2.1). Ferner ist es möglich – und in der Praxis durchaus üblich –, dass ein Dienstleister nur mit einem oder einer geringen Auswahl an Simulationswerkzeugen arbeitet, so dass durch die Angebotsauswahl direkt auch das Werkzeug festgelegt wird. Die Verantwortung für das richtige Simulationswerkzeug liegt dann ausschließlich beim Dienstleister.

Im Hinblick auf eine durchgängig methodische und objektive Vorgehensweise ist die erste Reihenfolgealternative zu empfehlen. Nur so kann sichergestellt werden, dass Dienstleister und Werkzeug optimal für die vorliegende Aufgabenstellung einer Simulationsstudie geeignet sind. Doch die Befolgung dieser Empfehlung ist gerade für Unternehmen, die die Simulation erstmalig einsetzen wollen, kaum möglich. Bereits die richtige Ableitung der Forderungen an das Simulationswerkzeug, und damit die Aufstellung der Bewertungskriterien, kann Erstanwender leicht überfordern. Für diese Unternehmen ist die Befolgung der zweiten Reihenfolgealternative ratsam. Dabei sollten sie darauf bestehen, dass die anbietenden Dienstleister die jeweils favorisierten Werkzeuge vorstellen und deren explizite Vorzüge für die spezifische Aufgabenstellung des Auftraggebers anhand von Beispielen aus vergleichbaren Projekten von Referenzkunden der Dienstleister erläutern. Ggf. ist es zudem sinnvoll, diese Referenzkunden zu besuchen und sich die Vor- und Nachteile der Simulationswerkzeuge vor Ort präsentieren zu lassen.

3.3.2 Angebotsauswahl

In diesem Abschnitt wird anhand der Auswahl eines Simulationsdienstleistungsangebotes exemplarisch die konsequente Anwendung der in Abschnitt 2.5.2 vorgestellten Methoden zur Gewichtung von Bewertungskriterien sowie zur Bewertung und Auswahl von Angeboten und Werkzeugen demonstriert.

Das nachfolgend dargestellte Beispiel für eine Angebotsauswahl basiert auf einer rein fiktiven Ausgangssituation in einem beliebigen Unternehmen und führt ausschließlich allgemeine Kriterien zur Bewertung an. Darüber hinaus sind die Aufgabenstellung, die Zielbeschreibung sowie die Randbedingung zwar denkbar, jedoch zur Konstruktion des Beispiels frei erfunden. Diese Vorgehensweise wird von den Autoren dieses Buches gewählt, um die Übertragbarkeit des Beispiels auf die mannigfaltigen, realen unternehmensspezifischen Gegebenheiten nicht einzuschränken. Das Beispiel dient entsprechend als Leitfaden für die Anwendung der Methoden und erhebt weder einen Anspruch auf Vollständigkeit noch einen Anspruch auf Allgemeingültigkeit.

Die im Anschluss an die Darstellung des Beispiels durchgeführte Bewertung und Auswahl von fünf rein fiktiven Dienstleistungsangeboten beinhaltet die folgenden Elemente, die analog zu der in Abschnitt 2.5.2 vorgestellten Reihenfolge und Vorgehensweise behandelt werden:

• Formulierung der Bewertungskriterien
• Bestimmung der relevanten Bewertungskriterien
• Festlegung der Punktvergabe
• Vorstellung der Angebote
• Vorauswahl anhand von Ja/Nein-Forderungen
• Bewertung der Angebote
• Auswahl des bestgeeigneten Angebotes

Eine Unterstützung bei der Durchführung einer Angebotsauswahl liefert die im Anhang dieses Buches beigefügte Checkliste *C4a Angebotsauswahl*. Die einzelnen Schritte der hier vorgestellten Vorgehensweise bei der Aufstellung und Gewichtung von Bewertungskriterien sowie der Anwendung des Punktbewertungsverfahrens sind als Handlungsempfehlung übersichtlich in dieser Checkliste zusammengestellt.

Darstellung des Beispiels – Ausgangssituation und Ziele

Die nachfolgend gegebene Darstellung steht stellvertretend für zahlreiche Unternehmen, die sich (erstmalig) der Methode Simulation nähern, um Lösungen für Fragestellungen bzw. Probleme zu erhalten, die den internen

Materialfluss betreffen. Selbstverständlich sind andere Fragestellungen bzw. Probleme adäquat zu handhaben.

Das Unternehmen Muster AG ist ein mittelständiges Traditionsunternehmen mit einem einzigen Produktionsstandort in Deutschland. Die Muster AG fertigt Zulieferteile für verschiedene Elektrogerätehersteller im In- und Ausland an. Das variantenreiche, ständig erweiterte bzw. wechselnde Sortiment der Kunden bedingt bei der Muster AG ein breites Produktspektrum bei jeweils hohen Stückzahlen und kurzen Lieferzeiten. Die Auftragslage der Muster AG ist gut und wird aufgrund des Erfolges der bereits vorhandenen Kunden sowie weiterer Anfragen künftig noch anwachsen. Die derzeitige Produktion ist langfristig jedoch nicht mehr in der Lage, die Aufträge fristgerecht zu bearbeiten; einerseits sind die vorhandenen Ressourcen, d. h. Maschinen, Fördereinrichtungen und Transportmittel nicht ausreichend, andererseits behindert bereits heute die hausinterne Logistik die Produktionsprozesse.

Die Unternehmensführung hat daher beschlossen, die Produktion kurzfristig an einen anderen Standort zu verlagern, und hat dazu eine größere, derzeit leerstehende Produktionshalle in der Nähe erworben. Der Umzug, bei gleichzeitiger Erweiterung und Reorganisation der Fertigung, soll bereits zum nächsten Jahreswechsel erfolgen. Von einem Kunden der Muster AG, der sich vor einigen Monaten in einer ähnlichen Situation befand, ist bekannt, dass Umstrukturierung und Erweiterung mit Hilfe einer Simulationsstudie geplant und optimiert wurden, und schließlich ohne längeren Produktionsausfall erfolgreich umgesetzt werden konnten. Der bei der Muster AG für die Produktionserweiterung eingesetzte Projektleiter wurde daher von der Unternehmensleitung beauftragt, die Einsatztauglichkeit der Simulation im Hinblick auf die Unternehmensziele zu prüfen und gegebenenfalls einzusetzen.

Im Rahmen der Projektvorbereitung wurde daraufhin die Simulationswürdigkeit des Themas geprüft und festgestellt, weil hier u. a. dynamische Prozesse vorliegen, z. B. auftragsabhängige Produktwechsel und Losgrößen in der Fertigung, und stochastische Einflüsse, wie z. B. die Blockade eines Transportweges oder der Ausfall einer Maschine, auftreten (Abschn. 2.1). Die Akzeptanz der Methode Simulation durch die Unternehmensführung ist gewährleistet, und auch unter den Mitarbeitern bestehen keine Bedenken, da nicht die Reduzierung, sondern eher die Erweiterung der Belegschaft geplant ist.

Die Entscheidung über die Vergabe der Simulationsstudie wurde zugunsten der Beauftragung eines externen Simulationsdienstleisters gefällt, da bislang keine entsprechenden Kompetenzen im Unternehmen vorhanden sind, und da durch den zeitnahen Umzug keine Möglichkeit gegeben ist, das erforderliche Know-how aufzubauen.

Aus den ersten Gesprächen mit Simulationsdienstleistern gewann die Muster AG weitere Kenntnisse über die Einsatzmöglichkeiten und den potenziellen Nutzen der Simulation. Die Unternehmensführung beschloss daraufhin, das vom später ausgewählten Dienstleister erstellte Simulationsmodell der neuen Produktionshalle auch nach Abschluss der Studie weiter zu nutzen. Eigene Mitarbeiter sollen entsprechend geschult werden und das Modell im Tagesgeschäft zur auftragsabhängigen Kapazitäts- und Ressourcenplanung einsetzen.

Darstellung des Beispiels – Aufgabenstellung

Die Aufgabenstellung für die geplante Simulationsstudie der hier vorgestellten Muster AG umfasst die folgenden Elemente:

- Ermittlung der zusätzlich benötigten Fertigungseinrichtungen zur Deckung der zu erwartenden Auftragslage in den nächsten 5 Jahren
- Layoutplanung für die neue Produktionshalle, d. h. Ermittlung der bestgeeigneten Standorte aller Maschinen und Pufferplätze sowie Festlegung eines Transportwegenetzes im Hinblick auf einen optimierten Materialfluss
- Ermittlung der Anzahl der erforderlichen Transportmittel und Werker
- Auslegung der Kapazitäten der Pufferplätze, insbesondere für den Wareneingang und den Warenausgang

In der Praxis sind sowohl abstrakter als auch deutlich detaillierter formulierte Aufgabenstellungen möglich, die den zu einem ersten Gespräch eingeladenen Simulationsdienstleistern zur Vorbereitung ihrer Präsentationen zur Verfügung gestellt werden.

Darstellung des Beispiels – Randbedingungen

In Ergänzung zur Aufgabenstellung dienen weitere systemspezifische oder organisatorische Randbedingungen den Simulationsdienstleistern als Basis für die Angebotserstellung.

Im Falle der hier auftretenden Muster AG gelten beispielsweise die folgenden Randbedingungen für die spätere Auswahl des Simulationsdienstleisters bzw. für die spätere Durchführung der Studie:

- Der Umzug des Unternehmens soll zum Jahreswechsel stattfinden. Die Studie muss entsprechend frühzeitig im aktuellen Jahr fertig gestellt sein, um die Ergebnisse in die Planung der neuen Fertigungshalle einfließen lassen zu können.

- Die für die Simulationsstudie erforderlichen Daten, wie z. B. die Takt-
  zeiten, Rüstzeiten bei Produktwechsel, Fahrzeiten der Transportmittel,
  liegen nicht vollständig vor. Die Datenbeschaffung soll daher als Teil
  der Studie mit beauftragt werden.
- In der Muster AG wird bislang kein Simulationswerkzeug eingesetzt.
  Dies soll sich aber nach der Studie ändern. Der Dienstleister soll folglich ein entsprechend geeignetes Simulationswerkzeug für die Studie
  einsetzen und später in der Muster AG einführen.
- Es sind derzeit keine Simulationskenntnisse im Unternehmen vorhanden. Dennoch soll das vom Dienstleister für die Studie anzufertigende
  Simulationsmodell später von Mitarbeitern der Muster AG genutzt werden können. Der Simulationsdienstleister wird aufgefordert, eine Schulung über das von ihm genutzte Simulationswerkzeug für 2 bis 3 Mitarbeiter der Muster AG anzubieten.
- Wenn die Mitarbeiter der Muster AG nach Abschluss der Simulationsstudie das vom beauftragten Dienstleister erstellte Simulationsmodell
  selbst nutzen, so wird gefordert, dass der Dienstleister nicht nur den
  Support für das von ihm erstellte Modell, sondern auch für das eingesetzte Simulationswerkzeug leisten kann.

Formulierung der Bewertungskriterien

Wie in Abschnitt 2.5.2 beschrieben, können die zur Bewertung der Angebote benötigten Kriterien aus den in der Zielbeschreibung formulierten Anforderungen sowie aus den Randbedingungen abgeleitet werden. Darüber
hinaus können weitere Bewertungskriterien u. a. ggf. aus vergleichbaren
früheren Aufgabenstellungen in einem Unternehmen, aus Richtlinien sowie aus Mitarbeiterinterviews gewonnen werden. Die Zahl der Bewertungskriterien kann dabei sehr groß werden, so dass im weiteren Verlauf
des Auswahlprozesses zunächst eine Reduzierung auf die im Sinne der jeweils vorliegenden Aufgabenstellung relevanten Kriterien erforderlich
wird.

Bei der Ableitung der Bewertungskriterien ist darauf zu achten, dass
diese unabhängig voneinander sind und zudem alle an die Lösung, in diesem Falle die Simulationsstudie, gestellten relevanten Anforderungen abdecken. Zudem ist es für das Verfahren der Gewichtung der Kriterien
wichtig, dass alle Kriterien möglichst positiv formuliert werden, um nicht
etwa durch den Wortlaut die Bedeutung eines Kriteriums für die gesuchte
Lösung zu beeinflussen. So ist beispielsweise nicht „Einschränkungen in
der zeitlichen Verfügbarkeit", sondern „zeitliche Verfügbarkeit" als Krite-
riumswortlaut zu verwenden.

Nachfolgend sind exemplarisch einige Bewertungskriterien für das hier vorgestellte fiktive Beispiel des Angebotsauswahlverfahrens der Muster AG aufgeführt und hinsichtlich der zugrunde liegenden Fragestellungen oder Aussagen, die bei der Prüfung jedes Angebotes zu klären sind, kurz erläutert. Diese Kriterien lassen sich aber sehr leicht, ggf. mit einer anderen Gewichtung (siehe unten) sowie mit anderen Spezifikationen für die Mindest-, die Soll- und die Idealerfüllung, auf jedes andere Simulationsprojekt übertragen:

- *Branchenkenntnis* bedeutet, dass beim Bewertungsverfahren die Angebote dahingehend zu prüfen sind, ob der jeweilige Dienstleister Kenntnisse in der Branche der Muster AG besitzt.

- *Mehrsprachigkeit* bezeichnet den Wunsch, dass im Hinblick auf die spätere Nutzung des Simulationsmodells durch eigene Mitarbeiter der Muster AG die Bedienoberflächen des Modells sowie die Hilfe und die Dokumentation auch in Deutsch zur Verfügung gestellt werden, sofern Deutsch nicht die Standardsprache oder eine auswählbare Sprache des verwendeten Simulationswerkzeuges ist.

- *Zeitliche Verfügbarkeit* bezieht sich auf die Ergebnisse der Simulationsstudie. Da die Muster AG die Ergebnisse für die weitere Planung des Umzuges benötigt, stellt dieses Kriterium in diesem Beispiel eine Ja/Nein-Forderung dar. Eine Verzögerung bei der Durchführung der Simulationsstudie könnte den Umzug der Produktion der Muster AG gefährden.

- *Projektlaufzeit* umfasst den Zeitpunkt, zu dem ein Dienstleiter mit der Durchführung der geplanten Simulationsstudie beginnen kann, die in den Angeboten kalkulierte Dauer für die Studie sowie die Darstellung von geplanten Unterbrechungen in der Bearbeitung aufgrund von anderen Projekten des Dienstleisters oder aufgrund von Urlaubszeiten.

- *Vollständigkeit* bedeutet, dass die Angebote hinsichtlich der Behandlung aller in der Aufgabenstellung der Muster AG enthaltenen sowie aller im ersten Gespräch diskutierten Elemente sowie hinsichtlich der Berücksichtigung aller Randbedingungen zu prüfen sind. Dieses Kriterium kann als Ja/Nein-Forderung verwendet werden, so dass nur vollständige Angebote der weiteren Bewertung zugeführt werden. Alternativ kann ein Dienstleister zur Nachbesserung seines Angebotes aufgefordert werden.

- *Räumliche Nähe* bedeutet, dass das Unternehmen des Dienstleisters in der Nähe des Auftraggebers angesiedelt ist. Zur Reduzierung von Reisekosten sowie für kurzfristig erforderliche Besprechungen zwischen Auftraggeber und Auftragnehmer kann es nach Ansicht der Muster AG sinnvoll sein.

- *Auftreten des Dienstleisters* betrifft den Eindruck, den die Mitarbeiter der Muster AG im ersten Gespräch vom Dienstleister erhalten haben. Bei der Angebotsauswahl ist daher zu bewerten, ob die Mitarbeiter des Dienstleisters mit den in die Simulationsstudie involvierten Mitarbeitern der Muster AG zusammen arbeiten können bzw. ob Probleme zu erwarten sind.

- *Preis* bezeichnet die Prüfung und Bewertung der Angebote dahingehend, ob und in welchem Bereich der jeweils vom Dienstleister kalkulierte Preis für die Durchführung der Simulationsstudie innerhalb des von der Muster AG veranschlagten Budgets liegt.

- *Preisgestaltung* umfasst die Begutachtung der Angebote dahingehend, ob die angesetzte Preiskalkulation im branchenüblichen Rahmen liegt, und ob die Simulationsstudie zu einem Festpreis oder gemäß Aufwand angeboten wird. Weiterhin muss die Muster AG prüfen, ob die resultierenden Gesamtkosten nachvollziehbar sind, oder ob das Angebot nicht kalkulierbare Positionen birgt.

- *Schlüssigkeit der Arbeitspakete* bedeutet, ob das Angebot auf ein durchdachtes, schlüssiges Projekt auf Seiten des Dienstleisters schließen lässt, und ob die geplante Arbeitsweise aus der Darstellung im Angebot nachvollziehbar wird.

- *Lieferantenstatus* umfasst die Prüfungen, ob ein anbietender Dienstleister bereits als Lieferant bei der Muster AG bekannt ist und welche bisherigen Erfahrungen mit diesem Lieferanten vorliegen.

- *Support für Modell und Werkzeug* umfasst die Bewertung der Angebote hinsichtlich der Supportleistungen nach Abschluss der Simulationsstudie. Hier ist von der Muster AG zu bewerten, ob und welche Anwenderunterstützung der Dienstleister neben dem erforderlichen Support für das von ihm erstellte Simulationsmodell auch für das zu verwendende Simulationswerkzeug anbietet.

- *Schulung* bezeichnet die für die Mitarbeiter der Muster AG erforderliche Schulung am Modell und am Werkzeug, insbesondere im Hinblick auf die geplante spätere Nutzung des Modells im Tagesgeschäft. In diesem Zusammenhang muss die Muster AG auch die Art und den Umfang der angebotenen Schulungen bewerten und prüfen, ob der Dienstleister die Schulungen selbst durchführen kann.

- *Werkzeugauswahl* umfasst die Beurteilung, ob der Dienstleister über geeignete Simulationswerkzeuge zur Bearbeitung der Aufgabenstellung verfügt, und ob er evtl. neutral das für die Aufgabenstellung am besten geeignete auswählen kann.

- *Kooperation mit Werkzeughersteller* bezeichnet die Prüfung, ob der Dienstleister als vom Werkzeughersteller autorisierter Berater arbeitet.

In diesem Zusammenhang will die Muster AG das Verhältnis bewerten, das den Dienstleister mit dem Hersteller des von ihm für die Aufgabenstellung favorisierten Simulationswerkzeugs verbindet. Ggf. kann der Dienstleister auf die kurzfristige Bereitstellung von zusätzlich erforderlichen Funktionalitäten der Software hinwirken oder erhält als Distributor des Simulationswerkzeuges Sonderkonditionen für den Lizenzerwerb, die er an die Muster AG weitergeben kann.

- *Personalkontinuität* umfasst die Prüfungen und Bewertungen, ob die für die Simulationsstudie eingesetzten Mitarbeiter des Dienstleisters auch nach Abschluss der Studie verfügbar sind, so dass bei Rückfragen durch die Muster AG schnell Antworten erhältlich sind, oder ob der Dienstleister vermehrt mit freien Mitarbeitern, die nach dem Projekt möglicherweise überhaupt nicht mehr zur Verfügung stehen, arbeitet.

- *Bedienfreundlichkeit* bezeichnet die Bewertung, wie der Dienstleister die Frage der Bedienfreundlichkeit des Modells in seinem Angebot darstellt. Im Hinblick auf die geplante spätere Nutzung des Simulationsmodells durch eigene Mitarbeiter ist es nach Ansicht der Muster AG sinnvoll, dass der Dienstleister die Mitarbeiter der Muster AG bei der Gestaltung der Bedienung des Modells mit einbezieht.

- *Simulationserfahrung* umfasst die Bewertung der Erfahrungen des Simulationsdienstleisters mit vergleichbaren Aufgabenstellungen sowie der Referenzen, die im ersten Gespräch oder im Angebot aufgeführt worden sind.

- *Qualität des Angebotes* bezeichnet die Bewertung, ob ein Angebot verständlich, strukturiert sowie ordentlich aufgebaut und formuliert ist.

Selbstverständlich kann allein auf Basis der hier aufgeführten Kriterien keine Angebotsbewertung abgeschlossen werden. Zusätzlich sind unternehmens-, aufgaben- und simulationsspezifische Kriterien sowie Bewertungskriterien aus den Bereichen Projektmanagement und zur Sozialkompetenz des Dienstleisters erforderlich.

An dieser Stelle weisen die Autoren noch einmal darauf hin, dass die oben aufgeführten Bewertungskriterien und insbesondere deren hier genannten Hintergründe sowie die nachfolgende Gewichtung beispielhaft sind und keinesfalls als allgemeingültig angesehen werden dürfen.

Bestimmung der relevanten Bewertungskriterien

Die Bestimmung der relevanten Bewertungskriterien erfolgt in drei Stufen:

1. Die Muster AG muss zunächst eine Klassifizierung der aufgestellten Bewertungskriterien vornehmen, d. h. die Kriterien müssen in

Ja/Nein-Forderungen, tolerierte Forderungen und Wünsche eingestuft werden.

2. Die Ja/Nein-Forderungen sowie die Wünsche werden zunächst aussortiert. Ja/Nein-Forderungen müssen von den Angeboten unter allen Umständen erfüllt werden. Diese Kriterien dienen während des Auswahlprozesses für die Angebote zur Vorselektion. Die Wünsche werden erst dann berücksichtigt, wenn anhand der verbleibenden Kriterien keine Angebotsauswahl getroffen werden kann.

3. Die Kriterien auf Basis der als qualitativ bzw. quantitativ tolerierbar eingestuften Forderungen werden von der Muster AG unter Anwendung des Verfahrens der gewichteten Rangreihe mit Grenzwertklausel hinsichtlich ihrer Relevanz für die vorliegende Aufgabenstellung ausgewertet.

Im Hinblick auf die Zielbeschreibung der geplanten Simulationsstudie hat der Projektverantwortliche der Muster AG zusammen mit dem Projektteam die Kriterien „Zeitliche Verfügbarkeit" und „Vollständigkeit" als Ja/Nein-Forderungen, die Kriterien „Mehrsprachigkeit des Modells" und „Lieferantenstatus" als Wünsche eingestuft.

Die verbleibenden Kriterien aus obiger Aufstellung werden nun vom Projektteam der Muster AG unter Verwendung der gewichteten Rangreihe mit Grenzwertklausel ausgewertet, so dass eine aussagekräftige, aber überschaubare Anzahl an Kriterien für die Bewertung der von den Simulationsdienstleistern eingereichten Angebote verbleibt. Für jedes Kriterium wird ein paarweiser Vergleich hinsichtlich der Relevanz für die geplante Simulationsstudie mit allen übrigen Kriterien durchgeführt. So stuft die Muster AG beispielsweise das Kriterium „Preisgestaltung" im direkten Vergleich als relevanter als das Kriterium „Preis" ein, jedoch weniger relevant als das Kriterium „Support" für das Simulationsmodell und das Simulationswerkzeug im Anwendungszeitraum nach Abschluss der Simulationsstudie. Abb. 16 zeigt das von der Muster AG ausgefüllte Formular der Bewertungskriteriengewichtung.

Zu beachten ist, dass das Ergebnis der obigen Bewertungskriteriengewichtung nicht als verbindlich angesehen werden darf. Bereits eine andere Zusammensetzung des Projektteams hätte zu einer anderen Gewichtung führen können.

Es ist zu erkennen, dass die Teammitglieder der Muster AG wesentlich mehr Wert auf die Bedienfreundlichkeit des Simulationsmodells, den Preis und die Preisgestaltung legen als auf die räumliche Nähe zum Dienstleister oder etwa dessen Kenntnisse über die Branche der Muster AG. Hier ist es dem Projektteam der Muster AG wichtiger, dass der Dienstleister Erfahrung in seiner eigenen Branche, also der Simulation, hat und dies sowie seine Arbeitsweise in einem strukturierten, ordentlichen Angebot nachweist. Das Projektteam konnte hingegen nicht festlegen, ob zur Bewertung der Angebote die „Preisgestaltung" relevanter ist als die Darstellung der „Bedienfreundlichkeit" des zu entwickelnden Simulationsmodells.

Name	Formularbezeichnung	Projekt / Auftrag
Muster AG	**Bewertungskriteriengewichtung** für Angebotsauswahl Simulationsdienstleister	Erweiterung und Umzug Verantwortung Max Mustermann, Abt. PPX

Bewertungskriterien:

Bewertungskriterien	Branchenkenntnis	Projektlaufzeit	Räumliche Nähe	Auftreten des Dienstleisters	Preis	Preisgestaltung	Schlüssigkeit	Support	Schulung	Werkzeugauswahl	Herstellerkooperation	Personalkontinuität	Bedienfreundlichkeit	Simulationserfahrung	Angebotsqualität	Anzahl der "+"	Gewichtsfaktor g_k
Branchenkenntnis	▨	−	+	−	−	−	−	−	−	+	−	O	−	−	−	2	2,16 %
Projektlaufzeit	+	▨	+	−	−	−	−	O	−	+	+	+	−	O	−	5	5,40 %
Räumliche Nähe	−	−	▨	−	−	−	−	−	−	O	−	+	−	−	−	1	1,08 %
Auftreten d. Dienstl.	+	+	+	▨	−	−	O	−	−	+	+	O	−	−	−	5	5,40 %
Preis	+	+	+	+	▨	−	+	+	+	+	+	+	+	−	+	12	12,96 %
Preisgestaltung	+	+	+	+	+	▨	+	−	−	+	+	+	O	+	O	10	10,80 %
Schlüssigkeit	+	+	+	O	−	−	▨	−	+	+	+	+	−	O	O	7	7,56 %
Support	+	O	+	+	−	+	+	▨	O	+	+	+	−	−	−	8	8,64 %
Schulung	+	+	+	+	−	+	−	O	▨	+	+	+	−	−	+	9	9,72 %
Werkzeugauswahl	−	−	O	−	−	−	−	−	−	▨	+	−	−	−	−	1	1,08 %
Herstellerkooperation	+	−	+	−	−	−	−	−	−	−	▨	+	−	−	−	3	3,24 %
Personalkontinuität	O	−	−	O	−	−	−	−	−	+	−	▨	−	−	−	1	1,08 %
Bedienfreundlichkeit	+	+	+	+	−	O	+	+	+	+	+	+	▨	+	O	11	11,88 %
Simulationserfahrung	+	O	+	+	+	−	O	+	+	+	+	+	−	▨	−	9	9,72 %
Angebotsqualität	+	+	+	+	−	O	O	+	−	+	+	+	O	+	▨	9	9,72 %

Grenzwert	Risikoabdeckung	verbleibende Kriterien	Summe "+"	93	
g_{kgr} = 5 %	91,8 %	10	Gewichtsbeitrag g_i	1,08 %	
g_{kgr} = 7 %	81,0 %	8	Abnahme		
Seite 1 von 1	Dokumentnummer Proj471107-KGew-v1	27.08.07 *M. Mustermann* Datum Unterschrift			

Abb. 16. Bewertungskriteriengewichtung zur Simulationsstudie der Muster AG

Zur Selektion der Bewertungskriterien hat der Projektverantwortliche den Grenzwert zur Beurteilung der Relevanz zunächst auf g_{kgr} = 5 % festgelegt. Hiernach verbleiben 10 Kriterien, die zusammen eine Risikoabdeckung von 91,8 % erreichen. Entsprechend der Erläuterungen in Abschnitt

2.5.2 ist eine Risikoabdeckung von 80 % bis 90 % ausreichend, so dass der Grenzwert zur Beurteilung auf $g_{kgr} = 7\,\%$ angehoben werden kann. Die verbleibenden 8 Kriterien werden nun im weiteren Verlauf des Angebotsauswahlprozesses zu deren Bewertung eingesetzt.

Festlegung der Punktvergabe

Für jedes Kriterium, das zur Bewertung der Angebote genutzt wird, muss ein Soll-Wert sowie die Mindest- und die Idealerfüllung festgelegt bzw. formuliert werden. Dies kann bereits bei der Erstellung der Zielbeschreibung und der Aufgabenstellung, d. h. bei der Definition der Anforderungen geschehen. Zur Bewertung der Angebote mit einem Punktbewertungsverfahren müssen schließlich den Erfüllungsgraden der einzelnen Kriterien Punkte zugeordnet werden. Die Muster AG legt dies über Punkteskalen für quantitativ und qualitativ formulierte Kriterien, wie sie in den Abb. 12 und 13 in Abschn. 2.5.2 vorgestellt wurden, fest. Die nachfolgende Abb. 17 zeigt exemplarisch die Punktvergabe für das qualitativ formulierte Kriterium „Preisgestaltung" in Abhängigkeit der Erfahrungen und Erwartungen des Projektteams der Muster AG. Die von der Muster AG vorgenommenen Formulierungen zur Festlegung des Soll-Wertes bzw. der Mindest- und Idealerfüllung sowie der möglichen Abstufungen sind in der Abbildung enthalten.

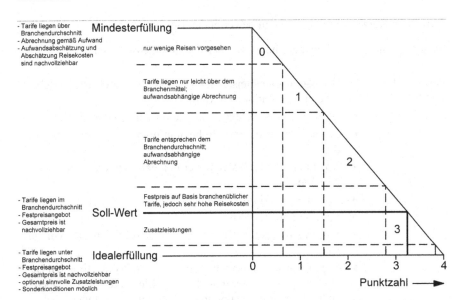

Abb. 17. Punktvergabe am Beispiel des qualitativ formulierten Bewertungskriteriums „Preisgestaltung"

Die jeweils vorgenommene Punktvergabe für die weiteren verbliebenen Kriterien, insbesondere für die quantitativ formulierten Kriterien, ist im Formular zur Punktbewertung der vorliegenden Angebote dargestellt bzw. aus diesem zu entnehmen (Abb. 18).

Vorstellung der Angebote

Die Muster AG hat Kontakt zu insgesamt 8 Unternehmen aufgenommen und diese jeweils zu einem ersten Gespräch eingeladen. Die im Rahmen dieser Gespräche gewonnenen Erkenntnisse konnte die Muster AG in die Anpassung der Aufgabenstellung sowie in die Formulierung der Bewertungskriterien und der jeweiligen Erfüllungsgrade einfließen lassen. Nach Abschluss der Gespräche wurden im Juli des Jahres 6 der 8 eingeladenen Simulationsdienstleister zur Angebotsabgabe aufgefordert. Die übrigen zwei Dienstleister konnten beim ersten Gespräch ihre Kompetenz nicht ausreichend glaubwürdig darstellen. Bis zum Ende der Abgabefrist von ca. zwei Wochen reichten fünf der aufgeforderten Unternehmen ein Angebot ein; ein Dienstleister gab kein Angebot ab und begründete dies mit dem seiner Ansicht nach viel zu engen Zeitrahmen.

Die von der Muster AG zu bewertenden fünf Angebote werden nachfolgend in Tabelle 3 hinsichtlich jeweils spezifischer Merkmale bzw. charakteristischer Eigenschaften der Dienstleister kurz skizziert.

Tabelle 3. Kurzbeschreibung der zu bewertenden Beispiel-Angebote

Angebote und Dienstleister	Angebotsmerkmale und Dienstleistereigenschaften
Angebot 1 Dienstleister A	• Simulationsdienstleister seit mehr als 10 Jahren erfolgreich auf dem internationalen Markt
	• zahlreiche vergleichbare Simulationsstudien durchgeführt
	• Beginn der Simulationsstudie unmittelbar nach Auftragsvergabe
	• Projektlaufzeit inklusive unvermeidbarer Unterbrechungen ca. 3 Monate
	• nur ein Simulationswerkzeug verfügbar
	• branchenübliche Tarife
	• Abrechnung nach Aufwand, allerdings schwer nachzuvollziehen
	• Angebot besteht aus vielen Textbausteinen ohne direkten Bezug zur Aufgabenstellung, dennoch Elemente der Aufgabenstellung und Randbedingungen vollständig behandelt
	• Arbeitspakete der geplanten Studie detailliert beschrieben
	• Bedienoberfläche des Simulationsmodells, das nach der Studie

	von der Muster AG eingesetzt werden soll, in 2 Varianten graphisch dargestellt

Angebot 2
Dienstleister B

von der Muster AG eingesetzt werden soll, in 2 Varianten graphisch dargestellt
- Schulung und Support für Simulationsmodell und -werkzeug
- keine Sonderkonditionen
- keine Branchenkenntnisse
- nur wenige Referenzen genannt
- Simulationsdienstleistungen seit ca. 3 Jahren
- keine Angabe über Verfügbarkeit des Dienstleisters
- Projektlaufzeit wird mit 3,5 Monaten veranschlagt
- Lizenzen und Know-how von 2 Standard-Simulationswerkzeugen
- Festpreis inklusive Schulung, zzgl. Support: € 61.000,00
- sehr knapp, aber strukturiert aufgebaut und alle geforderten Elemente verständlich dargestellt
- geplante Vorgehensweise teilweise nicht eindeutig nachvollziehbar, da Arbeitspakete nicht einzeln aufgeführt

Angebot 3
Dienstleister C

- mehrere Alternativen für Bedienoberfläche des Simulationsmodells detailliert graphisch dargestellt und erläutert; alle Anforderungen und Wünsche berücksichtigt
- Support nur für Simulationsmodell
- ordentlicher Gesamteindruck
- Sonderkonditionen bei Abschluss eines mehrjährigen Supportvertrag für Simulationsmodell und -werkzeug
- sehr erfahrener Dienstleister mit Branchenkenntnissen
- freie Kapazitäten ab November des Jahres
- veranschlagte Projektlaufzeit: ca. 2 Monate
- Festpreis ohne Schulung und Support: € 57.000,00
- Arbeitspakete für geplantes Simulationsmodell klar strukturiert beschrieben

Angebot 4
Dienstleister D

- detailliert ausgearbeiteter Entwurf für Bedienoberfläche unter Berücksichtigung der im ersten Gespräch diskutierten Anforderungen und Wünsche
- Schulung und Support für Modell und Werkzeug zu branchenüblichen Tarifen
- Erscheinungsbild des Angebotes ist sehr professionell
- Sonderkonditionen für benötigte Lizenzen aufgrund Partnervertrag mit Softwarehersteller
- zahlreiche vergleichbare Referenzprojekte in den vergangenen 7 Jahren
- verfügbar ab September des Jahres
- Projektlaufzeit ca. 2 Monate

	• Distributor eines Werkzeugherstellers, daher Werkzeugbindung
	• günstige Tarife
	• Abrechnung nach Aufwand
	• kalkulierter Aufwand erscheint überhöht
	• speziell ausgebildeter Trainer für Schulungen, auch beim Auftraggeber, verfügbar
	• alle Elemente der Aufgabenstellung sowie Wünsche berücksichtigt
	• klar strukturierte Darstellung der Arbeitspakete der Studie
	• Nennung von Alternativen für die Ergebnisdarstellung
	• sehr ordentliches Angebot
	• kein graphischer Entwurf für Bedienoberfläche des nach der Studie von der Muster AG einzusetzenden Simulationsmodells
	• keine Sonderkonditionen bei Abschluss eines mehrjährigen Supportvertrages
Angebot 5 Dienstleister E	• nur englischsprachige Simulationsexperten verfügbar
	• langjährige Erfahrungen mit vielen verschiedenen Simulationsprojekten
	• Lizenzen und Know-how von vier Simulationswerkzeugen
	• Beginn der Studie unmittelbar nach Auftragsvergabe
	• Projektlaufzeit mit ca. 1,5 Monaten zzgl. Datenbeschaffung veranschlagt
	• Festpreis inklusive Schulung und 1 Jahr Support (nur für Modell): € 75.000,00
	• Schulung und Support für eingesetztes Simulationswerkzeug nur über Fremdvergabe möglich
	• alle Elemente der Aufgabenstellung enthalten und alle Randbedingungen berücksichtigt
	• geplante Vorgehensweise deutlich dargestellt
	• Angebot sehr unübersichtlich; enthält zahlreiche Fehler; wirkt unprofessionell
	• verschiedene Alternativen für die zu entwickelnde Bedienoberfläche des nach der Studie von der Muster AG einzusetzenden Simulationsmodells entworfen und im Anhang des Angebotes aufgelistet

Vorauswahl anhand von Ja/Nein-Forderungen

Vor der Anwendung des Punktbewertungsverfahrens prüft das Projektteam der Muster AG unter Leitung des Projektverantwortlichen, ob die eingereichten Angebote die aufgestellten Ja/Nein-Forderungen erfüllen. Vorab wurde beschlossen, dass Anbieter, deren Angebote diesbezüglich Mängel aufweisen, aufgrund des sehr engen Zeitrahmens des Gesamtprojektes nicht zu einer Nachbesserung aufgefordert werden. Entsprechende Angebote werden vom weiteren Auswahlprozess ausgeschlossen und somit nicht einer Bewertung anhand der tolerierten Kriterien unterzogen.

Die Muster AG hatte vorab die Kriterien „Zeitliche Verfügbarkeit" sowie „Vollständigkeit" des Angebotes als Ja/Nein-Forderungen definiert. Bei der Prüfung der Angebote ist zu erkennen, dass alle eingereichten Angebote als vollständig anzusehen sind, so dass bzgl. des Kriteriums „Vollständigkeit" kein Angebot aus dem Auswahlprozess ausscheidet. Hinsichtlich der „Zeitlichen Verfügbarkeit" ist zu erkennen, dass mit Ausnahme des Simulationsdienstleisters C alle Anbieter die Projektlaufzeit derart geplant haben, dass auf Seiten der Muster AG das Gesamtprojekt nicht gefährdet ist. Angebot 3 hingegen gibt als möglichen Starttermin den November des Jahres an und beinhaltet eine erwartete Projektlaufzeit von ca. zwei Monaten. Dies bedeutet, dass die Simulationsergebnisse zwar noch kurz vor dem geplanten Umzugstermin vorliegen würden, die Ergebnisse jedoch nicht mehr für die Layout- und Materialflussplanung in der neuen Produktionshalle verwendet werden können. Angebot 3 des Dienstleisters C erfüllt damit die Ja/Nein-Forderung „Zeitliche Verfügbarkeit" nicht und scheidet aus dem Auswahlprozess aus.

Bewertung der Angebote

Die nach Prüfung der Ja/Nein-Forderungen verbleibenden vier Angebote werden mit dem Punktbewertungsverfahren nach Gerhard (1998) hinsichtlich des jeweiligen Erfüllungsgrades für die gemäß der Kriteriengewichtung acht relevanten Kriterien bewertet. Das entsprechend ausgefüllte Bewertungsformular ist in Abb. 18 dargestellt.

Ein aussagekräftiges Ergebnis bzgl. der Eignung der einzelnen Angebote liefern nur die Nutzwerte, da diese die jeweilige Kriteriengewichtung im Rahmen des aktuellen Projektes berücksichtigen. Wie im Falle der Muster AG können die Nutzwerte allerdings eine andere Aussage als die Punktsummen bzw. die Wertigkeiten liefern. Das Angebot 2 vom Dienstleister B ist das bestgeeignete Angebot, da es bei den Kriterien mit den höheren Gewichtsfaktoren, also bei den relevanteren Kriterien im Sinne der aktuell vorliegenden Aufgabenstellung, jeweils die höhere Punktzahl im Vergleich zu Angebot 4 mit der höheren Gesamtpunktzahl erzielt hat, und somit den höchsten Nutzwert liefert.

Die Muster AG wird Angebot 2 auswählen und entsprechend Dienstleister B mit der Durchführung der Simulationsstudie beauftragen.

Abschließend sei noch einmal darauf verwiesen, dass die Bewertungen und die daraus abgeleitete Entscheidung der Muster AG als Beispiel dienen und mit dem Ziel konstruiert worden sind, die Methode einfach und nachvollziehbar darzustellen.

3.3.3 Werkzeugauswahl

Dieses Buch behandelt in erster Linie die Durchführung von Simulationsstudien und beschreibt daher keine Kriterien für die Auswahl des Simulationswerkzeuges, da diese bereits in der VDI3633 Blatt 4 (1997) umfassend dargestellt werden.

Grundsätzlich ist die Vorgehensweise zur Angebotsauswahl (Abschn. 3.3.2) auf die Auswahl eines Simulationswerkzeuges für eine Simulationsstudie übertragbar, sofern entsprechende Kriterien definiert und für die Bewertung der Simulationswerkzeuge herangezogen werden. Auch die Definition der Bewertungskriterien zur Werkzeugauswahl ist u. a. auf die jeweiligen Einsatzziele im Unternehmen, auf die (vornehmlich) zu simulierenden Prozesse und Systeme, auf die jeweilige Branche, auf die individuellen Anforderungen der Anwender bzw. des Unternehmens und schließlich auf die aktuelle Aufgabenstellung auszurichten.

Die Checkliste *C4b Werkzeugauswahl* stellt die grundsätzliche Vorgehensweise bei der Auswahl eines Simulationswerkzeuges noch einmal übersichtlich in Form einer schrittweise geführten Handlungsempfehlung zusammen.

Name					Formularbezeichnung				Projekt / Auftrag
Muster AG					**Punktbewertungsverfahren**				Erweiterung und Umzug
									Verantwortung
		für			Angebotsauswahl Simulationsdienstleister				Max Mustermann, Abt. PPX

	Bewertungskriterien					Alternativen			
Kriterienart	Beschreibung	Erfüllungswerte (Mindest / SOLL / Ideal)			Gewicht [%]	Angebot 1 (Dienstleister A)	Angebot 2 (Dienstleister B)	Angebot 4 (Dienstleister D)	Angebot 5 (Dienstleister E)

quantitative Kriterien

Kriterium	Mindest / SOLL / Ideal	Gewicht [%]	Angebot 1	Angebot 2	Angebot 4	Angebot 5
Preis - Kosten der Studie zzgl. Schulung und Support - ohne Software-Lizenzen	< 80 T€ / < 70 T€ / < 60 T€	12,96	0 0 Standardtarife nicht eindeutig erkennb.	4 0,52 61.000 € inkl. Schulung	1 0,13 günstige Tarife Endpreis unklar	2 0,26 75.000 € inkl. Schul. u. 1 Jahr Support
Support - Leistungsumfang - Sonderkonditionen	Modell / Modell + Tool / Sonderkond.	8,64	3 0,26 Modell u. Werkzeug keine Sonderkond.	0 0 nur Modellsupport keine Sonderkond.	4 0,35 Modell u. Werkzeug Sonderkonditionen	1 0,09 nur Modellsupport extern für Werkzeug
Schulung - Angebotsumfang - Schulungsort	Modell / Modell + Tool / auch inhouse	9,72	3 0,29 Modell u. Werkzeug	3 0,29 Modell u. Werkzeug	4 0,39 Modell u. Werkzeug auch Inhouseschul.	1 0,10 nur Modellschulung extern für Werkzeug

qualitative Kriterien

Kriterium	Erfüllungswerte	Gewicht [%]	Angebot 1	Angebot 2	Angebot 4	Angebot 5
Preisgestaltung - Kostenstruktur - Niveau der Tarife - Aufwand vs Festpreis	nachvollziehb. / branchenübl. Tarife / + Festpreis / + Sonderleistungen	10,80	0 0 branchenüblich kaum nachvollziehb.	4 0,43 Festpreis und Sonderkonditionen	1 0,11 günstige Tarife überhöhte Kalkulat.	3 0,32 Festpreis + Sonder. Fremdleist. unklar
Schlüssigkeit - Bezug Aufgabenstell. - Darstellung der geplanten Arbeitspakete (AP)	Aufgabenstell. berücksichtigt / Vorgehensw. transparent / APs struktur. u. logisch / Alternativen u. Risiken erf.	7,56	4 0,30 alle Elemente enth. APs + Alternativen	0 0 alle Elemente enth. keine APs	4 0,30 alle Elemente enth. APs + Alternativen	3 0,23 alle Elemente enth. Vorgehensw. deutl.
Bedienfreundlichkeit - bzgl. Modell für Nutzung nach Studie - Entwürfe f. Oberflächen	Anforder. berücksichtigt / Oberfl. darg. / detaillierte graphische Darstellung / + Wünsche berücksicht. / + Alternativen	11,88	3 0,36 auch graphische Darstellung	4 0,48 mehrere Alternativ. alle Anf. + Wünsche	0 0 kein graphischer Entwurf	4 0,48 mehrere Alternativ. entworfen + erläut.
Simulationserfahrung - Bereich Log.-Simulation - vergleichb. Referenzpr.	Referenzproj. in Produktion u. Logistik / + mehrjährige Berufserfahrung in Sim. / + vergleichb. Projekte	9,72	4 0,39 langjähr. Erf. + vergleichb. Projekte	1 0,10 ausreichende Erf. wenige Referenzen	4 0,39 langjähr. Erf. + vergleichb. Projekte	3 0,29 viel Berufserf. + viele Sim.-Projekte
Angebotsqualität - Struktur - Verständlichkeit - Ordentlichkeit	verständliche Darst. d. Angebotselem. / + strukturiert + ordentlicher Eindruck / + profession. Eindruck + Optionen	9,72	2 0,19 viele Textbausteine Hinweise a. Alternat.	3 0,29 knapp, verständlich, strukturiert, ordentl.	3 0,29 detailliert und sehr ordentlich	0 0 unübersichtl., Fehler unprofessionell

	Angebot 1	Angebot 2	Angebot 4	Angebot 5
Punktsumme	19	19	21	17
Wertigkeit	0,59	0,59	0,66	0,53
Nutzwert	1,79	2,11	1,96	1,77

Dokumentnummer	Änderungsvermerke				Abnahme
Proj471107-ABew-v1					29.08.07
	Alternative	Kriterium	Datum	Zeichen	Datum M. Mustermann
Seite					
1 von 1	Alternative	Kriterium	Datum	Zeichen	Unterschrift

Abb. 18. Punktbewertungsverfahren zur Angebotsbewertung im Rahmen der Simulationsstudie der Muster AG

4 Qualitätskonformes Vorgehen in der Simulationsstudie

In diesem Kapitel wird die Umsetzung des grundlegenden Qualitätskriteriums „Systematische Projektdurchführung" aus Abschn. 1.1 im Projektverlauf – also von der Aufgabendefinition bis hin zur Durchführung der Experimente sowie der Analyse und Präsentation der Simulationsergebnisse – erläutert. Gleichzeitig fließen auch die Kriterien zur Erreichung einer konsequenten Dokumentation und einer kontinuierlichen Integration des Auftraggebers (Kap. 2) in die systematische Projektdurchführung ein.

Im Folgenden werden Fragestellungen zur Aufgabendefinition, zu den verschiedenen Phasen der Modellbildung, zur Durchführung und Analyse der Experimente sowie zur Beschaffung und Aufbereitung der Daten behandelt und konkrete Handlungsanweisungen und Checklisten zur Umsetzung der anfallenden Aufgaben (s. Anhang) gegeben. Maßnahmen zur durchgängigen Verifikation und Validierung werden in den folgenden Abschnitten ausgeklammert. Hierzu sei auf das Buch von Rabe et al. (2008) verwiesen, das sich ausschließlich diesem Thema widmet.

Obwohl in diesem Kapitel alle Phasen der Modellbildung behandelt werden, bedeutet das nicht notwendigerweise, dass in jeder Studie auch alle Phasen durchlaufen werden müssen. In vielen Studien wird z. B. ohne den Entwurf eines formalen Modells direkt von der Systemanalyse zur Implementierung übergegangen. Zudem kommt es häufig vor, dass eine Phase aus Mangel an Informationen und Daten oder aufgrund einer projektinternen Prioritätensetzung erst später vollständig abgeschlossen werden kann, d. h. die Phasen werden in ihrer Abfolge unter Umständen mehrmals durchlaufen und die Modelle dabei immer weiter verfeinert bzw. ergänzt.

Mit diesen Vorbemerkungen wollen die Autoren zum Ausdruck bringen, dass zwar alle vorgestellten Ansätze und Methoden zur Qualitätssteigerung beitragen, aber in jeder Studie nur die jeweils notwendigen Vorschläge umgesetzt werden sollen, da sonst der Aufwand nicht in einem praktikablen Verhältnis zum Nutzen steht. Gleichzeitig möchten die Autoren darauf hinweisen, dass dieses Kapitel nicht das grundsätzliche methodische Vorgehen, das in unterschiedlichen Simulationsfachbüchern

(Banks 1998; Law u. Kelton 2000; Robinson 2004) umfassend beschrieben wird, noch einmal dargestellt. Vielmehr sollen die aus Sicht der Autoren wichtigen Aspekte für eine qualitätskonforme Projektdurchführung erläutert werden.

4.1   Kick-off-Meeting

Mit dem Kick-off-Meeting beginnt die eigentliche Simulationsstudie. Während in der Angebotsphase die Beschreibung der Ziele, Aufgaben und Rahmenbedingungen noch auf einer eher geringen Detaillierungsstufe stattfinden kann, ist im Kick-off-Meeting eine Konkretisierung der Aufgaben in kontrollierbare Arbeitsschritte vorzunehmen und die daraus resultierende Arbeitsteilung zwischen Auftragnehmer und Auftraggeber abzuklären. Demzufolge erfolgt mit dem Kick-off-Meeting der Übergang von der Managementebene auf die operative Ebene in der Projektzusammenarbeit.

Die Bedeutung, der qualitätsrelevante Inhalt und der daraus resultierende Aufwand eines Kick-off-Meetings werden von der Projektgröße bestimmt. Beachtenswert ist, dass die Bedeutung eines Kick-off-Meetings umso größer ist, je kürzer die Projektlaufzeit ist, da in diesem Fall insgesamt weniger Projektgespräche stattfinden. Bei terminlicher Enge und überschaubarem Projektinhalt ist es heute in der Praxis nicht unüblich, nach dem Kick-off-Meeting nur noch eine Ergebnispräsentation bei Projektende durchzuführen, obwohl sich das Projektteam über die Risiken einer fehlenden Abstimmung durchaus bewusst ist.

Nachfolgend werden in Abschnitt 4.1.1 inhaltliche Aspekte des Kick-off-Meetings erläutert, die für die Qualität der gesamten Simulationsstudie Bedeutung besitzen. In Abschnitt 4.1.2 wird beschrieben, wie die Erfüllung der zuvor diskutierten inhaltlichen Anforderungen organisatorisch effektiv unterstützt werden kann.

4.1.1   Inhalte des Kick-off-Meetings

Das Kick-off-Meeting führt Auftraggeber und Auftragnehmer mit dem Ziel zusammen, alle für die Durchführung der Studie notwendigen Festlegungen und Vorgehensweisen so detailliert abzustimmen und zu dokumentieren, dass ab diesem Zeitpunkt eine qualitätskonforme und arbeitsteilige Projektbearbeitung möglich wird. Detaillierungsgrad und Verbindlichkeit der hier geschlossenen Vereinbarungen müssen so gestaltet sein, dass eine hinreichende Sicherheit gegenüber inhaltlichen und terminlichen Risiken geschaffen wird. Die Qualität einer Simulationsstudie wird maßgeblich dadurch beeinflusst, dass die Vereinbarungen als Ergebnis des Kick-off-Meetings verbindlich, erfüllbar und einvernehmlich getroffen werden. In diesem Punkt unterscheidet sich eine Simulationsstudie grundsätzlich nicht von anderen ingenieurwissenschaftlichen Projekten. Auch für eine Simulationsstudie ist ein systematisches und konsequentes *Projektmanagement* unverzichtbar. Das „spielerische" Element des Ausprobierens mit Simulation führt allerdings gelegentlich dazu, dass Simulationsstudien ad hoc mit ersten Modellversuchen begonnen werden und das anschauliche Modell nach und nach korrigiert wird. Eine solche Vorgehensweise ist mit einem extremen Risiko behaftet. Das Kick-off-Meeting ist daher eine wichtige Komponente eines konsequenten Projektmanagements und die Basis einer systematischen Projektdurchführung.

Neben der Abstimmung von Arbeitsschritten, Verantwortlichkeiten und Terminen dient das Kick-off-Meeting zur *Informationssicherung*. Während des Kick-off-Meetings ist darauf hinzuarbeiten, dass alle benötigten Informationen benannt, der Zugang zu allen verfügbaren Informationen geklärt und die Beschaffung aller offenen Informationen abgestimmt werden. Fehlende, falsche oder fehlerhaft interpretierte Informationen sind typische Fehlerquellen in Simulationsstudien. Die notwendigen Informationen im Kick-off-Meeting (also so früh wie möglich) einzufordern, ist deshalb ein unersetzliches Qualitätsgebot. Insofern ist es besonders wichtig, innerhalb des Kick-off-Meetings alle Informationen bereitzustellen, die ohne das persönliche Gespräch nicht, nur unzureichend oder nur mit höherem Aufwand übermittelt werden könnten. Beispiele für solche Informationen sind Layouts, die nicht mehr dem Ist-Stand entsprechen, oder Beschreibungen der Prozesse und Materialflüsse, die für Außenstehende nicht unmittelbar verständlich sind. Ergänzende Beschreibungen sowie gemeinsame Besichtigungen und Diskussionen von vorhandenen Anlagen, Ausrüstungen, Versuchsständen usw. variieren dabei branchen- und unternehmensabhängig.

Nicht zuletzt ist, um einen gesicherten gemeinsamen Wissensstand herzustellen, die *persönliche Teilnahme* der ausführenden Personen auf Seiten der Auftraggeber und Auftragnehmer am Kick-off-Meeting unbedingt erforderlich.

4.1.2 Ergebnisse des Kick-off-Meetings

Die Ergebnisse des Kick-off-Meetings orientieren sich an den oben genannten Gesprächsinhalten und umfassen mindestens folgende Punkte:

• Bestätigte Liste der Arbeitspakete

- Verbindliche Zusammenstellung der vorliegenden Informationen sowie ggf. Festlegung eines abgestimmten Vorgehens zur Beschaffung fehlender Informationen
- Verantwortlichkeiten und zuständige Bearbeiter für alle festgelegten Arbeitspakete
- Ansprechpartner beim Auftraggeber mit Aufgabenzuordnung
- Detaillierter Zeitplan mit Meilensteinen

Für die Qualität einer Simulationsstudie sind über diese essentiellen Ergebnisse hinaus weitere Voraussetzungen bestimmend und innerhalb des Kick-off-Meetings zu schaffen, wie z. B.:

- Bildung eines effizienten Teams
- Gemeinsames Verständnis über Hauptziel und Unterziele des Projektes
- Grundverständnis über das zu untersuchende System
- Grundverständnis über die Problemlösungsmethode Simulation
- Hinreichendes Bewusstsein über mögliche Risiken im Projektverlauf

Die im Anhang enthaltene Checkliste *C5 Kick-off-Meeting* unterstützt – auch für die im nachfolgenden Abschnitt aufgeführten organisatorischen Aspekte – ein methodisches Vorgehen. Die Ergebnisse des Kick-off-Meetings sind in einem Ergebnisprotokoll festzuhalten.

4.1.3   Gestaltung eines Kick-off-Meetings

Die Gestaltung eines Kick-off-Meetings orientiert sich an der üblichen Vorgehensweise zur Organisation von Projektbesprechungen. Mit Bezug zu den während des Kick-off-Meetings zu erreichenden Ergebnissen ist der Terminfindung, der Auswahl des Ortes und der Moderation besondere Beachtung zuzuordnen.

Für die *Terminfindung* gilt die Prämisse, das Kick-off-Meeting so früh wie möglich, d. h. unmittelbar nach Auftragsvergabe mit dem Projektstart durchzuführen. Gegenüber einer Fixierung dieses Termins entsprechend dem Vorgehensmodell (Abb. 1) hat jedoch die gebotene Effektivität des Kick-off-Meetings selbst und die Sicherung der Qualität des Projektes eindeutig höhere Priorität. Dies kann eine deutliche Terminverschiebung erfordern:

1. Fallbezogen (z. B. für sehr kleine Projekte oder Standardprojekte) kann ein früherer Termin (also noch vor der Auftragsvergabe) sinnvoll sein, d. h., dass die Projektpartner die Aufgaben eines Kick-off-Meetings z. B. schon bei einem ersten Treffen zur Angebotseinholung erfüllen.

2. Ein wichtiger Grund für einen gegenüber der Auftragsvergabe deutlich späteren Termin liegt vor, wenn die Besichtigung der zu simulierenden Anlagen und Ausrüstungen notwendig ist, aber die abzubildenden Ressourcen des Systems (grundsätzlich oder in einem repräsentativen Betriebszustand) erst zu einem späteren Zeitpunkt zur Besichtigung zur Verfügung stehen oder freigegeben werden. Ein weiterer Grund ist beispielsweise gegeben, wenn Vorarbeiten durch den Auftraggeber (z. B. Datenbeschaffung) oder den Auftragnehmer (z. B. Plausibilitätsprüfung von Daten) notwendig sind, um das Kick-off-Meeting für ausstehende Entscheidungen nutzen zu können. Kein Zeichen für eine qualitätskonforme Projektabwicklung, aber auch nicht unüblich, ist die Situation, dass das Projektteam in seiner Gesamtheit nicht zu einem früheren Termin für eine Besprechung verfügbar ist (z. B. in der Urlaubszeit).

Die *Ortswahl* ist in Abhängigkeit davon zu treffen, wo bezogen auf die konkrete Simulationsstudie die besten Voraussetzungen bestehen, die im vorangegangenen Abschnitt aufgeführten Ziele zu erreichen. Dabei ist grundsätzlich über vier Varianten zu entscheiden:

1. Anzustreben ist die Durchführung des Kick-off-Meetings beim *Auftraggeber*. Im Sinne der Qualitätssicherung ist es für eine Studie immer vorteilhaft, wenn die zu untersuchenden Anlagen und Ausrüstungen oder eine repräsentative Vergleichsanlage gemeinsam vor Ort besichtigt werden können. Bei innovativen oder komplexen Anlagen muss die Besichtigung notfalls durch andere Informationsformen (z. B. Filme) adäquat ersetzt werden. Deshalb sollte auf die Besichtigung nur verzichtet werden, wenn diese oder eine vergleichbare Anlage im erforderlichen Zeitraum nicht mit vertretbarem Aufwand zugänglich ist, oder die Struktur und die Parameter keinerlei Informations- und Abbildungsprobleme vermuten lassen und der Auftragnehmer über ausreichende Branchenkenntnis verfügt. Unabhängig von den Vorteilen einer Besichtigung kann der Auftraggeber bei einem Kick-off-Meeting im eigenen Hause relativ kurzfristig das Vorhandensein notwendiger Unterlagen prüfen oder auch für den Auftragnehmer wichtige zusätzliche Ansprechpartner hinzuziehen.

2. Ein Kick-off-Meeting beim *Auftragnehmer* kann beispielsweise vorteilhaft sein, wenn in dessen Niederlassung besser als beim Auftraggeber Ressourcen (z. B. spezielle Präsentationstechnik) zur Vermittlung von methodischem Wissen, zur Präsentation von Referenzprojekten und zur Entscheidungsfindung über die konkrete Vorgehensweise bei der Simulationsstudie genutzt werden können.

3. Ein Kick-Off-Meeting auf *neutralem Terrain* kann in Betracht gezogen werden, wenn keiner der vorgenannten Gründe zwingend für ein Treffen beim Auftraggeber oder Auftragnehmer spricht und durch den neutralen Ort eine Optimierung der Reiseorganisation und Terminabstimmung möglich wird (z. B. wenn sich die Projektpartner ohnehin auf einer Messe oder Konferenz treffen).

4. Die Einsparung von Zeitaufwand und Reisekosten steht auch beim *verteilten* Kick-off-Meeting (z. B. über eine Videokonferenz) im Vordergrund. Der erreichbare Effekt wird hierbei noch deutlicher als bei den vorab angesprochenen Fällen durch die inhaltliche und technisch organisatorische Vorbereitung bestimmt. Auch fortschrittliche Technik kann den persönlichen Kontakt nicht vollständig ersetzen.

Unabhängig vom gewählten Ort sind für das Kick-Off-Meeting Bedingungen zu schaffen und durch die Teilnehmer einzuhalten, die eine vom Tagesgeschäft ungestörte Gesprächsdurchführung erlauben.

Die besondere Bedeutung der *Moderation* eines Kick-off-Meetings resultiert aus der Notwendigkeit, innerhalb eines oft stark eingeschränkten Zeitraumes eine große Anzahl von Informationsflüssen zwischen Personen mit differenzierten Erfahrungswelten, Kenntnissen und Motivationen erfolgreich zu initiieren und zielgerichtet zu koordinieren. Die Auswahl des Moderators für das Kick-off-Meeting ist deshalb an seinen individuellen Erfahrungen bei der Durchführung vergleichbarer Projekte zu orientieren. Hilfreich ist, wenn der Moderator Kompetenzen zur Gesprächsführung und in der Motivationstheorie besitzt und somit schnell Entscheidungen herbeiführen kann. Letzteres und die Aufgabe, fachliche Interessenkonflikte zu vermeiden, zu erkennen und zu lösen, stellen an den Moderator eines Kick-off-Meetings für eine Simulationsstudie fachspezifische Anforderungen, die über die allgemeinen Projektmanagementfähigkeiten hinausgehen.

Eine Sonderform ist die Einbeziehung externer Moderatoren von neutraler dritter Seite. Dies ist jedoch nur dann notwendig, wenn die Brisanz der zu erfassenden Informationen oder der erwarteten Ergebnisse die Moderation durch einen der Projektpartner nicht zweckdienlich erscheinen lässt.

Erfahrungsgemäß wird häufig der Einfluss der *Motivation* aller Projektbeteiligten auf die Qualität der Projektbearbeitung unterschätzt. Das Kick-off-Meeting hat durch die persönlichen Kontakte wesentlichen Einfluss darauf, inwieweit die Bearbeiter des Auftraggebers und des Auftragnehmers zur synergetischen Zusammenarbeit motiviert werden. Beim Kick-off-Meeting zunächst als unwichtig angesehene oder nicht erkannte Defizite lassen sich später oft nur mit hohem Aufwand kompensieren. Beispielhafte Situationen für derartige Defizite sind:

- Die Mitarbeiter des Auftraggebers fühlen sich übergangen oder befürchten von ihnen als nachteilig empfundene Ergebnisse.
- Die Mitarbeiter des Auftragnehmers haben die Relevanz der Simulationsstudie für den Auftraggeber nicht erkannt.
- Eine hinreichende Übereinstimmung bezüglich der Aufgabenstellung konnte nicht erreicht werden.

Für die Vermeidung solcher Defizite trägt der Moderator des Kick-off-Meetings wesentliche Mitverantwortung.

4.2   Aufgabendefinition

In der Phase der Aufgabendefinition wird die (aus der Sicht des Auftraggebers formulierte) Zielbeschreibung zu einer detaillierten Aufgabenspezifikation weiterentwickelt (Checkliste *C6 Aufgabendefinition*).

Die Aufgabenspezifikation mit der genauen Beschreibung des zu lösenden Problems ist von eminenter Bedeutung, weil ein Modell immer die problemspezifisch verkürzte, pragmatische Abbildung eines realen Systems ist. Wenn unklar ist, was zu welchem Zweck modelliert wird, kann auch nicht entschieden werden, welche Komponenten des realen Systems, z. B. einer Fabrik, nur grob und welche detaillierter abgebildet werden müssen. Bei einer unzureichenden Aufgabenspezifikation ist die Gefahr groß, dass die Modellkomponenten mit unpassendem Detaillierungsgrad erstellt werden. Dabei wird aus subjektivem Sicherheitsempfinden oft detailreicher als zur Problemlösung nötig modelliert. In Konsequenz verringert sich dadurch die gewünschte Handhabbarkeit des Modells. Jedoch kann es auch passieren, dass durch eine zu grobe Modellierung für die Problemlösung entscheidende Komponenten unzureichend abgebildet werden und damit das Problem nicht oder nur unzureichend gelöst werden kann.

In Bezug auf das zu erstellende Modell wird bei der Aufgabendefinition insbesondere der Detaillierungsgrad der Modellkomponenten festgelegt und somit mit dem Auftraggeber die geplante Modellierung problembezogen abgestimmt. So kann der Auftraggeber seine Vorstellungen über den Detaillierungsgrad einbringen, indem er Mindestanforderungen an das Simulationsmodell spezifiziert. Im Zusammenhang mit der Festlegung der Anforderungen an den Detaillierungsgrad ist immer auch das Verhältnis zwischen dem Aufwand und dem Nutzen eines erhöhten Detaillierungsgrades zu diskutieren. Beispielsweise kann gemeinsam festgelegt werden, dass die Abbildung der exakten Fahr- und Bremszeiten eines Regalbediengerätes in einem Hochregallager nicht für die Aufgabenstellung von Interesse ist oder sogar, dass ein ganzes Lager nur über sein Ein- und Auslagerverhalten abgebildet werden muss. In Modellen, die später auch zur Animation von Abläufen verwendet werden sollen, ist hingegen – losgelöst von der eigentlichen Problemstellung und nur bedingt durch die Anforderungen an die Ergebnisdarstellung – ein erheblich höherer Detaillierungsgrad bei der Modellierung notwendig als bei Modellen, die nicht animiert werden müssen.

Daneben kann der Auftragnehmer diese Phase der Aufgabendefinition nutzen, um bei Bedarf die Kenntnisse des Auftraggebers über die Problemlösungsmethode Simulation zu vertiefen. Insbesondere kann dargestellt werden, worin sich die Simulation von anderen Lösungsmethoden unterscheidet. Dies betrifft vor allem Aspekte der Modellabstraktion und der Statistik.

Aus einer ungenauen Aufgabenspezifikation ergeben sich Probleme für das Projektcontrolling. Ohne eindeutige Angaben zu Projektbeginn kann nicht bewertet werden, ob während des Projektes die benannten Ziele erreicht wurden oder nicht:

- Der spätere *Modellzweck* muss klar definiert werden. Wenn dies nicht erfolgt, ist es nicht möglich, eine zweckorientierte Modellentwicklung zu betreiben, d. h. ein Modell zu entwickeln, das tatsächlich geeignet ist, mit angemessenem Aufwand die Projektziele zu erreichen.
- Alle *Projektaufgaben* und deren Teilaufgaben müssen benannt werden (Dokumentstruktur „Aufgabenspezifikation"). Dies gilt sowohl für die Tätigkeiten des Auftragnehmers als auch für die Aufgaben, die der Auftraggeber erledigen muss, insbesondere die Beschaffung der Daten. Nur wenn in dieser frühen Projektphase klar beschrieben wird, welcher Aufwand wann und wo entsteht, ist ein erfolgreiches Projektmanagement möglich.
- Zahlreiche *Projektinhalte*, wie z. B. die Projektziele, das zu untersuchende System und seine Grenzen sind überwiegend bekannt und müssen lediglich konkretisiert, abgestimmt und dokumentiert werden. Die noch nicht bekannten Systemdetails müssen in dieser Phase diskutiert werden, da sie von entscheidender Bedeutung für die Modellerstellung sind.

Im Folgenden werden die aus Sicht der Autoren wesentlichen und besonders kritischen Aspekte bei der Erstellung der Aufgabenspezifikation behandelt.

4.2.1 Festlegung der Systemgrenzen

Die Systemgrenzen entscheiden über die Größe des zu erstellenden Modells und die notwendigen Datenbedarfe. Wenn z. B. die Anlieferung in einem Produktionsbetrieb modelliert wird, müssen die entsprechenden Daten über den Lieferverkehr einschließlich der gelieferten Komponenten vorliegen. Wird dieser Bereich nicht in das Modell aufgenommen, reichen Informationen über die für die Produktion zur Verfügung stehenden Komponenten aus.

Zur Festlegung der Systemgrenzen liefert die Zielbeschreibung die entscheidenden Vorgaben. Dort werden bereits in grober Form die Funktionsweise des zu simulierenden Systems und die zu untersuchenden Systemvarianten beschrieben. Dabei liegt es in der Verantwortung des Auftragnehmers zu entscheiden, ob die Aufgabe mit dem so beschriebenen System bearbeitet werden kann oder ob die Grenzen des Systems verändert werden müssen. Diese Bewertung kann sowohl zur Forderung nach einer Ausweitung der Systemgrenzen (wenn wichtige Komponenten noch nicht enthalten sind) als auch zur Verkleinerung des Systems (wenn überflüssige Komponenten vorhanden sind) führen. Da die Entscheidung über die Grenzen des zu modellierenden Systems kritisch für den Erfolg der Simulationsstudie ist, muss der Auftraggeber in den Entscheidungsprozess einbezogen werden.

4.2.2 Spätere Modellverwendung

Die spätere Modellverwendung wirkt sich erheblich auf den entstehenden Modellierungsaufwand aus. Am deutlichsten wird der Unterschied, wenn ein Simulationsmodell zur Berechnung von Lieferterminen als Komponente eines Leitstandes mit einem dreidimensionalen, vollständig animierten Modell zur Unterstützung eines Anlagenverkaufs verglichen wird. Im ersten Fall muss das Modell möglichst exakte Informationen über die Abläufe liefern, ohne dass das Simulationsmodell sichtbar wird, während im zweiten Fall die visuelle Darstellung mindestens genauso wichtig ist wie die Erfüllung von Spezifikationen.

Die Modellverwendung ergibt sich direkt aus der Zielbeschreibung. Da die spätere Modellverwendung in der Regel Auswirkungen auf Projektaufwand und -inhalte hat, ist es sehr ungünstig, wenn die Form der Modellverwendung zu Beginn der Simulationsstudie noch nicht festliegt und gemeinsam zwischen Auftragnehmer und Auftraggeber erarbeitet werden muss.

4.2.3 Festlegung der Abnahmekriterien

In der Phase der Aufgabendefinition müssen ebenfalls die Abnahmekriterien (oder auch Akzeptanzkriterien) für das Simulationsmodell und das Projekt festgeschrieben werden (Abschn. 3.2.3). Durch die inhaltlichen Ausarbeitungen zur „Aufgabenspezifikation" sind schon implizit wesentliche Abnahmekriterien vorgegeben, da hier beispielsweise die Aufgaben zur Modellerstellung und die Anforderungen an das Modell hinsichtlich Systemgrenzen und Detaillierungsgrad definiert sind. Wichtig ist jedoch die explizite Festlegung und gemeinsame Abstimmung von möglichst messbaren und quantifizierbaren Abnahmekriterien, die aus verschiedenen Kategorien stammen können:

- *Technische Anforderungen* beziehen sich auf die Leistungsfähigkeit des zu verwendenden Werkzeug und des implementierten Simulationsmodells, z. B. die Einhaltung von Laufzeit- und Speicherplatzvorgaben.
- *Funktionale Produktanforderungen* beziehen sich auf die Funktionalität des Simulationsmodells, z. B. auf intuitive Interaktionsmöglichkeiten mit dem Modell, eingeschränkte Parametrisierbarkeit oder umfassende Statistikvisualisierung.
- *Ergebnisanforderungen* beziehen sich auf die inhaltlichen Ergebnisse der Simulation, z. B. die Erreichung der erwarteten Systemleistung oder des geforderten Durchsatzes.
- *Anforderungen an die Nutzbarkeit der Ergebnisse* beziehen sich auf die spätere Umsetzbarkeit der Ergebnisse und ihre Nutzung im Unternehmen.
- *Anforderungen an die Erreichung der Projektziele* beziehen sich auf die Vollständigkeit der Umsetzung des gesamten Projektes.
- *Projektmanagementanforderungen* umfassen Anforderungen, die den Projektverlauf und die Fertigstellung von Ergebnissen bestimmen, z. B. Einhaltung von Meilensteinen oder Endterminen für die Fertigstellung der Simulationsstudie.

Zu beachten ist, dass die Abnahmekriterien realistisch und mit den im Projekt zur Verfügung stehenden Ressourcen erreichbar sein müssen und daher hinsichtlich ihrer Machbarkeit kritisch zu prüfen sind. Die endgültigen Abnahmekriterien sind Bestandteil des Dokumentes „Aufgabenspezifikation".

4.2.4 Schulungsaufwand und Glossar

Ein weiterer Punkt, der in dieser Phase geklärt werden muss, ist der zu erwartende Schulungsaufwand der Mitarbeiter des Auftraggebers. Während des gesamten Projektverlaufes müssen Mitarbeiter des Auftraggebers mit dem Simulationsexperten kommunizieren. Um dies zu erleichtern bzw. erst zu ermöglichen, kann es – je nach Grad der späteren Modellnutzung beim Auftraggeber – sinnvoll sein, einen Kurs über grundlegende Simulationskenntnisse durchzuführen. Andererseits kann es zweckmäßig sein, den Simulationsexperten in branchenspezifische Techniken, Maschinen, Abläufe, etc. einzuweisen. Die zusätzliche Erstellung eines *Glossars* bringt die branchen- und betriebsüblichen Terminologien von Auftraggeber und Simulationsexperten in Einklang und schafft die Basis, um unterschiedliche Herangehensweisen zur Problemlösung abzustimmen.

Insbesondere die Aufgabenspezifikation ist in der Regel in großen Teilen von der Branchenterminologie des Auftraggebers geprägt. Die branchenspezifischen Definitionen und Annahmen führen oft zu Missverständnissen zwischen Auftragnehmer und -geber, die im späteren Projektverlauf nur mit großem Aufwand behoben werden können. Simulationsexperten sind meist branchenübergreifend tätig. Daher kommt es nicht selten dazu, dass Definitionen und Annahmen in unzulässiger Weise von einer Branche in die andere übernommen werden. Davon sind dann häufig ganz allgemeine Begriffe, wie z. B. „ein Los" betroffen, die auf den ersten Blick nicht erklärungsbedürftig erscheinen. Jedoch kann z. B. ein Los in einem Betrieb eine Palette einschließlich der darauf befindlichen Produkte bedeuten, während in einem anderen Betrieb die Produkte auf der Palette jeweils einzelne Lose sind, wobei die Palette ausdrücklich nicht zu den Losen gehört. Da mit Losen in der Regel Produktionsdaten verbunden sind, müssen diese beiden Varianten auch unterschiedlich modelliert werden. Auch sind immer wieder Verständnisschwierigkeiten zu erwarten, wenn sich beim Auftraggeber Begriffe eingebürgert haben, die nicht der allgemein branchenüblichen Verwendung entsprechen. Dies gilt häufig auch für englischsprachige Begriffe. Es ist daher zwingend notwendig, in dieser Phase eng mit dem Auftraggeber zusammenzuarbeiten, damit sich Irrtümer nicht von hier aus durch das gesamte Projekt fortpflanzen. Grundlegende Fehler bei der Aufgabendefinition lassen sich später nur schwer berichtigen.

4.3 Datenbeschaffung und -aufbereitung

Die Qualität der Eingangsdaten ist von essentieller Bedeutung für den Erfolg einer Simulationsstudie (Checkliste *C7a Datenbeschaffung* und *7b*

Datenaufbereitung): Auf der Basis schlechter Eingangsdaten kann auch das beste Modell keine guten Ergebnisse erzielen. Wenn z. B. Maschinenausfälle im realen System vorkommen, der Auftraggeber aber keine oder unzureichende Ausfallstatistiken für seine Maschinen besitzt, ist es nicht möglich, die Betriebscharakteristika der Anlage durch eine Simulationsstudie zu ermitteln. Sobald ein Projektbeteiligter gezwungen ist, Modellparameter zu schätzen, die einen entscheidenden Einfluss auf die Ergebnisse der Simulationsstudie haben, müssen Abstriche bei der Qualität gemacht werden. Wenn keine Vergleichsdaten aus dem realen System vorliegen, kann dann nicht einmal abgeschätzt werden, ob die Simulationsergebnisse zu signifikant anderen Ergebnissen führen.

Der Aufwand für die Datenbeschaffung wird von den Projektbeteiligten sehr häufig unterschätzt. Insbesondere der Auftraggeber geht in der Regel davon aus, dass ihm bereits alle relevanten Informationen über seine Anlage zur Verfügung stehen und in der vorhandenen Form in der Simulationsstudie verwendbar sind. Das ist jedoch häufig nicht der Fall, da die vorhandenen Daten in der Regel nicht primär für die vorliegende Aufgabenstellung erhoben und in jedem Fall erst seitens des Auftragnehmers auf ihre Verwendbarkeit geprüft werden müssen. Zudem sind fast immer auch noch zusätzlich Daten zu erheben bzw. verfügbare Datenbestände zu ergänzen.

Es ist daher wichtig, dass der festgestellte Informationsbedarf geprüft und abgestimmt wird (für ein Vorgehensmodell zur Informationsgewinnung s. Bernhard u. Wenzel (2005) sowie Bernhard et al. (2007)) und rechtzeitig die benötigten Informationen und Daten in der spezifizierten Qualität zur Verfügung gestellt werden. Bei ungenügenden Informationen leidet die Qualität des Modells, bei schlechten Daten die Qualität der Ergebnisse.

Bei der Beschaffung und Aufbereitung der Daten ist darauf zu achten, dass nicht sicherheitshalber alle möglichen Daten in die Betrachtung einbezogen werden, nur weil diese im Unternehmen in Datenbanken zur Verfügung stehen. Dies führt nicht zwangsläufig zu einer verbesserten Datenqualität und einer erhöhten Sicherheit für die spätere Modellierung, sondern im Gegenteil zu zusätzlichem Aufwand bei der Datenaufbereitung und -überprüfung.

Aus den obigen Erläuterungen lässt sich folgern, dass die Datenbeschaffung und -aufbereitung einen erheblichen Risikofaktor für die Modellierungen darstellt, der in allen Phasen der Modellbildung zu Problemen führen kann.

In diesem Abschnitt werden daher allgemeine Hinweise zur Datenbeschaffung und -aufbereitung gegeben, die in den jeweiligen Abschnitten zur Modellbildung entsprechend ergänzt werden. Eine umfassende Be-

schreibung aller Methoden zur Datenbeschaffung und -aufbereitung, insbesondere zur statistischen Datenanalyse, würden an dieser Stelle zu weit
führen. Hierzu sei beispielsweise auf Law und Kelton (2000) und Robinson (2004) verwiesen.

4.3.1 Erhebung von Informationen und Daten

Bereits im Unternehmen vorliegende Informationen und Daten zur Anla-
gendokumentation wie Layoutpläne und Maschinendaten oder auch Ma-
schinen- oder Betriebsdatenerfassungsprotokolle (MDE- oder BDE-
Protokolle) müssen lediglich angefordert, aufbereitet und ausgewertet
werden. Hingegen sind gar nicht vorliegende, aber für die Durchführung
der Simulationsstudie zwingend notwendige Informationen für den vorliegenden Projektzweck primär zu erheben. Dies kann z. B. die Bearbeitungszeit an einer Maschine oder die Fördergeschwindigkeit eines Aufzugs
betreffen, wenn die Anlagendokumentationen nicht mehr vorliegen oder
veraltet sind. Auch eine Befragung von Bedienpersonal bei manuell ge-
steuerten Anlagen muss ggf. eigens für die Simulationsstudie vorgenommen werden. Die Primärdatenerhebung durch Befragungen von Betriebs-
angehörigen kann beispielsweise mündlich per Interview, per EDV-
Formular oder schriftlich per Fragebogen erfolgen (Kromrey 2006). Bei
der Auswertung dieser Informationen kommt es in der Regel nur zu recht
grob geschätzten Werten, die zudem noch durch psychologische Effekte
beeinflusst sein können. Falls beispielsweise vor kurzem ein gravierender
Ausfall geschah, wird das auf die Verfügbarkeitsschätzung einen negativen
Einfluss haben, wohingegen eine lange Periode der Ausfallfreiheit zu sehr
optimistischen Aussagen führen wird. Alternativ zur Befragung bietet sich
daher die manuelle Selbst- oder Fremdbeobachtung und die automatische
Beobachtung (Hömberg et al. 2004; Jodin u. Mayer 2005) durch den Auftragnehmer oder den Auftraggeber an. Zu den Methoden der manuellen
Beobachtung gehören bei der Selbstbeobachtung z. B. das Berichtswesen,
bei der Fremdbeobachtung Zeitaufnahmen, Multimomentaufnahmen sowie
das Messen und Zählen. Auf diese Art können aber nur Daten erfasst werden, die ausreichend häufig messbar sind, wie etwa Prozesszeiten. Für
Ausfallzeiten ist diese Methode nicht anwendbar, da der Messzeitraum in
der Regel viel zu kurz ist, um statistisch signifikante Schätzwerte zu erhalten. Die automatische Beobachtung umfasst das automatische Zählen, das
automatische Messen und das automatische Identifizieren, z. B. über Bar-
codes oder über das berührungslose Lesen und Speichern von Daten mittels Radio Frequency Identification Devices (RFID). Über derartige Tech-
nologien sind inzwischen fast alle Prozessdaten zu erfassen. Die hiermit

erzeugten Datenvolumina sind allerdings für die Datenaufbereitung nicht zu unterschätzen. Bei der Datenerfassung kann der Auftraggeber erheblich zur Qualitätssteigerung beitragen, weil er in der Regel sein System besser kennt als der Auftragnehmer und somit eher Messungen in für den Untersuchungszweck typischen Betriebsphasen durchführen kann.

An dieser Stelle muss noch darauf hingewiesen werden, dass für eine Vielzahl relevanter Messungen – insbesondere personenbezogener oder personennaher Daten – die Zustimmung des Betriebsrates notwendig ist. Die durch die Genehmigungsphase mögliche Verzögerung des Projektes muss eingeplant werden.

Unabhängig von der Herkunft der Daten obliegt es dem Simulationsexperten, die Daten auf Plausibilität zu testen. Hierzu bietet sich an, bekannte Planungsdaten wie Produktionszahlen und Kennzahlen heranzuziehen, um die Messwerte zu prüfen. Bei Abweichungen muss ermittelt werden, ob der Fehler bei der Messung oder bei der Verarbeitung der Rohdaten aufgetreten ist. Möglicherweise liegt auch ein Interpretationsfehler seitens des Simulationsexperten vor. Die Auswertung von Daten muss daher immer in enger Abstimmung mit dem Auftraggeber erfolgen.

Die Qualität des Simulationsmodells hängt maßgeblich von der Qualität der Eingabedaten ab. Wenn Material zur Anwendung kommt, das nicht repräsentativ für das zu modellierende System ist oder zu unsicheren Aussagen bei den angewendeten statistischen Methoden führt, hat dies nicht verwendbare Simulationsergebnisse und in letzter Konsequenz falsche Entscheidungen zur Folge.

4.3.2 Maßnahmen bei Datenmangel oder -überfluss

Wenn die Informations- und Datenbeschaffung aufgrund fehlender Daten oder die Verwendung der Daten aufgrund zu hoher Datenvolumina zum Problem werden, müssen weitere Maßnahmen zur Qualitätssicherung getroffen werden. Sobald ein Datenmangel dazu führt, dass bei der Schätzung von Verteilungen für einen Modellparameter Annahmen getroffen werden müssen, die aus den Daten nicht sicher ableitbar sind, müssen – ähnlich wie bei der Entscheidung über den Detaillierungsgrad des Modells – mit Hilfe von Pilotstudien durch Sensitivitätsanalysen die Auswirkungen dieser Annahmen geprüft, dokumentiert und zum Auftraggeber kommuniziert werden. Die Wichtigkeit der korrekten Abbildung von stochastischen Kenngrößen zeigt ein einfaches Beispiel. Im Folgenden wird die Wartezeit einer einzelnen Ressource mit FIFO-Abfertigung und einer Auslastung unter 100 % betrachtet, bei der die Zwischenankunftszeit der Produkte exponentiell verteilt ist. Aufgrund fehlender Daten für die Prozesszeit der Ressource wird einfach eine konstante Prozesszeit angenommen, d. h. es wird nur die mittlere Prozesszeit berücksichtigt. In Wahrheit sei die Prozesszeit ebenso exponentiell verteilt. Im konstanten Fall ergibt sich dann eine mittlere Wartezeit der Produkte, die nur halb so groß ist wie im exponentiellen Fall (Kleinrock 1975), d. h. das Modell zeigt eine im Vergleich zur Realität unrealistische Leistung. Selbst bei diesem einfachen dynamischen Modell ist es also grob fahrlässig, in Ermangelung von Daten stark vereinfachende Annahmen zu treffen.

Bei Datenüberflussproblemen, z. B. durch eine enorme Anzahl von Produktvarianten, bietet es sich meist an, ähnliche Daten zu aggregieren, z. B. für eine Klasse von Produkten einen typischen Stellvertreter zu wählen und dessen Arbeitsplan zu verwenden (Rabe u. Hellingrath 2001) oder einen „Mittelwert-Vertreter" durch Mittelwertbildung der Attribute der Klassenmitglieder zu definieren, wenn dies sinnvoll möglich ist. Die Datenkomplexität ist insbesondere bei Systemlastdaten als Eingangsdaten für die Simulation nicht zu unterschätzen. Möglichkeiten zum Umgang mit Datenkomplexität werden ausführlich in Wenzel und Bernhard (2008) diskutiert.

4.3.3 Daten für die betriebsbegleitende Simulation

Einen Sonderfall stellt die Bereitstellung von Daten für die betriebsbegleitende Simulation dar. Wird das Simulationsmodell mit der realen Anlage gekoppelt (Online-Simulation), sind die Anforderungen an die Datenbereitstellung höher als für die übliche Offline-Simulation. Da für jeden Simulationslauf aktuelle Daten vorliegen müssen und die Simulationsergebnisse in der Regel umgehend benötigt werden, stehen Konsistenz und Qualität der Daten auf den Datenbank-Servern im Vordergrund. Oft ist es sogar notwendig, aus Laufzeitgründen die Daten auf dem Server so aufzubereiten, dass die Simulationsanwendung die Daten direkt übernehmen kann (Fowler u. Rose 2004).

4.3.4 Typische Fehleinschätzungen

In der Annahme, alle Informationen und Daten wären schon vorhanden, werden bei der Beauftragung einer Simulationsstudie häufig nur wenig personelle Ressourcen für die Datenbeschaffung und -aufbereitung eingeplant. Oft zeigt sich dann doch, dass viele Daten nicht oder zumindest nicht in der benötigten Menge oder Genauigkeit für die Aufgabenstellung zur Verfügung stehen. Statische bzw. Strukturdaten wie z. B. Baupläne, Arbeitspläne, Schichtpläne, Maschinen- oder Personaldaten sind im Unter-

nehmen zumeist vorhanden, müssen aber von unterschiedlichen Verant-
wortlichen angefordert, validiert und ggf. aktualisiert werden. Dynamische
Daten bzw. Daten aus dem operativen Betrieb, die direkt oder zur Berechnung von Verteilungen aus den Parametern stochastischer Komponenten
benötigt werden, sind häufig nicht in der erforderlichen Form verfügbar.
Es kann sein, dass aus den Auftragsvorgaben Sollwerte in Bezug auf technische Daten, z. B. Doppelspielzeiten für Hochregallager oder Verfügbar-
keiten von Maschinen bekannt sind, dass diese aber von den Werten des
täglichen Betriebes deutlich abweichen. Wenn der Auftraggeber eine Be-
triebsdaten- oder eine Maschinendatenerfassung besitzt, liegen die Rohdaten für die Simulationsparameter in archivierten Logdateien vor. Allerdings darf auch in diesem Fall der Aufwand zur Bereinigung und
Transformation der Daten nicht unterschätzt werden. In der Regel sind die
IT-Strukturen von Unternehmen historisch gewachsen. Folglich existieren
eine Vielzahl unterschiedlicher Systeme von einfachen Textdateien bis hin
zu komplexen Data Warehouse Management Systemen. Die vorhandenen
Daten liegen somit in verschiedenen Formaten vor und werden unterschiedlich oft aktualisiert. Bei mehrfach verfügbaren Datensätzen zu gleichen Mess- oder Strukturgrößen stellt sich zudem die Frage, welcher Da-
tensatz korrekt ist. Aus Gründen der Datenhaltung werden in einigen
Betrieben nur aggregierte Messwerte, z. B. Mittelwerte von Reparaturzei-
ten und nicht die Zeiten im Einzelnen, vorgehalten. In diesem Fall können
die Werte zwar korrekt sein, aber die Granularität der Daten für ein Simulationsmodell ist ggf. zu grob.

4.3.5 Anpassungstests

Bei den ermittelten Rohdaten für die Bestimmung von Verteilungen für ein
Simulationsmodell handelt es sich im statistischen Sinn um eine Stichprobe. Entsprechend gibt es unterschiedliche Methoden zur Schätzung von
Verteilungen (Anpassungstests). Dabei werden statistische und graphisch-
visuelle Testverfahren unterschieden. Bei den statistischen Tests wird die
Güte der Anpassung über die Signifikanz einer Teststatistik bestimmt, wohingegen bei den graphisch-visuellen Verfahren die Übereinstimmung
durch den Vergleich von Kurven durchgeführt wird. Zu den statistischen
Tests zählen der Chi-Quadrat-Test, der Kolmogorov-Smirnov-Test und der
Anderson-Darling-Test. Zu den graphisch-visuellen Tests zählen der Dich-
te-Histogramm-Vergleich, der Quantilgraph (Q-Q-Plot) und der Wahr-
scheinlichkeitsgraph (P-P-Plot) (Law und Kelton 2000). Diese Testverfahren sind allerdings nicht trivial, da entweder Annahmen vorher geprüft
werden müssen oder die Ergebnisse der Interpretation bedürfen. Daher ist

es sinnvoll, die Verteilungsschätzung mit Hilfe von spezieller Software durchzuführen. In einigen Simulationswerkzeugen sind derartige Methoden bereits enthalten. Aber selbst dann führt aufgrund der Komplexität der Verfahren deren naive Anwendung meist nicht zum gewünschten Ergebnis. Daher sollte zur Durchführung statistischer Analysen grundsätzlich spezifische Fachkompetenz hinzugezogen werden.

4.4 Phasen der Modellbildung

In diesem Abschnitt werden Hinweise gegeben, die für alle Phasen der Modellbildung relevant sind. Anschließend werden die Phasen Systemanalyse, Modellformalisierung und Implementierung (Abb. 1) im Einzelnen betrachtet. Die zugehörigen Checklisten orientieren sich an den einzelnen Phasen und werden in den entsprechenden Abschnitten behandelt.

An dieser Stelle möchten die Autoren auf ein gängiges Problem vieler Simulationsstudien hinweisen: Die Modellbildung wird oft auf Kosten der Durchführung der Experimente zu stark betont. Die Studie muss auf jeden Fall so geplant und durchgeführt werden, dass nach der Implementierung des Modells noch ausreichend Zeit für die Experimente bleibt, da in der Regel erst dabei ein Großteil der Erkenntnisse gewonnen werden kann.

4.4.1 Allgemeine Betrachtungen

Neben den Ansätzen und Verfahren, die typisch für die jeweiligen Phasen des Modellierungsprozesses sind, gibt es zwei Fragestellungen, die immer wieder zum Tragen kommen:

- Mit welchem Modellierungsansatz erstelle ich das Modell?
- Welcher Detaillierungsgrad ist für die Modellkomponenten angemessen?

Bei beiden Fragestellungen ist die Antwort nicht einfach, weshalb immer wieder von der „Kunst des Modellierens" gesprochen wird (Balci 1989). Die Problematik liegt hierbei in der Natur der Sache: Es gibt nicht nur genau ein Modell, das geeignet ist, die Lösung einer Fragestellung zu unterstützen, sondern viele gleichwertige. Aus diesem Grund hängt die konkrete Lösung nicht nur von der Aufgabenstellung, sondern auch von der Erfahrung und den Vorlieben des Modellierers ab. Im Folgenden wird versucht, diese Unschärfe bei der Auswahl des Modellierungsansatzes durch ergänzende Hinweise zu verringern.

Die hier beschriebene Herangehensweise ist praxisorientiert, aber unter weitgehender Berücksichtigung der von Becker et al. (1995) für die Prozessmodellierung beschriebenen Grundsätze ordnungsgemäßer Modellierung:

- *Richtigkeit*: Das Modell muss in Struktur und Verhalten das reale System korrekt abbilden.
- *Relevanz*: Nur die Teile des Systems werden modelliert, die zur Erfüllung der Aufgabe notwendig sind. Der Detaillierungsgrad der Modellkomponenten ist passend gewählt.
- *Klarheit*: Das Modell ist anschaulich. Bei der Modellierung werden die Aspekte Strukturiertheit, Übersichtlichkeit und Lesbarkeit berücksichtigt.
- *Vergleichbarkeit*: Mit unterschiedlichen Methoden erstellte Modelle führen zu denselben Erkenntnissen.
- *Systematischer Aufbau*: Die Modellerstellung erfolgt nach nachvollziehbaren konsistenten Grundsätzen.

Vorgehensweisen zur Modellierung

Die typischerweise bei der Systemanalyse verwendeten Vorgehensweisen zur Modellierung (VDI 3633 2008) oder auch Modellierungsansätze entsprechen weitgehend denen des Softwaredesigns (Reussner 2006).

- *Top-down*: Beim Top-Down-Entwurf wird in der Regel mit einem sehr abstrakten Systemmodell begonnen, und dann werden entscheidende Komponenten detaillierter weiter entwickelt. So können sehr schnell gute Modelle entstehen, wenn der Simulationsexperte weiß, für welche Modellkomponenten diese Verfeinerung durchgeführt werden muss und vor allem für welche nicht. Die Gefahr bei diesem Ansatz besteht darin, Aufwand an der falschen Stelle zu verschwenden.
- *Bottom-up*: Aufbauend auf kleinen Komponenten werden größere Strukturen gebildet. Der Bottom-Up-Entwurf kommt meist dann zur Anwendung, wenn bereits kleinere Modellkomponenten zur Verfügung stehen, sei es durch Bausteine aus Bausteinbibliotheken oder durch Teilmodelle aus Vorgängerprojekten. Bei diesem Ansatz besteht prinzipiell die Gefahr, zu viele Details zu integrieren, da bereits auf der Detailebene begonnen wird. Der bereits vorhandene Vorrat von Teilmodellen oder Bausteinen verleitet den Entwickler auch dazu, nur diese Komponenten zu verwenden und aus Bequemlichkeit keine neuen Modellierungsideen in Betracht zu ziehen.

• *Middle-out*: Beginnend mit der am wichtigsten erachteten Komponente der Problemlösung, z. B. dem Fertigungsengpass, wird um dieses Modellteil die zur Funktion notwendige Umgebung entwickelt. Wenn schon in der Frühphase des Projektes eine Lösungs- oder Modellierungsidee besteht, wird oft der Middle-out-Entwurf verwendet. Diese Vorgehensweise ist weniger strukturiert und entspricht nicht den üblicherweise in der Literatur zu findenden Entwurfsparadigmen. Dies bedeutet aber nicht notwendigerweise, dass sie schlechter sein muss. Im Projektalltag ist diese sehr pragmatische Methode oft anzutreffen.

In der Modellierungspraxis wird in der Regel keiner dieser Ansätze in Reinkultur verwendet. Vielmehr ist ein Verfahren üblich, bei dem in mehreren Iterationen alle Ansätze verwendet werden. Man beginnt mit einem groben Modell (Top-down) und versucht dann für möglichst viele Systemkomponenten Bausteine zur Steigerung des Detaillierungsgrades zu verwenden, die bereits durch die Simulationsumgebung zur Verfügung gestellt werden (Bottom-up). Bei einer bereits vorhandenen Teilproblemlösung wird anstelle von Bausteinen gleich diese Lösung als Startpunkt genutzt (Middle-out).

Bereits bei der ersten Modellierungsstufe (Systemanalyse, s. Abschn. 4.4.2) lassen sich die Komponenten des zu modellierenden Systems und ihre wechselseitigen Abhängigkeiten sowie ggf. Hierarchien von Komponenten und Teilmodellen erkennen. Dies erleichtert die Entscheidung über die angemessene Vorgehensweise zur Modellierung, da bereits erkennbar wird, ob besser mit der Modellierung der Systemkomponenten oder der Systemstruktur begonnen werden sollte. Generell empfiehlt sich bei der Modellbildung folgendes Vorgehen:

• Mit einem einfachen Modell beginnen
• Schrittweise komplexer modellieren
• Komplexität zuerst an der für den Modellzweck wichtigsten Stelle erhöhen (z. B. bei Engpassmaschinen in einer Materialflusssimulation)
• Regelmäßig V&V durchführen
• Bei Bedarf, d. h. wenn die Modellerweiterung keine Verbesserung erbracht hat, das Modell wieder vereinfachen

Bei der Modellentwicklung sollte bereits berücksichtigt werden, ob das komplette Modell oder Modellkomponenten später nachgenutzt werden sollen (Kap. 5).

Bestimmung des Detaillierungsgrades für das zu erstellende Modell

Selbst für erfahrene Simulationsanwender ist die Bestimmung des Detaillierungsgrades schwierig, wenn neue, bisher unbekannte Systeme modelliert werden. An dieser Stelle kann nur durch eine intensive Analyse des zu betrachtenden Systems festgestellt werden, welche Systemkomponenten tatsächlich von Bedeutung für die Erreichung des Projektziels sind. Besondere Sorgfalt muss bei der Festlegung des Detaillierungsgrades der Modellkomponenten an den Tag gelegt werden. Ein recht großes Verständnisproblem bereitet oft der Sachverhalt, dass ein erhöhter Detaillierungsgrad nicht notwendigerweise mit einer erhöhten Modellgenauigkeit korreliert.

Der Detaillierungsgrad des Simulationsmodells oder genauer der verschiedenen einzelnen Systemkomponenten ist eine schwierige, aber für den Projekterfolg ausschlaggebende Entscheidung. Die Kunst besteht darin, eine gerade hinreichende Genauigkeit zu erreichen, d. h. ein Modell zu erstellen, das so abstrakt wie möglich bleibt (ASIM 1997). Wird zu detailliert modelliert, so wird das Modell sehr umfangreich und der Entwicklungsaufwand steigt, da jedes Modelldetail implementiert und mit Parametern versehen werden muss. In der Regel haben zu detaillierte Modelle zudem eine sehr große Laufzeit, d. h. der zeitliche Aufwand für die Durchführung von Experimenten steigt erheblich.

Wird das System jedoch zu abstrakt modelliert, fehlen wichtige Systemdetails, und es kann passieren, dass eine Problemlösung nicht mehr oder nur unzureichend möglich ist. Das bedeutet aber nicht notwendigerweise, dass abstrakte Modelle prinzipiell schlechter sind als detaillierte. Bei der Findung des für die Aufgabenstellung angemessenen Detaillierungsgrades geht es immer um einen Kompromiss zwischen Modellierungsaufwand und Ergebnisgenauigkeit für ein spezifisches Problem. Tendenziell werden in der Praxis Modelle mit zu vielen Details entwickelt, da oftmals die Befürchtung vorherrscht, Entscheidendes zu vergessen. An dieser Stelle wird oft übersehen, dass das Modell nicht in allen Komponenten den gleichen Detaillierungsgrad besitzen muss. Es gibt praktisch immer Systemkomponenten, die für die Problemlösung ohne einen Verlust von Genauigkeit am Gesamtergebnis gröber modelliert werden können.

Im Folgenden werden kurz die Auswirkungen des festgelegten Detaillierungsgrades diskutiert. Angenommen wird, dass der Auftragnehmer bei der Entwicklung des Simulationsmodells den Top-Down-Ansatz benutzt. Er beginnt z. B. die Modellierung auf Werkebene, wählt für das Systemverhalten wichtige Produktionsbereiche aus und beschreibt diese genauer, d. h. zerlegt sie in ihre Komponenten wie Transportsysteme und Produktionsinseln. Bei Bedarf können die Produktionsinseln wiederum in ihre Maschinen und Werker aufgelöst werden und so weiter. Von entscheidender Bedeutung für die Qualität des zu erstellenden Modells ist bei diesem Ansatz, dass das Modell durch den zunehmenden Detaillierungsgrad realitätsnah in Bezug auf die Problemstellung und nicht im allgemeinen Sinne wird. Um dieses Ziel zu erreichen, muss der Auftragnehmer entsprechendes Wissen über die Ursache-Wirkungszusammenhänge in dem zu analysierenden System haben, damit nur relevante Komponenten detailliert abgebildet werden. An dieser Stelle spielt auch die Erfahrung des Simulationsexperten eine große Rolle. Je mehr Einzelheiten als wichtig angesehen und integriert werden, desto höher wird später der Aufwand, die nötigen Parameterdaten für das Modell zu beschaffen. Ausnahmen für die rigide Handhabung der Details aus dem realen System ergeben sich aus einer absehbaren Nachnutzung des Modells. In diesem Fall muss möglichst bereits in der Aufgabenstellung dargelegt werden, welche zukünftigen Erweiterungen geplant sind, damit bereits beim Entwurf des Modells darauf Rücksicht genommen werden kann. Bei einer strukturierten, hierarchischen Entwicklung des Modells ist das spätere Hinzufügen von Details jedoch in der Regel mit vertretbarem Aufwand erreichbar.

Um im Fortgang des Simulationsprojektes eine möglichst hohe Qualität zu erzielen, müssen in jeder Phase klare Aussagen bezüglich des Detaillierungsgrades und der dadurch entstehenden Informations- und Datenanforderungen gemacht werden, da auf dieser Basis die Aufwandsschätzungen durchgeführt und die entsprechenden Meilensteine festgelegt werden. Eine nachträgliche Erhöhung des Detaillierungsgrades wird in der Regel zu einer Verzögerung des Projektes und zu weiteren Kosten führen.

Falls eine Festlegung des Detaillierungsgrades nicht mit den verfügbaren Informationen nicht sicher möglich ist, empfiehlt es sich, Sensitivitätsanalysen durchzuführen, um zu klären, wie stark sich der Detaillierungsgrad der betrachteten Komponente auf das Simulationsergebnis auswirkt. Dabei stellt sich die Frage, ob die Komponente überhaupt effizient modellierbar ist, d. h. insbesondere, ob der gewünschte Detaillierungsgrad mit dem vorhandenen Informationsangebot überhaupt mit vertretbarem Aufwand erreicht werden kann.

Unabhängig von technischen und statistischen Aspekten kann es erforderlich sein, den Detaillierungsgrad zu erhöhen, damit das Simulationsmodell als glaubwürdig eingestuft werden kann. So ist es z. B. in einigen Simulationen nicht zwingend notwendig, die genauen Fahrwege von Transportmitteln abzubilden. Wird jedoch eine realitätsnahe 3D-Animation mit einer exakten Bewegung der Transportmittel vom Auftraggeber gefordert, sind diese Aspekte zu modellieren, obwohl sich dadurch die Ergebnisse der Simulation nicht ändern.

Für die Entscheidung über den Detaillierungsgrad von Modellkomponenten gibt es unterschiedliche Kriterien. Für einen höheren Detaillierungsgrad spricht beispielsweise

- der Einfluss einer Systemkomponente bzw. ihrer Attribute auf das Ergebnis oder die Systemleistung,
- die begrenzte Kapazität einer Systemkomponente,
- die Wichtigkeit des zeitlichen Verhaltens oder
- die Wichtigkeit des Ortes einer Systemkomponente.

Ein niedriger Detaillierungsgrad kann erreicht werden durch das:

- das Ersetzen des Verhaltens und der Eigenschaften einer Systemkomponente durch einfache mathematische Funktionen,
- das Zusammenfassen von Modellkomponenten,
- das Zusammenfassen von Prozessschritten,
- das Ersetzen von ähnlichen Abläufen durch Stellvertreter oder
- das Ignorieren von Ausreißern.

Zusammenfassend lässt sich feststellen, dass die Festlegung des Detaillierungsgrades in allen Fällen eine Ermessensentscheidung ist, bei der der Modellierungsaufwand gegen den Nutzen abgewogen werden muss.

4.4.2 Systemanalyse

Das Ziel der Systemanalyse (Abb. 1) besteht darin, das Konzeptmodell zu erstellen, um die für die Modellformalisierung und Implementierung nötigen Grundlagen zu schaffen. Die Systemanalyse beginnt mit einer Struktur- und Funktionsanalyse des zu modellierenden Systems. Dabei werden auf der Basis der Aufgabenspezifikation folgende Aufgaben vertiefend bzw. erstmals durchgeführt:

- Festlegung der Systemgrenzen
- Festlegung der zu betrachtenden Systemgrößen: Eingabegrößen, Ausgabegrößen, interne Systemzustände
- Bestimmung modellrelevanter Systemkomponenten
- Bestimmung der Möglichkeit der Zerlegung des Systems in Teilsysteme
- Definition der Beziehungen zwischen Systemkomponenten
- Bestätigung der zu erfassenden Informationen und Daten

Anschließend wird festgelegt, welche Systemvarianten modelliert und welche Parametervariationen nach der Modellbildung untersucht werden sollen. In der Checkliste *C8a Systemanalyse* wird das Vorgehen zur Systemanalyse, das im Folgenden näher erläutert wird, zusammengefasst. Nach Fertigstellung des Konzeptmodells müssen Auftraggeber und - nehmer beispielsweise in einem gemeinsamen Workshop prüfen, ob ihre Vorstellungen übereinstimmen und ob das Konzeptmodell tatsächlich für die Bearbeitung der Fragestellung hinreichend und angemessen, d. h. valide ist. Zur Validierung eines Konzeptmodells sei auf Rabe et al. (2008) verwiesen.

Auswertung der Aufgabenspezifikation

Durch die Aufgabenspezifikation haben Auftragnehmer und Auftraggeber den für die Modellierung des Systems notwendigen Rahmen abgestimmt. Die Grenzen des zu modellierenden Systems, seine wichtigsten Komponenten und ihr Zusammenwirken sind bereits grob beschrieben. Des Weiteren ist bereits in die Aufgabenspezifikation eingeflossen, welche Form der Modellnutzung geplant ist, z. B. ob das Modell im operativen Betrieb eingesetzt wird oder ob es zur Planungsunterstützung benötigt wird.

Die Informationen, die der Auftragnehmer nutzen kann, bestehen sowohl aus der in der Auftragsdefinition erstellten Spezifikation als auch den dort enthaltenen Verweisen auf weitere Informationsquellen (z. B. Layouts oder gemessene Leistungsdaten). Aus Qualitätssicherungsgründen sollte die Systemanalyse nur die schriftliche Aufgabenspezifikation als abgestimmten Bezugsrahmen nutzen, da sonst bei späteren Unklarheiten nicht mehr festgestellt werden kann, woher welche Information stammt. Dies schließt ausdrücklich nicht aus, dass während der Systemanalyse die Spezifikation erweitert werden kann; allerdings sind diese Erweiterungen zu dokumentieren.

Bei der Systemanalyse hat der Simulationsexperte das Ziel, die Struktur des Systems zu erfassen, d. h. seine Hauptkomponenten und ihre wechselseitigen Beziehungen zu identifizieren. Dabei werden auch die Systemgrenzen und die daraus folgenden Datenanforderungen präzisiert. Bei der Simulation einer Produktionsanlage wird z. B. in dieser Phase festgelegt, welche Produktionsbereiche modelliert werden und in welchen Material- und Informationsflussbeziehungen sie zueinander stehen. In dieser Phase der Modellierung ist z. B. noch nicht relevant, welches Ausfallverhalten einzelne Maschinen in diesen Bereichen haben, sondern nur, ob sie prinzipiell ausfallen können. Hilfreich ist, die Hinweise zur Bestimmung des Detaillierungsgrades (Abschn. 4.4.1) zu berücksichtigen, um ein angemessenes Konzeptmodell zu erhalten.

Die einzelnen Stufen der Entwicklung des Konzeptmodells sollten anhand von einfachen graphischen Modellen (z. B. Blockschaltbilder) mit dem Auftraggeber diskutiert werden, um ihn von Anfang an in die Modellbildung einzubinden.

Die Ergebnisse der Systemanalyse besitzen ein gewisses Konfliktpotenzial. Der Simulationsexperte muss deshalb erklären können, mit welcher Begründung gewisse Komponenten des realen Systems nicht in das Modell aufgenommen werden. Er muss häufig aus Gründen der Modellierungseffizienz auch gegen Wünsche des Auftraggebers argumentieren, deren Realisierung nicht zur Problemlösung beiträgt. Jede überflüssige Modellkomponente kostet zusätzlichen Entwicklungs- und Testaufwand und bremst die Laufgeschwindigkeit des implementierten Modells.

Gerade in dieser Phase ist die Kommunikation zwischen den Projektpartnern sehr wichtig. Diskussionen über den notwendigen Detaillierungsgrad von Modellkomponenten können sich jedoch kontrovers entwickeln. Dabei muss berücksichtigt werden, dass nicht notwendigerweise Komponenten, die auf den ersten Blick wichtig erscheinen, z. B. weil sie teuer sind oder weil sie einen hohen Entwicklungsaufwand hatten, auch wichtig für ein gutes Modell sind. Es kann sein, dass der Auftragnehmer gezwungen wird, an dieser Stelle Kompromisse einzugehen, die sich später auf die Qualität der Ergebnisse oder auf die Laufzeit des Projektes niederschlagen.

Falls eine eindeutige Entscheidung über die Modellierung einer Komponente oder eines Details des realen Systems nicht möglich ist, weil die Wirkzusammenhänge zu komplex oder unbekannt sind, muss diese Fragestellung auf die Experimentphase verlagert und mittels entsprechender Experimente geklärt werden. Dort wird beispielsweise mittels Sensitivitätsanalysen (Law u. Kelton 2000) ermittelt, ob ein entscheidender Einfluss auf die Systemleistung vorliegt oder nicht und in welcher Ausprägung die Komponente aus diesem Grund in das Konzeptmodell aufgenommen werden muss. Dieses Vorgehen muss entsprechend eingeplant werden. Sonst hat eine falsche Entscheidung unter Umständen starke Auswirkungen auf das Projektergebnis, ohne dass später nachvollziehbar dokumentiert ist, wie diese Entscheidung zu Stande gekommen ist.

Am Ende dieser Phase erhält der Auftraggeber typischerweise eine semiformale oder deskriptive Beschreibung des Konzeptmodells (z. B. ein Blockschaltbild) und den dazu gehörigen Beschreibungstext.

Festlegung der zu beschaffenden Informationen und Daten

Aus der Aufgabenspezifikation erkennt der Simulationsexperte in der Regel, welche Informationen bei einer Simulation auf jeden Fall benötigt werden, z. B. Layoutinformationen über die Fabrikhalle oder Auftragsdaten der letzten sechs Monate. Er ist bereits während der Systemanalyse bestrebt, für jede einzelne Komponente des Konzeptmodells die Datenlage beim Auftraggeber abzuschätzen. Dabei sind pauschale Aussagen über die prinzipielle Verfügbarkeit von Informationsquellen nicht hilfreich. Vielmehr muss geklärt werden, welche Informationen und Daten in welcher Form zur Verfügung gestellt werden können. Der Auftragnehmer beschreibt dazu die Datenanforderungen hinsichtlich der Granularität und Qualität sowie der Dateninhalte und Datenformate. Der Auftraggeber stellt Informationen über den Ort der Datenquellen, die Spezifikation der Schnittstelle, die Aktualität der Daten und die Häufigkeit der Aktualisierung zur Verfügung.

Die Festlegung der Datenanforderungen an das Konzeptmodell während der Systemanalyse steht in engem Bezug zu den Phasen der Datenbeschaffung und -aufbereitung (s. hierzu die Hinweise in Abschn. 4.3).

Spätere Verwendung des Simulationsmodells

Damit nach der Systemanalyse die Modellformalisierung gelingt, muss der Auftragsspezifikation zu entnehmen sein, wie das Simulationsmodell bzw. die damit erzeugten Ergebnisse später beim Auftraggeber verwendet werden sollen (zur Modellnachnutzung s. Kap. 5). Es ist z. B. wenig sinnvoll, für ein einmaliges Projekt eine Bibliothek mit speziell auf den Auftraggeber abgestimmten Simulationsbausteinen aufzubauen.

4.4.3 Modellformalisierung

Nach Erstellung des Konzeptmodells beginnt die schwierigste Phase des Modellierungsprozesses, der Aufbau des formalen Modells (Checkliste *C8b Modellformalisierung*). Hier besteht der Zwang zur Formalisierung, da das formale Modell alle für die spätere Implementierung notwendigen Bestandteile, wie z. B. Modellstruktur, Komponenten mit ihrem jeweiligen Detaillierungsgrad und deren Datenspezifikation sowie eine formale Beschreibung der Ablauflogiken präzise und eindeutig formuliert enthalten muss. Die bei der Erstellung des formalen Modells verwendeten Ansätze entsprechen weitgehend denen der Systemanalyse (Abschn. 4.4.2). Der Unterschied zwischen Konzeptmodell und formalem Modell liegt in dem Formalisierungsgrad der Ausarbeitung. Die Dokumentation des formalen Modells ist so auszuführen, dass ein anderer Simulationsexperte auf der Basis dieser Beschreibung das Simulationsmodell implementieren könnte. Für die Transformation des Konzeptmodells in ein formales Modell gibt es – ähnlich wie beim Software-Entwurf – kein allgemein gültiges Verfahren, sondern bestenfalls grobe Handlungsanweisungen.

Bei vielen Simulationsstudien stellt sich die Frage, ob die Erstellung eines formalen Modells entfallen kann, d. h. ob nicht direkt vom Konzeptmodell zur Implementierung übergegangen werden kann. Der Aufwand kann in dieser Phase erheblich sein, da hier Dokumente mit der formal sauberen Beschreibung für den in der Implementierungsphase zu entwickelnden Programmcode erstellt werden. Dieser Schritt führt jedoch zur Qualitätssteigerung, da nun bei späteren Unstimmigkeiten besser festgestellt werden kann, ob das Modell falsch oder die Implementierung fehlerhaft war.

Eine Schwierigkeit bei der Erstellung eines formalen Modells besteht darin, nicht bereits für ein bestimmtes Simulationswerkzeug, sondern für eine bestimmte Problemstellung zu modellieren. Dadurch können effizientere Alternativen bereits in der formalen Modellentwicklung unabhängig von einem konkreten Simulationswerkzeug entstehen.

Einsatz stochastischer Komponenten

Neben den bereits oben behandelten Grundsätzen zur Modellierung (Abschn. 4.4.1) ist bei der Modellformalisierung noch die Entscheidung über den Einsatz stochastischer Komponenten zu treffen. Typischerweise enthalten Produktions- und Logistiksysteme Komponenten mit einem stochastischen Verhalten. Diese existieren beispielsweise zur Beschreibung von zeitverbrauchenden Ressourcen (z. B. Prozess- oder Transportzeitverteilungen) oder von Zustandsänderungen von Systemkomponenten (z. B. Ausfall- oder Reparaturzeitverteilungen). Stochastische Komponenten haben oft einen entscheidenden Einfluss auf das Systemverhalten. Daher sind die entsprechenden stochastischen Komponenten im Simulationsmodell mitentscheidend für die Qualität des Modells und müssen deshalb mit Bedacht eingesetzt werden. Der Aufwand zur Ermittlung der Parameter ist bei diesen Modellkomponenten erheblich höher als bei denen für die nichtstochastischen Bestandteile des Systems.

Abgleich der Erkenntnisse zwischen den Projektpartnern

Auch in dieser Phase ist die Kommunikation zwischen den Projektpartnern sehr wichtig. Im Unterschied zur Systemanalyse, bei der vornehmlich über Modellkomponenten und ihren Detaillierungsgrad entschieden wird, geht es bei Modellformalisierung um die konkrete Ausgestaltung der Modellkomponenten. Die Projektpartner prüfen gemeinsam Algorithmen (z. B. dargestellt als Flussdiagramme oder Struktogramme) zur Steuerung des Systems sowie ermittelte Formeln zur Beschreibung des Systemverhaltens, z.b. für die Ableitung der Handlingzeit aus der Bandgeschwindigkeit oder Drehgeschwindigkeit und Schaltzeiten bei einem Drehtisch.

Auch an dieser Stelle sei darauf verwiesen, dass eine gute Dokumentation und eine Abstimmung zwischen den Projektpartnern am Ende der Entwicklung des formalen Modells wichtig für eine hohe Qualität in den folgenden Modellierungsschritten sind (Kap. 2).

4.4.4 Implementierung

Bei der Realisierung des ausführbaren Modells werden die Projektpartner zum ersten Mal konkret mit dem Simulationswerkzeug konfrontiert. Der Auftragnehmer muss nun das formale Modell in eine tatsächliche Implementierung umsetzen (Checkliste *C8c Implementierung*). Im Gegensatz zur Softwareentwicklung, bei der beispielsweise die Umsetzung eines UML-Modells (Unified Modeling Language) (Oesterreich 2006) in einer sehr flexiblen, praktisch beliebig wählbaren Programmiersprache erfolgt, ist der Entwickler auf ein Simulationswerkzeug mit seinen Möglichkeiten begrenzt. Nach der aus der langjährigen Praxis bekannten 80/20-Regel (Pareto-Prinzip) werden in der Regel etwa 80 % der benötigten Modellkomponenten im Simulationswerkzeug enthalten sein. Die restlichen 20 % müssen durch die Schaffung zusätzlicher oder durch eine Bearbeitung der bestehenden Modellkomponenten erstellt werden. Dazu zählt auch der Fall, dass aus den Basisbausteinen des Simulationswerkzeuges komplexere Bausteine zusammengesetzt werden. Dabei ist zu berücksichtigen, dass die vorgegebenen Bausteine bereits vom Softwarehersteller geprüft sind und so von einer mehr oder weniger guten Qualität ausgegangen werden kann. Dies gilt nicht notwendigerweise für die neu entwickelten Erweiterungen. Hier können aus mehreren Gründen Qualitätsprobleme auftreten:

• Einige Simulationswerkzeuge stellen keine Technik zur Verfügung, um gewünschte Erweiterungen im notwendigen Umfang bzw. Detaillierungsgrad zu realisieren. Der Auftragnehmer kann dann zu Vereinfachungen gezwungen sein, die der Qualität abträglich sind. So kann es z. B. vorkommen, dass die im realen System vorhandene Steuerung von Materialflusskomponenten nicht abgebildet werden kann, weil es weder möglich ist, die reale Steuerungssoftware einzubinden, noch – wegen fehlender Funktionalität des Simulationswerkzeuges – diese zu emulieren.

• Bei Simulationswerkzeugen wird das Vorgehen bei der Implementierung von Erweiterungen häufig nicht so detailliert dokumentiert, Eingriffe in die internen Abläufe des Simulators möglich sind. Das wäre aber z. B. erforderlich, wenn zusätzliche Materialflusssteuerungsmethoden auf der Basis von bestimmten Protokollen zur Übertragung von Steuerdiagrammen benötigt werden. Damit bei diesen Eingriffen der interne Ablauf nicht gestört wird, ist dessen genaue Beschreibung notwendig.

- Bei einigen Projekten ist auch geplant, bereits bestehende Steuerungs- bzw. Optimierungssoftware mit dem Simulationsmodell zu koppeln. In der Regel ist dies bei kommerziellen Simulationswerkzeugen prinzipiell, aber nicht immer effizient möglich. Hier sind Detailkenntnisse der internen Abläufe meist nicht nur für den Simulationsteil, sondern auch noch für die zu koppelnde Software notwendig.

Qualität kann somit nur erreicht werden, wenn bei der Werkzeugauswahl eine gute Entscheidung getroffen wird (Abschn. 3.3.3). Falls Erweiterungen notwendig sind, ist es wichtig, dass diese und die Annahmen, auf denen sie basieren, gut dokumentiert werden. Bei jedem Detail muss nachvollziehbar bleiben, warum die Entscheidung so und nicht anders getroffen wird. Falls Unklarheiten mit dem Simulationswerkzeug oder der gekoppelten Software bestehen bleiben, muss auch dies dokumentiert werden.

Implementierungshinweise

Im Folgenden werden Hinweise zur Implementierung gegeben, die bei vielen Simulationsprojekten zur Anwendung kommen können.

Die *Trennung von Daten und Modell* wirkt in den meisten Fällen qualitätssteigernd. Wie bei der modernen Softwareentwicklung sollen auch bei der Entwicklung von Simulationsmodellen Daten und funktionale Beschreibung möglichst nicht gemischt werden. Dies ist z. B. dadurch möglich, dass die Bandlaufgeschwindigkeit nicht als Zahlenwert in das Modellobjekt für ein Förderbandsegment geschrieben wird, sondern eine Geschwindigkeitsvariable als Platzhalter eingesetzt wird, die in einem zentralen Datenbereich des Modells belegt wird. Dieses Vorgehen hat den großen Vorteil, dass die Modellparameter einfacher geändert und gewartet werden können. Zudem ist klarer erkennbar, welche Daten für das Modell benötigt werden. Dies gilt sowohl für einmalig benötigte Daten zur Modellerstellung als auch für regelmäßig zur Verwendung des Modells zu ermittelnde Daten. Durch eine einheitliche Datenschnittstelle wird außerdem die Kommunikation zwischen dem Modellbenutzer und dem Bereitsteller der Daten weniger fehleranfällig.

Die *Trennung von physikalischem Modell und Steuerungsregeln* ist bei der Abbildung von komplexen Systemen in der Regel vorteilhaft. In den meisten Simulationswerkzeugen enthalten die für den Modellaufbau verwendbaren Komponenten bereits Steuerungsregeln, z. B. Abfertigungsregeln wie FIFO (First in First out) oder LIFO (Last in First Out), oder sie können die Abfertigung mit Prioritätsattributen der gespeicherten Objekte steuern. Das ist auf den ersten Blick komfortabel, kann sich aber bei größeren Modellen und individuellen Steuerungsstrategien schnell zur Wartbarkeitsfalle entwickeln. Sobald die globale Ablaufsteuerung umgestellt wird, evtl. sogar verschiedene Regeln an unterschiedlichen Modulen implementiert werden müssen, ist eine Steuerung, die durch Regeln in einer Vielzahl an Teilmodulen implementiert wird, nur mit erheblichem Aufwand anzupassen. Die Qualität des Modells kann deutlich erhöht werden wenn die individuell zu implementierende Steuerung vom physikalischen Modell, d. h. von den „sichtbaren" Modellkomponenten, getrennt wird. In den Modellkomponenten verbleibt eine allgemeine, einfache Steuerregel, die ihre Daten über eine Schnittstelle von der globalen Steuerungskomponente erhält. Die Modellkomponente kommuniziert die Fertigstellung eines Auftrags zur globalen Steuerung. Durch diesen Ansatz kann die globale Steuerung ausgetauscht werden, ohne die Steuerregeln der Modellkomponenten zu berühren.

Der Ansatz der Trennung von Steuerung und physikalischem Modell führt zu übersichtlichen und verständlichen Modellen und ist bei einigen Einsatzfällen für Simulationsmodelle zwingend. Sobald das Simulationsmodell als Umweltemulation für einen bereits existierenden oder zu entwickelnden Hardware- oder Software-Controller dient, muss beispielsweise die Steuerung explizit außerhalb des Simulationsmodells erfolgen. Neben dem Einsatz bei der Controllerimplementierung wird dieser Ansatz auch bei der Entwicklung und dem Test von Steuerungssystemen eingesetzt.

Neben den obigen Implementierungshinweisen gelten natürlich auch typische Grundsätze des Software Engineering für die softwarebasierte Modellerstellung (Robinson 2004).

- Der Aufwand für die Implementierung soll möglichst gering sein („Speed of coding").
- Das implementierte Modell soll möglichst leicht aus sich heraus verständlich sein („Transparency").
- Das implementierte Modell soll bei Bedarf möglichst leicht und sicher zu ändern sein („Flexibility").
- Die Ausführungszeit des implementierten Modells soll möglichst kurz sein („Run-speed").

Da diese Anforderungen nicht unabhängig sind, ist bei Bedarf ein geeigneter Kompromiss zwischen den Zielen zu finden.

Modellabnahme

Nach der Implementierung erfolgt die Modellabnahme gemäß der in der Aufgabenspezifikation beschriebenen Kriterien (Abschn. 4.2.3). Dabei hat der Auftragnehmer die Aufgabe, die Erfüllung der Kriterien schlüssig nachzuweisen. Dem Auftraggeber obliegt die abschließende Prüfung und Abnahme dieser Angaben.

Zur Vorbereitung der *Modellabnahme* (Checkliste *C9a Modellabnahme*) muss dem Auftraggeber das Simulationsmodell vorgestellt und ausführlich in Bezug auf die verwendeten Eingangsdaten, die getroffenen Annahmen, den abgebildeten Material- und Informationsfluss, die modellierten Steuerungsstrategien und die durchgeführten Verifikations- und Validierungsmaßnahmen erläutert werden. Wenn für den Betrieb eines Simulationsmodells Daten vom Auftraggeber importiert werden, ist zu testen, ob der Datenimport funktioniert und ob die Daten anschließend in der benötigten Form und Qualität im Simulationsmodell vorliegen.

Während der Modellabnahme kann der Auftragnehmer dem Auftraggeber das Simulationsmodell vorführen. Neben der allgemeinen Erhöhung der Glaubwürdigkeit kann hiermit gezeigt werden, dass das Modell in Funktionalität und Bedienung den Anforderungen aus der Aufgabenspezifikation entspricht. Zugleich kann auch die geforderte Visualisierung des Modells präsentiert werden. Nach Abschluss der Modellvorstellung werden dem Auftraggeber alle bisher erstellten Dokumente und – soweit vereinbart – auch das Modell zur Verfügung gestellt.

Der Auftraggeber kann sich nun die Unterlagen erläutern lassen und prüft ggf. vereinbarte Änderungen oder Erweiterungen. Aus diesem Grund muss die Dokumentation für den Auftraggeber verständlich formuliert sein. Insbesondere sollte der Auftraggeber hinterfragen, ob die vereinbarten Systemgrenzen im Modell umgesetzt sind, ob das Modell den Materialfluss wie vereinbart abbildet und ob der Detaillierungsgrad des Modells der Spezifikation entspricht. Weiterhin sind die Parameterwerte und Lastdaten mit der Aufgabenspezifikation abzugleichen. Hinsichtlich der durchgeführten Validierungsmaßnahmen kann beispielsweise geprüft werden, ob das Simulationsmodell – wie vereinbart – mit bekannten Anlagendaten abgeglichen wurde und welche Ergebnisse daraus abzuleiten sind. Sind spezielle Eigenschaften des Modells für eine geplante Weiterverwendung vereinbart, ist zu prüfen, ob das Simulationsmodell diese Eigenschaften auch besitzt. Sind in der Aufgabenspezifikation weitere Bedingungen für die Modellabnahme formuliert, ist auch die Erfüllung dieser Bedingungen zu bestätigen.

Als Ergebnis der Prüfung erklärt der Auftraggeber schriftlich und in einer angemessenen Frist entweder die Modellabnahme oder legt gemeinsam mit dem Auftragnehmer eine Liste der offenen Punkte fest. Formal muss der Auftraggeber die Modellabnahme erteilen und ist daher streng genommen auch allein für die Prüfung des Modells und der erstellten Dokumentationsunterlagen zuständig. Häufig verfügt der Auftraggeber jedoch nicht über das notwendige Simulations-Know-how für eine solch umfangreiche Prüfung oder möchte den Zeitaufwand für die Modellabnahme möglichst gering halten. Deshalb ist es in der Praxis üblich, dass der Auftragnehmer den Auftraggeber bei der Modellabnahme unterstützt. Bei der Vorstellung des Modells stellt er alle für eine Abnahme relevanten Aspekte dar. Auf diese Weise kann sich der Auftraggeber davon überzeugen, dass das Modell geeignet ist, die gegebene Aufgabenstellung zu erfüllen.

4.5 Experimente und Analyse

Im Rahmen der Experimente (Kap. 1) werden mit dem implementierten Modell *Simulationsläufe* durchgeführt, um Messwerte zu gewinnen. Wiederholungen von Simulationsläufen desselben Modells mit verschiedenen Startwerten für die Zufallszahlengeneratoren werden *Replikationen* genannt. Da Simulationsmodelle zufallsabhängige Parameter wie z. B. Ausfälle oder schwankende Prozesszeiten enthalten, sind auch die Ergebnisse der Simulationsläufe stochastischer Natur. Daraus folgt, dass für verschiedene Startwerte der eingesetzten Zufallszahlengeneratoren auch verschiedene Ergebnisse, wie z. B. Maschinenauslastungen oder Anlagendurchsätze, ermittelt werden. Da nicht beliebig lange Simulationsläufe mit dem Modell durchgeführt werden können, werden auch nicht alle möglichen Ereignisse oder Folgen von Ereignissen, die durch das Modell prinzipiell ermöglicht werden, beobachtbar sein. Die Ergebnisse von Simulationsmodellen haben folglich immer Stichprobencharakter. Das vollständige Verhalten wird niemals sichtbar. Im schlimmsten Fall zeigt einem das Simulationsmodell während des Beobachtungszeitraumes sogar nur untypisches Systemverhalten. Grundsätzlich sind die Ergebnisse umso aussagekräftiger, je öfter die Simulationsläufe wiederholt werden und je länger die simulierte Zeitspanne der Simulationsläufe dauert. An diesem Qualitätsprinzip bei der Behandlung von Stichproben lässt sich nicht rütteln. In der Praxis ist es jedoch immer erforderlich, einen Kompromiss zwischen statistischer Qualität und den verfügbaren Ressourcen, hier vor allem beim zeitlichen Aufwand, einzugehen.

Im Folgenden werden die möglichen Kompromisse und die damit verbundenen Qualitätseinbußen dargestellt. Die Verfahren werden nur so weit geschildert, wie dies zur Qualitätssicherung erforderlich ist (Checkliste *C10 Durchführung von Experimenten*). Genauere Darstellungen statistischer Methoden finden sich in der einschlägigen Literatur (Law u. Kelton 2000).

4.5.1 Bestimmung der Länge der Einschwingphase

Im Hinblick auf die Resultatanalyse können Simulationsexperimente in folgender Weise klassifiziert werden:

- *Simulationsexperimente mit Modellen von terminierenden oder transienten Systemen* werden unter festliegenden Anfangsbedingungen gestartet und enden nach dem Eintritt eines zu spezifizierenden Ereignisses wie z. B. dem Schichtende. Bei Experimenten für terminierende Systeme wird der gesamte Simulationszeitraum (eventuell nach Phasen aufgelöst) statistisch ausgewertet.

- *Simulationsexperimente mit Modellen von nichtterminierenden oder Steady-state-Systemen* beginnen erst nach einer Einschwingphase (auch Anlaufphase, Warmlaufphase oder transiente Phase) mit der Sammlung von Resultatdaten und beziehen sich auf einen stabilen Prozesszustand ohne bekanntes Ende. So gibt es z. B. bei der Simulation eines vollautomatischen Hochregallagers kein „natürliches" Ende des Simulationslaufes. Nach Abschluss der Einschwingphase zu Beginn des Simulationslaufes können für beliebig lange Zeiten Ergebnisdaten über das Verhalten des Lagers erfasst werden.

Eines der größten Probleme bei der Durchführung von Simulationsstudien ist die Bestimmung der erforderlichen Länge der Simulationsdauer für nichtterminierende Systeme. Produktionsbetriebe sind in der Regel nichtterminierende Systeme. Typischerweise sind immer Aufträge oder Kunden im System. Selbst wenn die Bearbeitung für eine gewisse Zeit ruht, z. B. am Wochenende, wird die Bearbeitung nach dieser Phase nahtlos fortgesetzt. Das Problem bei der Leistungsbewertung nichtterminierender Systeme besteht nun darin, eine ausreichende Anzahl von Messungen am System in einem statistisch gesehen typischen Zustand durchzuführen. Dabei ergeben sich zwei Probleme. Zum einen stellt sich die Frage, wie lange es dauert, bis das System nach dem Start der Simulation einen typischen Betriebszustand erreicht hat (Einschwingphase). Zum anderen ist nicht klar, wie lange ab dem Ende der Einschwingphase zur Messwerterfassung weiter simuliert werden muss.

In fast allen Simulationsstudien werden die Experimente mit einem leeren System gestartet, das sich dann in der Anfangsphase des Simulationslaufes mit den beweglichen Objekten wie z. B. Kunden oder Aufträgen füllt. Da in der betrieblichen Praxis die Systeme aber meist nicht leer sind, spiegeln die Modelle während der Einschwingphase nicht das typische Systemverhalten wider. Wegen der geringen Auftragszahl sind beispielsweise die Auftragsdurchlaufzeiten viel geringer als üblich. Wenn Messwerte aus der Einschwingphase mit in die Systembewertung einfließen, werden folglich die Ergebnisse verfälscht. Um die Einschwingphase zu verkürzen, kann das Modell vor dem Start des Simulationslaufes bereits mit beweglichen Objekten initialisiert werden, indem z. B. Puffer mit einer typischen Menge Material befüllt werden. Prinzipiell stellt sich bei diesem Ansatz die Frage, wie dieser typische Anfangszustand bestimmt werden kann. Zusätzlich besteht nicht in allen Simulationsumgebungen die Möglichkeit, auf einfache Weise Startkonfigurationen festzulegen.

Bei terminierenden Systemen besteht die Einschwingphasenproblematik nicht, da grundsätzlich alle Messwerte für das Systemverhalten typisch und somit relevant sind.

Statistische Verfahren

Bei der Bestimmung der Länge der Einschwingphase gibt es zwei Typen von Verfahren: rein statistische und graphisch-visuelle. Beide Verfahrensarten nutzen zur Berechnung den Verlauf einer typischen Messgröße, wie des Bestands oder der Durchlaufzeit. Die rein statistischen Methoden, wie z. B. der Schruben-Test (Schruben et al. 1983), zielen darauf ab, die Bestimmung der Einschwingphase zu automatisieren. Der Simulationsnutzer gibt ein Gütekriterium vor, und ein Algorithmus berechnet aus mehreren Pilotläufen die dazu passende Länge der Einschwingphase. Das scheint auf den ersten Blick eine Vereinfachung für den Simulationsanwender darzustellen. In der Praxis zeigt sich jedoch, dass die Aussagen dieser Testverfahren nicht immer verlässlich sind, weil die Korrektheit der Testmethoden auf Annahmen beruhen, die im praktischen Betrieb in der Regel nicht geprüft werden und auch häufig nicht zutreffen. Das hat zur Folge, dass die Qualität der Ergebniserfassung wegen der falschen Länge der Einschwingphase stark leiden kann; und der Schruben-Test eine nicht vorhandene statistische Sicherheit vorgaukelt. Ist die Einschwingphase zu kurz, werden untypische Messwerte in die Bewertung aufgenommen. Ist sie zu lang, wird Simulationszeit verschwendet, die zur Messwerterfassung hätte genutzt werden können. Im Zweifelsfall empfiehlt sich, eine längere Einschwingphase zu verwenden, da die Verschwendung von Ressourcen der Gefahr fehlerhafter Ergebnisse vorzuziehen ist.

Graphisch-visuelle Verfahren

Verlässlichere Aussagen werden in der Regel durch den Einsatz von graphisch-visuellen Verfahren gewonnen, wie z. B. dem in Law und Kelton (2000) beschriebenen Verfahren. Dabei wird in mehreren langen Pilotläufen der Verlauf der Messgröße bestimmt und aus diesen Kurven eine Mittelwertkurve gebildet. Unter Umständen muss diese Kurve noch geeignet geglättet werden, um hochfrequente Störungen herauszufiltern. Anhand dieser Kurve wird dann optisch ermittelt, zu welchem Zeitpunkt die Messgröße einen typischen, in der Regel also einen stabilen Zustand erreicht hat. Dieses Verfahren ist recht unproblematisch, da zwar die Erzeugung der Mittelwertkurve automatisiert werden kann, aber die Entscheidung über das Ende der Einschwingphase keinem Algorithmus, sondern dem Simulationsexperten überlassen bleibt. Da dieser Vorgang nicht sehr häufig durchgeführt werden muss, hält sich der Aufwand in Grenzen.

4.5.2   Durchführung wiederholter Simulationsläufe

Für die bei Steady-state-Systemen erforderliche Durchführung wiederholter Simulationsläufe gibt es zwei typische Ansätze: Replicate/Delete (Wiederholen/Abschneiden) und Batch-Means (Mittelwerte von Messwertgruppen) (Law u. Kelton 2000). Beim Replicate/Delete-Verfahren werden mehrere Simulationsläufe mit unterschiedlichen Zufallszahlenströmen gestartet (Replicate) und jeweils die Einschwingphase abgeschnitten (Delete). Beim Batch-Means-Verfahren wird ein extrem langer Simulationslauf durchgeführt, die Einschwingphase abgeschnitten und die verbleibenden Messwerte in Gruppen gleicher Anzahl eingeteilt bzw. die verbleibende Simulationsdauer in Intervalle gleicher Länge eingeteilt. Replicate/Delete ist aus statistischer Sicht einfacher und robuster, da zwischen den einzelnen Läufen keine Abhängigkeiten entstehen können. Das Verfahren ist jedoch aufwendiger, da jeder Lauf eine nicht verwertbare Einschwingphase enthält. Wenn bei Batch-Means die Gruppen zu klein bzw. zu kurz sind, kann es passieren, dass die daraus gewonnenen Messgrößen voneinander abhängig sind. Da hierdurch die statistische Qualität sinken kann, sind im Zweifelsfall Tests notwendig, die eine hinreichend geringe Korrelation sicherstellen. Der Vorteil des Verfahrens besteht darin, dass die Einschwingphase nur einmal durchlaufen wird. Aus statistischer Sicht ist das Replicate/Delete-Verfahren zu bevorzugen, um Qualitätsprobleme von Anfang an zu vermeiden.

4.5.3 Länge und Anzahl von Simulationsläufen

Für die Bestimmung der Länge von Simulationsläufen gibt es keine eindeutigen Richtlinien, sondern nur eine Vielzahl von groben Regeln, die im Folgenden erläutert werden.

- Von den relevanten Messgrößen müssen einige Dutzend, besser noch einige Hundert Messungen durchgeführt werden.
- Alle für den Betrieb wichtigen Ereignisse müssen mehrmals stattgefunden haben. Unter Umständen ist es notwendig, das Simulationsmodell so einzustellen, dass dies auch tatsächlich passiert. Hierzu werden mehrere Modellbetriebsszenarien (Normalbetrieb, Hochlastbetrieb, Notfallbetrieb, etc.) unabhängig voneinander untersucht, wobei jeweils Länge und Anzahl der spezifischen Simulationsläufe neu festzulegen sind.
- Das System muss auf seltene Ereignisse untersucht werden, die einen starken Einfluss auf das Systemverhalten haben, wie z. B. gravierende Ausfälle.

Soweit seltene Ereignisse zu erwarten sind, ist jeweils zu entscheiden, wie diese Ereignisse in den Experimenten behandelt werden. Dabei ist stets auch das Ziel der Simulationsstudie zu berücksichtigen, z. B. ob die Anlage nur im Normalbetrieb oder auch in Ausnahmesituationen betrachtet werden soll. Im ersten Fall kann es sinnvoll sein, seltene gravierende Ereignisse nicht im Modell zu berücksichtigen. Im zweiten Fall kann es sogar zweckmäßig sein, dass solche Ereignisse bewusst herbeizuführen, um zu prüfen, wie sich das System in diesem Fall verhält.

Seltene Ereignisse müssen mehrmals stattfinden, wenn sie berücksichtigt werden sollen und einen großen Einfluss auf das Simulationsergebnis haben, damit das dadurch verursachte Systemverhalten statistisch signifikant gemessen werden kann. Ist dies aus Gründen der Laufzeit nicht möglich, so ist zu überlegen, ob diese Ereignisse ganz aus dem Modell entfernt werden können bzw. müssen. Diese Entscheidung muss auf jeden Fall dokumentiert werden. Ein typisches Beispiel für diese Kategorie von Ereignissen sind Ausfälle von Betriebsmitteln. Wenn ein Ausfall z. B. durchschnittlich alle vier Wochen stattfindet (evtl. sogar gemäß einer Verteilung mit hoher Varianz wie etwa der Exponentialverteilung), muss die Simulationsdauer ein Vielfaches dieses Vier-Wochen-Intervalls sein. Würde für dieses Beispiel willkürlich eine Simulationsdauer von zwei Wochen gewählt, so würde dieser Ausfall im Mittel nur in jedem zweiten Simulationslauf auftreten. In so einem Fall müssen die Simulationsläufe entweder länger dauern, z. B. 40 Wochen, oder es werden mehr Simulationsläufe als üblich durchgeführt. Als Ausweg bleibt noch, die Ausfälle abzuschalten, da sie bei der kurzen Simulationsdauer nicht statistisch signifikant modelliert werden können. Die ersten beiden Varianten werden typischerweise für langfristige Leistungsstudien gewählt, der Ausweg für kurzfristige Verhaltensvorhersagen.

Der zweite wichtige Einflussfaktor für die statistische Signifikanz ist die Anzahl der durchgeführten Simulationsläufe (Replicate/Delete-Verfahren) bzw. die Anzahl der Batches (Batch-Means-Verfahren). Werden zu wenige Läufe durchgeführt, haben die gemittelten Ergebnisdaten eine große Varianz und somit eine geringe statistische Signifikanz. An dieser Stelle kann keine Empfehlung für eine passende Anzahl von Simulationsläufen gegeben werden, da diese Zahl vom Simulationsmodell und von der gewünschten statistischen Qualität abhängt. Bei stark schwankendem Systemverhalten ist jedoch eine hohe Anzahl von Läufen notwendig, um eine ausreichend große Stichprobe für das typische Systemverhalten zu gewinnen (Abschn. 4.5.4).

Selbst die Frage, ob bei einem vorgegebenen zeitlichen Rahmen für die Experimente wenige lange Läufe oder viele kurze Läufe zu höherer statistischer Qualität führen, ist pauschal nicht zu beantworten, da dies vom jeweiligen Modell abhängt.

4.5.4 Konfidenzintervalle

Bei einer gegebenen Stichprobe und vorgegebenen Vertrauenswahrscheinlichkeit, z. B. 95 %, gibt das Konfidenz- oder Vertrauensintervall an, mit welcher Wahrscheinlichkeit der wahre statistische Parameter, meistens der wahre Mittelwert, in diesem Intervall liegt. Konfidenzintervalle werden häufig als Qualitätsmaß für statistische Parameter herangezogen. In der Theorie ist der ermittelte Schätzwert für den Parameter umso plausibler, je kleiner das Konfidenzintervall bei gegebener Vertrauenswahrscheinlichkeit ist. In der Praxis unterliegt die Berechnung der Konfidenzintervalle jedoch immer strengen Annahmen in Bezug auf die Verteilung der Messwerte der Stichprobe und deren Korrelation. Oft werden z. B. normalverteilte, unkorrelierte Werte vorausgesetzt. Dies trifft aber bei Ergebnissen von Simulationsexperimenten so gut wie nie zu. Die Annahmen sind in grober Näherung gültig, wenn Mittelwerte von mehreren unabhängigen Läufen in der Stichprobe betrachtet werden. Besonders problematisch sind Stichproben, die nur Messwerte eines einzelnen Laufes enthalten, da diese Messwerte in der Regel nicht unabhängig voneinander sind. Folglich können die mit den Standardmethoden ermittelten Konfidenzintervalle für den Mittelwert meist nur als Näherungswerte für die wahren Konfidenzintervalle dienen. Die Angabe von Konfidenzintervallen zu geschätzten statistischen Größen ist aber in jedem Fall sinnvoll, wenn abgeschätzt werden soll, welchen Einfluss die Erhöhung der Anzahl der Läufe bzw. der Simulationsdauer hat.

4.5.5 Verwendung der statistischen Versuchsplanung

Mit den Methoden der statistischen Versuchsplanung wird angestrebt, mit möglichst wenigen Experimenten (und folglich Simulationsläufen) ein Maximum an Information über das betrachtete System zu gewinnen. Dabei wird insbesondere versucht, Zusammenhänge zwischen einzelnen Einflussgrößen (Faktoren) und dem Systemverhalten zu ermitteln (Montgomery 2004; Sanchez 2006).

Ein typischer Ansatz bei der Analyse eines Systems mit mehreren Einflussfaktoren (z. B. Maschinenanzahl oder Geschwindigkeit von Transportsystemen) ist, jeden Faktor isoliert zu betrachten. Nur ein Faktor wird variiert und alle anderen Faktoren werden konstant gelassen. Anschließend wird der nächste Faktor betrachtet. Bei dieser Vorgehensweise bleiben jedoch Zusammenhänge zwischen den Faktoren, die sog. Interaktionen, unberücksichtigt. Ein weiteres Problem ist die Referenzeinstellung, die für die Faktoren verwendet wird, während ein Faktor betrachtet wird. Ist diese Referenzeinstellung schlecht gewählt, bleiben Effekte auf die Ergebnisse unsichtbar oder werden übertrieben.

Besser ist daher, Methoden aus der statistischen Versuchsplanung zu verwenden. Dabei ist allerdings zu beachten, dass die Anzahl der betrachteten Faktoren nicht zu groß werden darf. Die Effekte von mehreren Dutzend Faktoren einschließlich deren Interaktionen können nicht mit wenigen Simulationsläufen ermittelt werden. Solche Versuchspläne können zwar prinzipiell erstellt werden. Sie sind aber so stark ausgedünnt, dass die statistische Qualität sehr gering sein wird.

Bei großen Modellen bzw. vielen potentiellen Faktoren ist es sinnvoll, zuerst mit geeigneten Methoden eine Faktorenauswahl (Factor Screening) durchzuführen, um die Menge der relevanten Faktoren einzugrenzen und anschließend Versuchspläne für diese geringere Anzahl von Faktoren zu erstellen.

Bei der Erzeugung von Versuchsplänen (VDI 3633 Blatt 3 1997) muss sich der Simulationsanwender bewusst sein, dass bei der Berechnung der Versuchspläne Annahmen über das System bzw. über ein bestimmtes Systemverhalten gemacht werden. Häufig wird von einem linearen Zusammenhang zwischen Faktorwert und Ergebnis ausgegangen, d. h. wenn der Faktorwert linear ansteigt, steigt oder fällt das Messergebnis ebenso linear. Beispielsweise gilt nach dem Gesetz von Little, dass die Länge der Durchlaufzeit direkt proportional zur Menge des Bestandes ist (Kleinrock 1975).

Dieser lineare Zusammenhang muss aber nicht für alle Faktoren im betrachteten Simulationsmodell zutreffen. Es ist z. B. durchaus möglich, dass beim Anstieg eines Faktors das Ergebnis erst steigt und dann wieder fällt, also deutlich erkennbar nicht linear ist. Eine solche Form der Abhängigkeit findet man beispielsweise zwischen der Auslastung einer Batchmaschine (Maschine, die Gruppen von Aufträgen bearbeitet) und der Wartezeit der Aufträge. Bei sehr kleiner Auslastung ist die Wartezeit lang, da die Batchbildungszeit lange dauert. Mit steigender Auslastung sinkt die Wartezeit. Für hohe Auslastungen steigt die Wartzeit dann wieder an. In einem solchen Fall führt ein Versuchsplan, der auf der Annahme eines linearen Modells beruht, zu falschen Schlussfolgerungen. Dies bedeutet, dass die Methoden zur statistischen Versuchsplanung nicht ad hoc angewendet werden können, sondern dass zuvor eine eingehende Analyse des Simulationsmodells erfolgen muss, um ein hohes Maß an Qualität zu gewährleisten. Die Zusammenhänge zwischen Faktoren und Ergebnissen müssen vor dem Einsatz der Planungsmethoden ermittelt werden und in die Auswahl des Planungsansatzes einfließen. Außerdem ist empfehlenswert, an Hand der nach der Durchführung des Versuchsplans ermittelten Ergebnisse die Korrektheit der Annahmen über das System zu überprüfen. Diese Prüfung erfordert jedoch weitere Methoden, die hier nicht weiter vertieft werden sollen (Montgomery 2004).

Ein großer Teil der Methoden der statistischen Versuchsplanung eignet sich nicht für die naive Verwendung. Um die Effizienzsteigerung bei der Durchführung der Simulationsexperimente bei gleichzeitiger Erreichung möglichst hoher statistischer Qualität der Ergebnisse zu gewährleisten, sollten diese Methoden nur von entsprechend geschulten Mitarbeitern angewendet werden.

4.5.6 Interaktive Simulation

In einigen Simulationswerkzeugen kann der Simulationsanwender zur Laufzeit das Simulationsmodell noch verändern. Das Teilgebiet Visual Interactive Simulation (VIS) setzt sich mit dieser Methodik auseinander (Bell u. O'Keefe 1987). Das Haupteinsatzgebiet der interaktiven Simulation ist die Ausbildung von Anlagenbetreuern. Dabei emuliert das Simulationsmodell die Anlage und der Betreuer greift basierend auf den dargestellten Abläufen in das simulierte Geschehen ein. Dabei kann der Detaillierungsgrad der Modelle von sehr abstrakten bis hin zu sehr realistischen Abbildungen des realen Systems reichen. Da der Schwerpunkt dieses Buches auf dem Gebiet der Simulationsstudien zur Leistungsbewertung von Anlagen und weniger auf dem Gebiet der Nutzung von

Simulationsmodellen zu Schulungszwecken liegt, werden im Folgenden nur kurz die Auswirkungen von Benutzereingriffen erläutert, wenn diese Interaktionen bei Simulationsstudien zur Leistungsbewertung erfolgen. Aus statistischer Sicht führen Interaktionen zur Laufzeit dazu, dass die einzelnen Läufe nicht vergleichbar sind, d. h. während der Erzeugung von Messergebnissen zum langfristigen Systemverhalten führen Eingriffe in den Simulationslauf von Außen zu statistisch unbrauchbaren Ergebnissen. Sobald die Eingriffe jedoch dazu dienen, die Emulation der Umwelt des simulierten Systems in sinnvoller Weise zu ergänzen, können sie durchaus ihre Berechtigung haben. Es bleibt jedoch zu klären, wie der Einfluss dieser Interaktionen in die Messwerterfassung geeignet zu integrieren ist.

4.5.7 Ergebnisauswertung, -darstellung und -interpretation

Die Auswertung, Darstellung und Interpretation der Simulationsergebnisse ist eine nicht zu unterschätzende Aufgabe. Das gilt nicht so sehr, weil dabei aufwendige Algorithmen zum Einsatz kommen, sondern vor allem weil die Ergebnisse erst in die Sprache des Auftraggebers übersetzt werden müssen. Jede Branche hat ihre eigene Terminologie und ihre eigene Darstellungsweise von Systemleistungsdaten. Hier muss es dem Auftragnehmer gelingen, die Erwartungen des Auftraggebers zu ermitteln und dann zu treffen. Selbst wenn die Verfahren zur Aufbereitung des Inhalts nach dem Stand der Technik angewendet wurden, kann die Arbeit durch den Auftraggeber als qualitativ minderwertig eingeschätzt werden, weil sie in ihrer Form nicht seiner Erwartungshaltung entspricht.

Wenig sinnvoll ist, bei stochastisch beeinflussten Parametern, d. h. Werten, die einer „natürlichen" Schwankung oder Unsicherheit unterliegen, Ergebnisse mit möglichst vielen Nachkommastellen anzugeben. Qualität drückt sich darin aus, dass zu allen wichtigen Größen das (abgeschätzte) Konfidenzintervall angegeben, das die tatsächliche Verlässlichkeit der Ergebnisgröße präsent werden lässt (z. B. DLZ = 15,35 +/- 0,40).

Typische *Messgrößen* für die Darstellung sind die Maschinen- und Transportsystemauslastung, der Anlagendurchsatz, Durchlauf-, Transport-, und Wartezeiten von Gütern sowie die Größe von Beständen. Dabei gibt es verschiedene *Klassen von Messgrößen* wie Zähler (z. B. Anzahl fertig gestellter Produkte), Punktmessungen (z. B. Wartezeiten) und Intervallmessungen (z. B. Auslastung).

Für die jeweiligen Klassen von Messgrößen gibt es dann entsprechende Methoden, um *statistische Größen* wie etwa Mittelwert, Varianz, Konfidenzintervalle, empirische Verteilungen, Histogramme oder Korrelationen zu bestimmen.

Auch bei korrektem Einsatz statistischer Verfahren ist es wichtig, bei der Interpretation statistischer Kenngrößen Augenmaß walten zu lassen. So darf Korrelation nicht mit Kausalität verwechselt werden. Nur weil zwei Größen statistisch voneinander abhängig sind, bedeutet das noch lange nicht, dass sie es im realen System auch im kausalen Sinne sind. Ebenso kann nicht immer von hoher statistischer Signifikanz auf hohe tatsächliche Relevanz geschlossen werden. Ein Einflussfaktor kann mit hoher statistischer Sicherheit Einfluss auf das Systemverhalten haben, ohne dass dieser Einfluss im praktischen Betrieb wichtig ist.

Die abschließende Visualisierung der Simulationsergebnisse ist heute übliche Praxis, da sie den Bezug zur Terminologie und Sichtweise des Auftraggebers schafft. Übersichtliche Visualisierungen verstärken die Aussage der Simulationsergebnisse und schaffen Transparenz und Erkenntnisgewinn für die Projektpartner.

Im Wesentlichen werden heute statische Visualisierungsformen auf der Basis von Tabellen und Diagrammen (z. B. Balken-, Linien-, Kurven- oder Sankeydiagramme) und dynamische Visualisierungsverfahren in Form von Monitoring (Darstellung einer zeitlichen Verlaufsgröße über die Zeit online zum Simulationslauf) oder Animation unterschieden. Animationen selbst können online bzw. parallel zum Simulationslauf oder im Anschluss an den Simulationslauf erfolgen. Die Darstellung in der Animation kann funktional (z. B. ähnlich einem Leitstand) oder in einer modelllayoutbasierten 2D- oder 3D-Darstellung erfolgen. Neuere Werkzeuge lassen auch den Einsatz von Virtual Reality als Visualisierungsumgebung zu. Allerdings sei darauf hingewiesen, dass eine technologie-getriebene Sicht hier nicht das Maß der Dinge ist. Statistische Ergebnisaussagen lassen sich in geeigneter Weise nur mit entsprechenden Business-Grafiken darstellen. Der Durchsatz einer Maschine oder die Grenzleistung eines Simulationsmodells werden dagegen in der Animation nicht deutlich. Hervorragend lässt sich Animationen nutzen, um Funktionalitäten und Abläufe zu verstehen oder spezifische Modellsituationen zu erklären (z. B. ein Deadlock).

Neben der Wahl des geeigneten Visualisierungsverfahrens ist der richtige Einsatz des Verfahrens relevant. Dies bedingt die Darstellung *nur* des eigentlichen Sachverhaltes (beispielsweise dürfen diskrete Messwerte zu bestimmten Zeitpunkten nicht als Kurven über die Zeit dargestellt werden und damit eine nicht vorhandene Kontinuität ausdrücken) und eine einfache und schnelle Interpretierbarkeit der Darstellung (z. B. eindeutige und ohne umfangreiche Erläuterungen verständliche Verwendung von Symbolen und Zeichen).

Für eine ausführliche Erläuterung des richtigen Einsatzes des für die Anwendung adäquaten Visualisierungsverfahrens sei auf VDI 3633 Blatt 11 (2007) sowie auf Wenzel et al. (2003) verwiesen.

4.6   Abschlusspräsentation

Die Abschlusspräsentation dient der Vorstellung und Übergabe der Projektergebnisse. Sie wird im Rahmen mindestens eines abschließenden Projektmeetings durchgeführt. Anders als beim Kick-off-Meeting ist der *Ort* der Präsentation weniger entscheidend. Vorteilhaft ist allerdings die Präsentation beim Auftraggeber, da dort verschiedene Zielgruppen einfacher adressiert werden können. Der Zeitraum, in dem der *Termin* der Abschlusspräsentation liegen kann, wird durch den geplanten Projektabschluss vorgegeben. Unter Qualitätsgesichtspunkten ist es notwendig, die Ergebnisse so zeitnah wie möglich zu präsentieren. Bei der Terminwahl ist jedoch der Abschluss *vorbereitender Arbeiten* in Absprache mit dem Auftraggeber zu berücksichtigen. Dazu gehören u. a.:

1. *Rechtzeitige Übersendung vorläufiger Abschlussdokumente durch den Auftragnehmer*: Die Projektverantwortlichen des Auftraggebers haben die Aufgabe, diese Unterlagen allen betroffenen Personen zeitgerecht zur Verfügung zu stellen. Geschieht dies nicht, nur selektiv oder zu spät, kann während der Präsentation nicht auf diesen Inhalten aufgebaut werden (Abschn. 2.2.1 und Abschn. 2.2.3).

2. *Abstimmung der vorläufigen Dokumente mit dem Auftraggeber*: Dabei sind offene Fragen, Änderungs- und Ergänzungswünsche des Auftraggebers hinsichtlich der ihm vorliegenden Dokumente zu klären. In wieweit offene Punkte beispielsweise im Rahmen der Präsentation, der Abschlussdokumentation oder sogar durch ein Folgeprojekt zu beantworten sind, ist zwischen Auftraggeber und Auftragnehmer abzustimmen.

Der *Teilnehmerkreis* wird im Wesentlichen über das Projektziel und die damit in Verbindung stehenden Personen bestimmt und demzufolge überwiegend durch den Auftraggeber ausgewählt. Ist der Auftragnehmer rechtzeitig über die ausgewählten Personen und ihren Kenntnisstand informiert, kann er seine Präsentation bewusst darauf ausrichten, damit alle notwendigen Informationen verständlich übermittelt werden. Prägen große Unterschiede des Kenntnisstandes, der Interessen und Motivationen den potentiellen Teilnehmerkreis (wie Management, Produktionsleitung, Fachabteilungen, Instandhaltungsservice, Betriebsrat), so kann es sich als vorteilhaft erweisen, abgestimmt zwischen Auftraggeber und Auftragnehmer mehrere angepasste Präsentationen bzw. eine Präsentation und ergänzende Fachmeetings durchzuführen. Zusätzlich kann der Auftragnehmer den Auftraggeber (z. B. wenn dieser ein Anlagenlieferant oder

Dienstleister ist) auch bei einer zusätzlichen gemeinsamen Präsentation beim Endnutzer bzw. Anlagenbetreiber unterstützen. Die *mündliche Präsentation und ihre adäquate Dokumentation* (z. B. Foliensatz) müssen – wie in Abschnitt 2.3.3 aufgeführt – ausgehend von der Darstellung des Projektzieles Aussagen über den gesamten Projektverlauf und die erreichten Ergebnisse enthalten. Dabei ist auf eine plausible und transparente Darstellung zu achten. Häufig nehmen an der Präsentation auch Personen teil, die nur zu Projektbeginn (z. B. bis zum Kick-off-Meeting) direkt involviert waren. Um daraus resultierende Missverständnisse zu vermeiden, ist die Betonung wesentlicher – im Verlaufe des Projektes vereinbarter – Änderungen (der Zielstellung, der Eingangsdaten, des Vorgehens, usw.) sehr wichtig.

Die Detaillierung aller Darstellungen muss sowohl dem Zeitrahmen der Präsentation als auch dem Personenkreis angemessen sein. Umfangreiche fachspezifische Aussagen zur Methode und zum Werkzeug Simulation sind nur dann sinnvoll, wenn sie für das Verständnis der Ergebnisse unverzichtbar sind. In geeigneter Weise können ergänzende Informationen (z. B. für die Diskussion vorbereitete zusätzliche Folien) bereit gehalten werden.

Die Visualisierung des Simulationsmodells unterstützt die Präsentation effektiv. Dabei ist jedoch konsequent darauf zu achten, dass jede Form der Visualisierung nur die bestätigten Ergebnisse betonen soll und keine darüber hinausgehenden, unsicheren Interpretationen assoziieren darf.

Die Präsentation kann im Allgemeinen durch einen Ausblick auf mögliche weiterführende Aufgaben abgerundet werden.

Die Kernaussagen der Abschlusspräsentation sind den Teilnehmern als *Tischvorlage* zur Verfügung zu stellen. Auch hier ist zu empfehlen, die Aussagen und die Terminologie vorher mit dem Auftraggeber abzustimmen.

4.7 Projektabnahme

Am Ende des Projektes ist die Projektabnahme gemäß der in der Aufgabenspezifikation formulierten Akzeptanzkriterien (Abschn. 4.2.3) vorzunehmen (Checkliste *C9b Projektabnahme*). Dafür wird zwischen Auftraggeber und Auftragnehmer eine angemessene Frist vereinbart. Wie bei der Abnahme des Modells ist der Auftragnehmer auch bei der Abnahme des Projektes verpflichtet, die Erfüllung aller Abnahmekriterien verständlich nachzuweisen. Der Auftraggeber hinterfragt, ob die Simulationsläufe wie vereinbart durchgeführt wurden und ob die Ergebnisse gemäß der Aufgabenspezifikation zur Verfügung stehen. Im Einzelnen sind der Experimentplan und die vorgenommene Variation der Parameter mit den Vorgaben zu vergleichen. Außerdem ist wichtig, festzuhalten, ob die Simulationsergebnisse ausreichend statistisch abgesichert sind. Falls in der Aufgabenspezifikation weitere Kriterien für die Abnahme der Simulationsstudie definiert sind, ist auch die Erfüllung dieser Kriterien zu prüfen oder durch den Auftragnehmer bestätigen zu lassen. Abschließend ist zu klären, ob die Abschlussdokumentation vollständig und für den Auftraggeber verständlich geschrieben ist.

Will der Auftraggeber nach Projektabschluss das Modell im Rahmen einer betriebsbegleitenden Simulation verwenden, ergeben sich weitere Bedingungen für eine Projektabnahme: Der Auftraggeber muss z. B. prüfen, ob das Modell und die Bedienoberfläche alle in der Aufgabenspezifikation beschriebenen Funktionalitäten aufweist und eine fehlertolerante Bedienung zulässt. Der Auftraggeber kann dabei in der Regel nur das nach außen sichtbare Verhalten des Simulationsmodells bewerten, da für ihn die internen Vorgänge im Simulationsmodell nur in Ausnahmefällen transparent sind. Ggf. muss der Auftragnehmer hier ergänzende Informationen bereit halten. Eine Voraussetzung für die Abnahme eines Modells zur betriebsbegleitenden Simulation ist die Einweisung des Auftraggebers in die Bedienung des Simulationsmodells. Ein Handbuch muss in diesem Fall alle Bedienvorgänge in der Terminologie des Auftraggebers beschreiben.

Als Ergebnis seiner Prüfungen muss der Auftraggeber entweder die Projektabnahme – in der Regel schriftlich – erklären oder dem Auftragnehmer eine Liste noch offener Punkte überreichen. Die Abarbeitung der offenen Punkte kann ggf. nochmals eine (beschränkte) Abnahme nach sich ziehen.

5 Nachnutzung von Simulationsmodellen

Die Nutzung von Simulationsmodellen nach Abschluss einer Simulationsstudie und die Verwendung verfügbarer Simulationsmodelle in einer laufenden Simulationsstudie werden immer wieder diskutiert. Das Spektrum der erneuten Nutzung (*Re*-use) reicht von der Nutzung des gesamten Modells, über die Nutzung von Bausteinen, die Nutzung einzelner Funktionen bis hin zur Verwendung von Programmcode-Auszügen, wobei die Übergänge fließend sind (Pidd 2002). Nachgenutzt werden aus Komplexitätsgründen nicht ganze Modelle sondern eher einzelne überschaubare Komponenten oder Codefragmente (Pidd 2002, S. 772).

Dieses Kapitel legt seinen Schwerpunkt auf die erneute Nutzung von Simulationsmodellen und -bausteinen sowie auf die Diskussion von Fragen, die zur Vorbereitung einer erneuten Nutzung zu berücksichtigen sind. In diesem Zusammenhang schließt die Betrachtung der erneuten Nutzung nach Projektende gleichzeitig auch die Wiederverwendung von Modellen und Bausteinen aus der Sicht einer neuen Simulationsstudie ein und führt damit keine explizite Trennung dieser beiden Sichten durch.

Die Einschränkung auf eine erneute Nutzung von ausführbaren Modellen und Simulationsbausteinen erscheint ohne weiteres zulässig, da diese Form der Nutzung in der Praxis immer häufiger angefragt wird. Die erneute Nutzung von anderen Phasenergebnissen (z. B. Konzeptmodell) lässt sich in Analogie zu den ausführbaren Modellen betrachten. Die Machbarkeit und Zweckmäßigkeit der erneuten Nutzung sind im Einzelfall zu prüfen.

Vorangestellt werden diesem Kapitel Definitionen von Begriffen im Umfeld der erneuten Nutzung wie Wiederverwendung und Weiterverwendung. Im Anschluss wird das Spannungsfeld von *Machbarkeit* und *Zweckmäßigkeit* einer Nutzung nach Projektende diskutiert. Die Machbarkeit stellt im Sinne der organisatorischen und technischen Realisierbarkeit eine notwendige, aber ohne Hinterfragung der Zweckmäßigkeit keine hinreichende Bedingung für eine erfolgreiche Nachnutzung von Simulationsmodellen dar. Verbunden mit diesen Überlegungen werden sowohl notwendige Aspekte (z. B. Dokumentation und Rechtssicherheit) als auch unterstützende Aspekte (z. B. Programmierbarkeit und Modularisierung) der Nachnutzung in weiteren Abschnitten dieses Kapitels differenziert.

Zwei abschließende Abschnitte stellen sowohl ausgewählte Besonderheiten der geplanten als auch der ungeplanten Nachnutzung heraus.

5.1   Definitionen

Für die *erneute* Nutzung (*Re*-use) von Simulationsmodellen nach Projektende sind die Begriffe *Wiederverwendung* und *Weiterverwendung* gebräuchlich.

Die Wiederverwendung von Modellen wird in Anlehnung an das Softwaremanagement (Balzert 1998) als eine systematische Nutzung von Modellen oder Modellteilen verstanden, die eine bestimmte Funktionalität eines realen Systems repräsentieren und mit geringem Anpassungsaufwand zur Untersuchung einer ähnlichen Fragestellung bei einem anderen System genutzt werden können. Die Untersuchungsziele bleiben unverändert; das zu untersuchende System weicht von dem ursprünglich modellierten System ab (Lehmann et al. 2000).

Die Weiterverwendung bezieht sich auf die Verwendung eines Modells in einem anderen Kontext mit neuen Untersuchungszielen, z. B. für eine spätere Phase des Lebenszyklus eines Systems. Ein Modell, das für die Planung erstellt wird, kann beispielsweise für den Betrieb weiterverwendet werden, indem Modellelemente entfernt und durch die Funktionen realer Systemkomponenten (z. B. Steuerungssignale) ersetzt werden. Daraus lässt sich ableiten, dass die entwickelten Modelle typischerweise erheblich modifiziert werden müssen (Bernhard et al. 2004). Damit ist der Umfang der erforderlichen Änderungen für das Modell bzw. die zu untersuchende Fragestellung ein wichtiger Aspekt. In Übereinstimmung mit Abb. 19 lässt sich vereinfachend formulieren:

- Die Wiederverwendung hat einen anderen Betrachtungsgegenstand bei gleichen Untersuchungszielen.
- Die Weiterverwendung hat den gleichen Betrachtungsgegenstand bei anderen Untersuchungszielen.

Nachnutzung		Betrachtungsgegenstand	
		identisch	geändert, aber vergleichbar
Untersuchungsziele / Fragestellung	identisch		**Wiederverwendung**
	geändert / erweitert	**Weiterverwendung**	keine Nachnutzung

Abb. 19. Einordnung Weiterverwendung und Wiederverwendung

Diese – in der Praxis z. T. nicht streng unterschiedenen – Begriffe werden in diesem Buch unter dem Begriff „*Nachnutzung*" zusammengefasst. Entsprechend der *Vorhersehbarkeit* ist in allen Fällen der Nachnutzung eine Unterscheidung zwischen der bereits im Simulationsprojekt *geplanten* Nachnutzung und der im Simulationsprojekt noch nicht bekannten und somit *ungeplanten* Nachnutzung relevant.

Grundlegendes Problem der Nachnutzung ist in allen angesprochenen Fällen, dass es nicht möglich ist, von vornherein sicherzustellen, dass das Modell „gültig" ist, wenn es zu einem anderen Zweck als dem ursprünglichen genutzt wird. Damit ist die Validierung und Verifikation von einmal erstellten und dann in einem anderen Kontext zu nutzenden Modellen eine nicht zu unterschätzende Aufgabe (Pidd 2002; Rabe et al. 2008, Abschn. 6.2)

5.2   Machbarkeit und Zweckmäßigkeit der Nachnutzung

Primär ist in allen Fällen einer Nachnutzung die Frage nach der grundsätzlichen Machbarkeit („Ist die Nachnutzung technisch und organisatorisch möglich?") und wenn diese gegeben ist, die Frage nach der Zweckmäßigkeit („Ist die Nachnutzung im Vergleich zu einer Neuerstellung des Modells sinnvoll?") zu stellen. Vereinfacht gilt die Aussage, dass ohne Machbarkeit die erneute Nutzung nicht zweckmäßig sein kann, aber nicht jede machbare Nachnutzung zweckmäßig ist.

Voraussetzungen für die Machbarkeit sind die Verfügbarkeit und die Eignung der Modelle, der Dokumente, der Werkzeuge und der Bearbeiter.

Die *Verfügbarkeit* als organisatorischer Aspekt ist dabei eine notwendige, aber insbesondere bei der ungeplanten Nachnutzung nicht immer gewährleistete Bedingung. Für die Verfügbarkeit ist im Allgemeinen eine „Ja"- oder „Nein"-Entscheidung zu treffen. Die Nichtverfügbarkeit des erforderlichen Modells oder der zugehörigen Dokumente ist ein objektives Ausschlusskriterium. Ist die Verfügbarkeit der Bearbeiter der vorangegangenen Studie nicht gegeben, muss ein geeigneter Ersatz gefunden werden.

Die Frage nach der *Eignung* kann für die Modelle, die Dokumente, die Bearbeiter und die Werkzeuge nicht so einfach und übergreifend wie die Frage nach deren Verfügbarkeit beantwortet werden. Zweifelsohne steht die Eignung der Simulationsmodelle im Betrachtungsfokus. Deren Eignung – im Sinne ihrer Nutzbarkeit für die neue Aufgabenstellung – wird zuerst davon bestimmt, inwieweit eine Übereinstimmung der Untersuchungsziele und insbesondere der Betrachtungsgegenstände zwischen der vorangegangenen und der neuen Simulationsstudie existiert. Ist diese Übereinstimmung in einem hinreichenden Maße offensichtlich, so ist die Eignung ferner davon abhängig, ob es möglich ist, das Modell an die geänderten Untersuchungsziele (Weiterverwendung) oder den geänderten Betrachtungsgegenstand (Wiederverwendung) anzupassen. Die Einschätzung der Eignung ist deshalb stark von dem damit verbundenen Aufwand abhängig. Dies ist aber keinesfalls allein eine Frage der Eigenschaften des vorhandenen Modells sondern z. B. auch eine Frage, ob der zur Verfügung stehende Bearbeiter in der Lage ist, mit den vorliegenden Dokumenten und dem gegebenen Werkzeug die notwendige Modellanpassung (einschließlich aller Maßnahmen der V&V zur Prüfung der Gültigkeit des veränderten Modells) fachlich richtig und termingerecht durchzuführen.

Sind die Verfügbarkeit und Eignung von Modell, Dokumenten und Werkzeug gegeben, kann die grundsätzliche Machbarkeit positiv eingeschätzt werden, und es stellt sich – wie am Anfang dieses Abschnittes schon angesprochen – die Frage der Zweckmäßigkeit. Das verbindende Glied zwischen der Machbarkeit und der Zweckmäßigkeit ist wiederum die Wirtschaftlichkeit. Die Betrachtung der Zweckmäßigkeit stellt sich allerdings keinesfalls nur als eine wirtschaftliche Frage. So können auch weitere so genannte weiche Faktoren wie Ausbildungs- und Marketingaspekte oder Eigeninteresse eines Beteiligten für oder gegen die Zweckmäßigkeit einer Nachnutzung sprechen. Eine Nachnutzung kann also durchaus prinzipiell machbar und wirtschaftlich vertretbar, aber im konkreten Fall beispielsweise aus Wettbewerbsgründen nicht zweckmäßig sein. So wird mitunter auch die Suche nach einer eigenständigen neuen Lösung wichtiger als die Aufwandsminimierung sein. Andererseits kann die exemplarische Nachnutzung, z. B. innerhalb der Lehre oder der Forschung, auch dann relevant sein, wenn die Wirtschaftlichkeit eine neue Modellierung nahe legen würde.

Obige Aussagen sind gerade auch bei der geplanten Nachnutzung d. h. also der bewussten Herbeiführung der grundlegenden Verfügbarkeit und Eignung zu beachten, so dass im Falle der erneuten Nutzung die Machbarkeit und Zweckmäßigkeit auch mit hinreichender Sicherheit gegeben sind.

5.3   Prüfung von Machbarkeit und Zweckmäßigkeit

Je größer der Änderungsgrad (Untersuchungsziel oder -gegenstand), je komplexer das Modell und nicht zuletzt je größer der zeitliche Abstand zum vorausgegangenen Projekt, umso aufwändiger wird schon die Entscheidungsfindung über die Machbarkeit. Deshalb ist – ausgehend von der neuen Zielstellung – ein sequentielles Prüfen der Verfügbarkeit und Eignung sinnvoll.

Da die Überprüfung der Verfügbarkeit für Modell, Dokumente, Bearbeiter und Werkzeug oft weniger aufwändig ist als die Einschätzung der jeweiligen Eignung, kann diese vorweggenommen werden. Der Zugang zur Bewertung der Modelleignung erfolgt überwiegend über die Dokumente. Damit steht die Eignung der Dokumente aber auch zuerst im Betrachtungsfokus. Fällt eine Prüfung negativ aus und existieren keine Alternativen, ist die Machbarkeit nicht gegeben und der Vorgang wird abgebrochen.

Kommen für die Nachnutzung mehrere Modelle in Frage, ist für alle Alternativen zuerst die Verfügbarkeit und die Eignung der Dokumente und Modelle zu betrachten und danach für die (am besten) geeigneten Modelle die Prüfung der Werkzeuge und Bearbeiter vorzunehmen. Fallbezogen kann auch die Prüfung von Alternativen bei der Auswahl der Bearbeiter sinnvoll sein. Gegenüber der einfachen sequentiellen Prüfung kann daraus aber auch die Notwendigkeit resultieren, sowohl die Eignung der Dokumente als auch des Modells noch einmal unter den veränderten Bedingungen zu hinterfragen.

Unabhängig von der Vorgehensreihenfolge ist bei jedem Prüfungsschritt mit positivem Ergebnis der zu erwartende Aufwand abzuschätzen. Dazu gehört der Aufwand für die Sicherstellung der Verfügbarkeit (z. B. Lizenzkosten für Software) und das Erreichen der Eignung (z. B. Übersetzung von Dokumenten, Schulung eines Mitarbeiters, V&V-Maßnahmen zur Prüfung der Gültigkeit der nachzunutzenden Modelle, Erweiterung der Modelle, V&V-Maßnahmen während der Modellerweiterung, Umprogrammierung der Steuerung).

Die Wirtschaftlichkeit einer Nachnutzung ist darauf aufbauend an dem Verhältnis zwischen dem zusätzlichen Aufwand, der für die Nachnutzung notwendig wird, und dem Aufwand für eine neue Modellierung zu bemessen. Bei einfachen Modellierungsaufgaben und geeigneten Werkzeugen kann eine neue Modellierung durchaus weniger aufwändig (also wirtschaftlicher) als schon die Überprüfung der Machbarkeit einer Nachnutzung sein.

Wenn die Wirtschaftlichkeit gegeben ist, so ist – wie in Abschnitt 5.2 schon dargelegt – die Zweckmäßigkeit unter möglicher Einbeziehung zusätzlicher weicher Faktoren zu bestimmen und zu dokumentieren.

Abschließend sei zur Betrachtung von Machbarkeit und Zweckmäßigkeit noch hervorgehoben, dass das Vorgehen bei der geplanten und der ungeplanten Nachnutzung sich im Wesentlichen aufgrund des unterschiedlichen Zeitpunktes (zu dem dieser Entscheidungsprozess durchgeführt wird), in der Gestaltungsfreiheit und den Erfolgschancen unterscheidet. Die benötigte Verfügbarkeit und Eignung ist bei der geplanten Nachnutzung schon vor der Ersterstellung des Modells bewusst herbeizuführen. Zur Gewährleistung einer systematischen Vorgehensweise und zur Abschätzung des zu erwartenden Aufwandes kann die oben beschriebene sequentielle Vorgehensweise dabei jedoch ebenso hilfreich sein.

5.4   Weitere Voraussetzungen für die Nachnutzung

Entsprechend der voran stehenden Überlegungen zur Machbarkeit und Zweckmäßigkeit erweisen sich die Verfügbarkeit und die Eignung der Dokumente, der Modelle, der Werkzeuge und der Bearbeiter als unverzichtbar für die Nachnutzung. Damit sind voneinander nicht trennbare organisatorische Voraussetzungen verbunden, die nachfolgend betrachtet werden.

Konsequente Dokumentation

Die Nachnutzung eines Modells setzt dessen vollständige und sorgfältige Dokumentation (Abschn. 2.2) voraus. Eine Dokumentation anzustreben, die dem größten Teil aller ungeplanten Nachnutzungen gerecht würde, ist jedoch nicht vertretbar. So ist zu akzeptieren, dass sich auch eine zum Zeitpunkt einer Simulationsstudie qualitätskonforme Dokumentation für eine unvorhergesehene Nachnutzung als ungeeignet erweisen kann.

Zwingend ist eine sehr sorgfältige Dokumentation des ursprünglich geplanten Modellzwecks. Qualitätsprobleme entstehen typischerweise aus der nicht hinreichend geprüften Eignung eines bestehenden Modells für eine neue Fragestellung. Wird das Modell einer Palettieranlage z. B. als Teilmodell zur Generierung von Eingangsdaten für die Untersuchung eines Hochregallagers genutzt, so ist es nicht zwangsläufig geeignet, die Palettierung selbst zu analysieren. Derartige Unterschiede müssen aus der Dokumentation einfach und sicher erkennbar sein.

Sehr spezifische Anforderungen an die Dokumentation hinsichtlich softwaretechnischer Details werden in den folgenden Fällen einer Nachnutzung gestellt.

1. Der veränderte Modellzweck erfordert einen Eingriff in die innere Struktur oder den inneren Algorithmus der zu nutzenden Modelle. (Beispiel: Die Anfahrcharakteristik einer Produktionsanlage soll für den neuen Modellzweck detaillierter abgebildet werden.)
2. Das vorhandene Modell muss in eine andere Systemumgebung eingebunden werden, z. B. Integration des Modells in einen Leitstand. In diesem Fall sind insbesondere die Modellschnittstellen exakt und vollständig zu dokumentieren.

Selbst wenn das Modell für den neuen Untersuchungszeck nur über vordefinierte Parameter verändert werden soll, ist die Dokumentation zwingend notwendig, In diesem Fall sind z. B. die zulässigen Wertebereiche der Parameter über die Dokumentation zu ermitteln und unzulässige Parameterkonstellationen abzufragen. Sollte die Dokumentation hierüber keine Aussagen machen, ist vor der Nutzung des Modells seine Validität bezüglich der gewünschten Parameterkonstellationen zu überprüfen.

Archivierung

Sowohl die Modelle als auch die zugehörige Dokumentation stehen längerfristig nur dann für eine Nutzung nach dem Ende eines Projektes zur Verfügung, wenn diese vollständig und wieder auffindbar archiviert werden. Besonders wichtig ist, dass alle während der Simulationsstudie erstellten Dokumentationen (auch Projektunterlagen wie z. B. Handzettel) in eine archivierungsfähige Form gebracht und dann archiviert werden.

Darüber hinaus sind auch das Simulationswerkzeug in der verwendeten Version sowie die genutzten Bausteinbibliotheken zu archivieren. Werden diese Anforderungen eingehalten, kann über längere Zeiträume von der technischen Verfügbarkeit der Dokumentation und des Modells ausgegangen werden. Darüber hinaus muss auch die nachfolgend angesprochene rechtliche Verfügbarkeit abgeklärt werden.

Rechtssicherheit

Eine erneute Nutzung vorhandener Ressourcen (Software, Algorithmen, usw.) ist immer auch von rechtlicher Relevanz. Für die Nutzung von Baustein- und Modellbibliotheken ist dies offensichtlich. Aber auch bei der Übernahme von Modellteilen aus anderen Projekten ist die Berechtigung zur Nutzung abzuklären. Daher sind diese Berechtigungen für die Nachnutzung rechtzeitig vertraglich zu fixieren.

Deutlich wird dieser Aspekt beispielsweise an dem Fall, dass ein Werkzeughersteller bei der Modellierung umfangreichen Support leistet. Hierbei ist erforderlich, vertraglich festzulegen, ob der Hersteller die Ergebnisse seiner Arbeit für die weitere Präsentation bzw. als Referenz oder sogar als Bestandteil von Bibliotheken einsetzen darf oder ob die Ergebnisse vollständig und ausschließlich in das Eigentum des Auftraggebers übergehen.

5.5   Unterstützende Modelleigenschaften

Für die Nachnutzung sind über die vorab aufgeführten Voraussetzungen hinaus unterstützende Modelleigenschaften wie Parametrisierbarkeit und Modularisierung zu beachten.

Parametrisierbarkeit

Modelle werden als parametrisierbar bezeichnet, wenn sie nicht nur für einen ausgewählten Parametersatz gelten, sondern für einen zulässigen Wertebereich definiert sind. Für alle Parameter eines Simulationsmodells sinnvolle und zulässige Wertebereiche (z. B. Fördergeschwindigkeit von 0,2 bis 1 m/s) im Modell umzusetzen und zu verifizieren und zu validieren, ist jedoch mit hohem Aufwand verbunden. Daher ist es sinnvoll, nur ausgewählte Parameter im Rahmen getesteter Bereiche einer späteren Veränderung zugänglich zu machen. Der zulässige Wertebereich für diese ausgewählten Parameter ist grundsätzlich hinreichend für eine spätere Nutzung zu dokumentieren, besser noch durch geeignete softwaretechnische Lösungen abzusichern (z. B. durch automatische Überprüfung der Eingaben mit Fehlermeldung bei Wertüberschreitung oder sinnvoll begrenzte Dialogelemente wie Schieberegler, Tippschalter usw.). Letzteres ist insbesondere dann empfehlenswert, wenn eine Nutzung des Modells durch Dritte (beispielsweise in Form von Runtime-Versionen bzw. über Intranet oder Internet) erfolgen soll.

Je komplexer die Modelle sind, umso höher ist der Aufwand für die Ermittlung von gültigen Parameterkombinationen (d. h. Kombinationen, bei denen keine Randbedingungen oder Annahmen verletzt werden). Dies erfordert immer auch eine hinreichende große Anzahl von V&V-Tests. Trotzdem wird – methodisch bedingt – ein Restrisiko verbleiben. Die möglichen Parameteränderungen sollten deshalb dokumentiert werden.

Unabhängig von der Art und Weise der Definition und Absicherung von Wertebereichen, ist nicht zuletzt aus Gründen der Plausibilität darauf zu achten, mit branchenüblichen Einheiten zu arbeiten. Hier besteht auch ein Bezug zur praktischen Eignung des Simulationswerkzeuges für die abzubildenden Prozesse. Erfolgen Leistungsvorgaben z. B. ausschließlich als Bearbeitungszeiten, so kann ein damit erstelltes Materialflussmodell nicht immer plausibel im Hochleistungsbereich (z. B. Montage- oder Verpackungsautomaten) eingesetzt werden. Leistungen – beispielweise von 2000 Stück/min - müssten als Bearbeitungszeit von 0,03 s eingetragen werden, eine Maschine mit 10% Mehrleistung wäre nur in der dritten Kommastelle (im Beispiel: 0,027 s) unterscheidbar! Ebenso schlecht interpretierbar wären Fertigungs-, oder auch Palettieranlagen mit Leistungsvorgaben von beispielsweise 0,02 Stück/min. Diese Aussagen gelten analog für die Parametrisierung von Strecken und Mengen. An dieser Stelle sei deshalb noch einmal auf die eingangs betrachtete Unterscheidung zwischen Machbarkeit und Zweckmäßigkeit einer Nachnutzung verwiesen. Auftraggeber und Auftragnehmer müssen auch in diesen Fällen gemeinsam zwischen der Aufwandsminimierung und der Plausibilität und Interpretationssicherheit abwägen.

Programmierbarkeit

Unter Programmierbarkeit wird die Möglichkeit zur nutzerseitigen Programmierung von Funktionalitäten innerhalb eines Modells verstanden. Als Beispiel sei die Erweiterung eines vorhandenen Modells um eine Hardware-in-the-loop-Simulation genannt, die im Allgemeinen auch die Möglichkeit der Programmierung auf der Ebene der SPS-Schnittstellen erfordert.

Die Programmierbarkeit eines Modells setzt zusätzliche z. T. auch informationstechnische Kenntnisse voraus und ist im Unterschied zur Parametrisierbarkeit und Modularisierung keine generell einzufordernde Modelleigenschaft für die Nachnutzung. Im Allgemeinen dürfte die Nutzung systeminterner Funktionalitäten eines geeigneten Simulationswerkzeuges effektiver sein. Für häufig benötigte Funktionalitäten ist eine Erweiterung des Simulationswerkzeuges gegenüber der projektspezifischen Programmierung zu bevorzugen.

Modularisierung

Die modulare Strukturierung eines Modells sieht vor, dass das Modell aus eigenständigen Teilmodellen aufgebaut wird, die getrennt voneinander getestet werden können. Die Teilmodelle können – ihre Eignung vorausgesetzt – in einem anderen Kontext wieder verwendet werden. Weiterhin kann in einem modular aufgebauten Modell leichter ein einzelnes Modul (z. B. das Modell eines manuellen Lagers) ersetzt werden, um unterschiedliche Systemtechniken (z. B. die Potentiale der Einführung eines automatischen Lagersystems) zu untersuchen.

Die Modularisierung setzt die Parametrisierbarkeit der einzelnen Teilmodelle grundsätzlich voraus. Mitunter reicht ein Parameter, um ein Modell alternativ mit z. B. drei, vier oder mehr parallel betriebenen Arbeitsplätzen oder Maschinen zu generieren.

Portierbarkeit

Die Portierbarkeit eines Modells ist gegeben, wenn seine Nutzung auch unter – von dem ursprünglichen Werkzeug – abweichender Software oder Hardware möglich ist. Die Notwendigkeit für dieses Vorgehen kann u. a. gegeben sein, wenn das Simulationsmodell z. B. in Leitstände integriert werden soll, das Simulationswerkzeug nicht mehr zur Verfügung steht oder die Eignung des bisher genutzten Werkzeuges für die neue Aufgabenstellung nicht hinreichend gegeben ist.

Ein einfacher und im Allgemeinen unkritischer Fall ist die Portierung des Simulationsmodells auf eine neue Version des Simulationswerkzeuges. Als wesentlich diffiziler und oft noch vollkommen unmöglich erweist sich die Übertragung eines Modells auf ein anderes Simulationswerkzeug. Eine Grundbedingung für die Portierbarkeit ist das Vorliegen identischer formaler Beschreibungsformen für ein Simulationsmodell.

5.6   Geplante Nachnutzung

Für die geplante Nutzung nach dem Ende der Simulationsstudie sind zwei sehr unterschiedliche Einsatzfälle charakteristisch:

1. Aufbau von Standardmodellen (Wieder- und Weiterverwendung)
2. Betriebsbegleitende Simulation. (d. h. eine Weiterverwendung des Modells in einem anderen Kontext)

Praktisch erweist sich aber eine geplante Nachnutzung eines Modells oft nicht als losgelöste Studie nach dem definitiven Ende eines Projektes, sondern ist aufgrund der Planbarkeit als Teil von Abschnitten eines Gesamtprojektes aufzufassen.

Aufbau von Standardmodellen

Die Motivation für eine Wieder- und Weiterverwendung ist insbesondere durch eine mögliche Aufwandsminimierung bei der Modellerstellung gegeben. Ferner wird durch die Nachnutzung bereits geprüfter Modelle auch eine erhöhte Sicherheit angestrebt. Diese ist jedoch durch die Nachnutzung nicht automatisch gegeben.

In Analogie zu Softwareprojekten, in denen z. B. entwickelte Programmbibliotheken für mathematische Grundfunktionen einer geplanten Nachnutzung dienen, wird auch dieser Gedanke der geplanten Nachnutzung in vielen Simulationswerkzeugen über Standardbibliotheken für Simulationsbausteine realisiert. Viele Simulationswerkzeuge unterstützen ergänzend auch den Aufbau kundenspezifischer Bausteinbibliotheken. In Erweiterung dieses Gedanken lassen sich für häufige Aufgabenstellungen sogenannte Standardmodelle erstellen. Mit der Komplexität derartiger Standardmodelle wachsen jedoch auch die Aufwendungen für die Erstellung, Validierung und Verifikation, Dokumentation und Anpassung zum Teil überproportional zu den Einsparungen bei der Nachnutzung.

Betriebsbegleitende Simulation

Diese Form der geplanten Nachnutzung stellt einerseits aufgrund der klaren und von Anfang an erkennbaren Ziel- und Aufgabenstellung eine kalkulierbare Nutzungsform dar, aber andererseits durch die enge Verknüpfung mit dem realen Prozess (direkt über eine IT-Anbindung oder indirekt über die direkte Einflussnahme des Betriebsprozesses aufgrund von simulationsbasierten Entscheidungen beispielsweise eines Disponenten) hohe Anforderungen an die Modelllaufzeit und die Ergebnissicherheit. Aus diesem Grund sind die ergänzenden Anforderungen einer betriebsbegleitenden Simulation bereits in der Definitions- und Angebotsphase zu berücksichtigen (Abschn. 3.2.4).

5.7   Entscheidungshilfen bei ungeplanter Nachnutzung

Ursachen einer – im eigentlichen Sinne – zunächst nicht bekannten Modellnachnutzung können sein:

- Im Rahmen eines Angebotsvergleichs der Anlagenlieferanten liegt ein weiteres – vorab nicht eingeplantes – Angebot für die Produktionsanlage vor. Die dort vorgeschlagene Realisierung soll analog zu den bisher vorhandenen Lösungen mittels Simulation bewertet werden.
- Eine bisher nicht berücksichtigte Lösungsvariante ist dem Vergleich hinzuzufügen.
- Neue Prognosen durch Marketing oder Planer geben veränderte Werte für die notwendige Produktionsleistung vor.
- Veränderte Produktparameter (z. B. Änderung des Produktformates: weniger Inhalt bei gleicher Präsentationsfläche im Verkaufsregal) führen zu veränderten Leistungsparametern (im Beispiel Störwahrscheinlichkeit durch höhere Kippneigung der veränderten Produkte).
- Auf der bisher modellierten Anlage sollen andere oder zusätzliche Produkte produziert werden.

- Die organisatorischen Rahmenbedingungen (z. B. Schichtzeit, Schicht-
  anzahl, ...) ändern sich.
- Die geplante und bisher abgebildete Produktion soll an einem anderen
  Standort mit anderen Layoutrestriktionen realisiert werden.
- Die untersuchte Produktionsanlage wird nach einigen Jahren erweitert.
  Die Alternativen zur Erweiterungsplanung sind ebenso mit einer Simu-
  lationsstudie zu bewerten wie die Schritte der operativen Umsetzung der
  Erweitungsplanung im laufenden Betrieb.

Kritisch sind dabei insbesondere Fragestellungen, die direkt oder indirekt eine oder mehrere neue Strukturvarianten erfordern. Das nachfolgende
Beispiel soll diese Aussagen praktisch unterstreichen, wobei das Augenmerk auf exemplarische Probleme bei der Qualitätssicherung gerichtet ist
und nicht dem Anspruch einer detaillierten Projektbeschreibung genügen
soll.

Beispiel: Modellerweiterung um Geschwindigkeitssteuerung

Im Rahmen eines Angebotsvergleichs für eine Verpackungsanlage im
Hochleistungsbereich werden in einem Modell A Maschinen mit fester
Taktzahl abgebildet. Für diese Taktzahl werden auch feste Werte für den
mittleren Störungsabstand und die mittlere Störungsdauer vorgegeben.
Nach Abschluss des Simulationsprojektes (und Entscheidung für einen
Hersteller) werden neue Zuwachsraten für die Produktion prognostiziert.
Diese liegen deutlich über den bisher in der Simulation mit Modell A er-
reichten Leistungen. Eine Maßnahme, um die Leistungsreserven zu er-
schließen, ist die Aufschaltung einer Maschinen- und Anlagensteuerung.
Wird für diese nachnutzende Untersuchung das bisherige Modell A unverändert eingesetzt, würde die zusätzliche Steuerung mit zunehmender Taktzahl eine adäquate Leistungserhöhung bewirken, d. h. aus der höchsten
Taktzahl resultiert die größte Ausbringung (Abb. 20, weiße Säulen). Diese
Simulationsaussage ist grundsätzlich falsch! Ursache für diesen Fehler ist,
dass schnell laufende Maschinen, wie die im Beispiel modellierten Verpackungsautomaten mit höheren Taktzahlen eine signifikante Zunahme von
Störungen aufweisen. Diese Charakteristik ist im Modell A (weil nicht benötigt) nicht abgebildet. Die Nachnutzung des Modells erfordert deshalb
neben der Modellierung der Steuerung zusätzlich die explizite Vorgabe des
taktzahlabhängigen Störverhaltens für jede betroffene Maschine. Die notwendige Ergänzung und Veränderung führt zu einem Modell B.
Die Simulationsergebnisse von Modell B weisen aus, dass mit Zunahme
der Taktzahl die effektive Ausbringung nur im unteren Bereich wächst

(Abb. 20, graue Säulen) und danach (aufgrund der ständigen Zunahme von Störungen) wieder abnimmt.

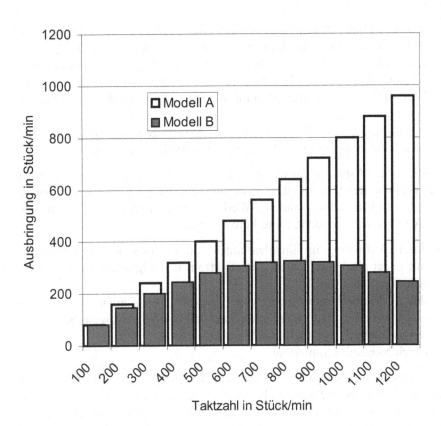

Abb. 20. Vergleich der Ergebnisse von Modell A und Modell B

Ohne die entsprechende Modelländerung von Modell A zu Modell B wäre nicht nur eine generell zu hohe Anlagenleistung vorhergesagt worden, sondern auch der Betrieb bei einer Taktzahl empfohlen worden, bei der außer einer unzureichenden Ausbringung auch noch ein zusätzliches Störungsrisiko und unnötig hohes Verschleißpotential resultieren.

Die im Beispiel aufgeführte Problematik der Modelleignung kann grundsätzlich mit einer konsequenten V&V aufgedeckt und gelöst werden. Dies setzt jedoch voraus, dass das zu nutzende Modell nicht implizit als schon ausreichend überprüft angesehen wird und dessen Dokumentation die vereinfachten Modellierungen und deren Konsequenzen klar erkennen lässt.

Auch in diesem Beispiel setzt eine qualitätskonforme Lösung voraus, dass

- das branchenbezogene Fachwissen (im Beispiel: taktzahlabhängiges Störverhalten von Schnellläufern) bei den Projektpartnern vorliegt,
- das bisherige Modell so dokumentiert wird, dass der bewusst gewählte Abstraktionsgrad (im Beispiel: feste eingestellte Taktzahl mit festen Werten für den mittleren Störungsabstand und die mittlere Störungsdauer) erkennbar ist,
- das bisherige Modell um die neuen notwendigen Funktionen (im Beispiel: Steuerung, veränderliches Störverhalten) erweiterbar ist.

Der letzte Aspekt kann in vielen Fällen auch eine grundsätzliche Frage der Eignung des Simulationswerkzeuges sein. Ist die notwendige Funktionalität mit dem bisher genutzten Werkzeug nicht direkt modellierbar, wird im Allgemeinen versucht, diese Funktionalität

- durch Aufteilung in Einzelvarianten (im Beispiel: mehrere Varianten mit fester aber unterschiedlicher Taktzahl und zugehörigem Ausfallverhalten),
- durch „Modellierungstricks" (im Beispiel: jeweils mehrere Maschinen mit fester aber unterschiedlicher Taktzahl und zugehörigem Störverhalten parallel zu- und abzuschalten) oder
- durch Neuprogrammierung

anzunähern. Diese scheinbar effektiven Lösungswege sind jedoch überaus kritisch zu betrachten. Im Beispiel würde die Aufteilung in Einzelvarianten rein statische Modelle ergeben, die den Sachverhalt nur qualitativ wiedergeben, aber keine quantitative Aussage im Ergebnis einer dynamischen Steuerung zulassen. „Modellierungstricks" bergen dagegen die immense Gefahr, durch zusätzliche – zumeist virtuelle – Elemente nicht beherrschbare Nebeneffekte zu bewirken und sind oftmals nur schwer für Dritte verständlich dokumentierbar. Die Neuprogrammierung setzt voraus, dass das genutzte Werkzeug eine nutzerseitige Programmierung erlaubt und unterstützt. Dabei ist jedoch im Vergleich zur Nutzung von Werkzeugen, die diese Funktionen auch ohne nutzerseitige Programmierung als Standard besitzen der Aufwand für die Konzeptbildung, Programmierung und Dokumentation als kritisch zu bewerten. Dieser Aufwand wird insbesondere durch das Vorliegen des notwendigen Fach- und Programmierwissen sowie von der (für die Dokumentation entscheidenden) Standardisierung und Lesbarkeit der werkzeugeigenen Programmiersprache bestimmt.

Deshalb sei an dieser Stelle noch einmal auf die grundsätzlich qualitätssichernden Aspekte bei der Werkzeugauswahl (Abschn. 3.3.3) verwiesen. In diesem Zusammenhang ist auch zu betonen, dass

- die Nachnutzung nicht zu empfehlen ist, wenn das ursprüngliche Modell und das Werkzeug in seiner aktuellen Version nicht mehr zusammenpassen. Eine Arbeit mit einer alten Version des Werkzeuges wird häufig uneffektiv sein.
- eine Bewertung von zwei oder mehreren Varianten der vergleichbaren Produktionsanlage mit unterschiedlichen Modellen (Werkzeug, Version Abbildungsweg) kritisch ist und im Allgemeinen als unsicher abzulehnen ist.

Schlussfolgerung

Die vorangestellten Betrachtungen weisen eindeutig darauf hin, dass es nicht nur nicht effektiv, sondern auch objektiv unmöglich ist, alle Modelle für jegliche spätere Nachnutzung vorzubereiten. Deshalb muss geprüft werden, ob das vorhandene Modell für den geplanten Einsatzfall nachnutzbar ist. Dazu müssen mindestens folgende Bedingungen erfüllt sein:

- Das Modell ist grundsätzlich geeignet (hinreichende Passfähigkeit) für die neue Aufgabenstellung.
- Die Dokumentation ist so hinreichend, dass ein Validierungsprozess machbar und eine effektive Einarbeitung in das Modell und erfolgreiche Veränderungen am Modell möglich sind.
- Der für die Simulationsstudie vorgesehene Bearbeiter muss über das notwendige problembezogene Fachwissen und ausreichende werkzeugspezifische Simulations- sowie ggf. Programmierfertigkeiten verfügen.
- Das für das Ursprungsmodell genutzte Werkzeug steht zur Verfügung und ist auch für die neue Aufgabenstellung geeignet.
- Das Modell ist vorzugsweise modular aufgebaut und parametrisierbar.

Letztendlich ergibt sich die Entscheidung für eine Nachnutzung stets aus der Relation zwischen dem Aufwand zur Anpassung des Simulationsmodells an die neuen Rahmenbedingungen, dem Aufwand zur Erstellung eines neuen Modells sowie der Einschätzung von Machbarkeit und Zweckmäßigkeit (Abschn. 5.2).

6 Zusammenfassung

Die Simulation kann heute als etablierte Analysemethode für viele Bereiche der Wissenschaft und Industrie bezeichnet werden. Für ihren erfolgreichen Einsatz in industriellen Projekten ist allerdings ein professionelles – d. h. ein strukturiertes, systematisches und qualitätskonformes – Vorgehen notwendig. Diese Forderung mag jedoch gerade vor dem Hintergrund des immer wieder gewünschten kreativen Freiraums beim Modellieren und Experimentieren widersprüchlich erscheinen.

Das vorliegende Buch will diesem Konflikt vorbeugen und konsequent die Durchführung von Simulationsprojekten in Produktion und Logistik von der Projektdefinition bis zur eventuellen Nachnutzung der Modelle nach Projektende begleiten. Dabei versuchen die Autoren, ein stärkeres Qualitätsbewusstsein bei der Durchführung von Simulationsstudien in Produktion und Logistik zu schaffen und gleichzeitig eine praxisnahe Umsetzbarkeit der dazu erforderlichen Verfahren zu erreichen. Ziel ist es, Handlungsempfehlungen zu geben, die als Orientierungshilfe dienen sollen. Damit wird die Systematik des Vorgehens in der Projektabwicklung unterstützt, jedoch der für den Einsatz der Methode Simulation notwendige Freiraum nicht aufgegeben. Die Autoren beschränken sich deshalb auch auf die Festlegung von nur fünf grundlegenden Qualitätskriterien, an denen sich die Handlungsempfehlungen dieses Buches ausrichten:

1. Sorgfältige Projektvorbereitung
2. Konsequente Dokumentation
3. Durchgängige Verifikation und Validierung
4. Kontinuierliche Integration des Auftraggebers
5. Systematische Projektdurchführung

Die Kriterien orientieren sich an der nationalen und internationalen Fachliteratur, fassen jedoch sehr viel stärker verschiedene Einzelaspekte zusammen. Sie erlauben somit ein pragmatisch umsetzbares Qualitätskonzept, das unternehmensspezifisch und auch projektabhängig ergänzt oder detailliert werden kann, so dass individuelle Vorlieben des Modellierens und Experimentierens noch immer ihren Raum finden.

Die Beschränkung auf die ereignisdiskrete Simulation als Methode und den Bereich Produktion und Logistik als Anwendung lässt in konkreten Beispielen klarere Aussagen zu, als es ohne eine Fokussierung möglich wäre. Eine Übertragung auf andere Methoden und Anwendungen ist vom Grundsatz her gegeben. Auch haben die Autoren ihre Aussagen nicht auf spezielle Simulationswerkzeuge ausgerichtet, sondern bewusst eine neutrale Darstellung gewählt, so dass der Wechsel eines Simulationswerkzeuges an der Gültigkeit der Handlungsempfehlungen nichts ändert.

Die Handlungsempfehlungen und Checklisten sollen den an einem Simulationsprojekt beteiligten Personenkreisen – sowohl Auftraggebern als auch Auftragnehmern – branchenübergreifend und projektbegleitend als Nachschlagewerk dienen. Aus diesem Grund ist auf zusätzliche, aus fachinhaltlicher oder unternehmensspezifischer Sicht ggf. notwendige Qualitätsdetails verzichtet worden. Die Hinweise sollen dazu dienen, ein Simulationsprojekt systematisch und qualitativ hochwertig durchführbar zu machen und die mit der Simulation verbundene Komplexität der Methodennutzung handhabbar zu gestalten.

Aus Sicht der Autoren sind auch heute schon die Erstellung und die Nutzung großer Simulationsmodelle, vor allem aber ein verteiltes, dezentrales Modellieren, wie es immer häufiger praktiziert wird, nur mit einem klaren Projekt- und Qualitätsmanagement möglich. Insbesondere weil Qualität stets auch ein subjektives Thema bleiben wird und viel Spielraum zur freien Interpretation lässt, wird von dem vorgeschlagenen systematischen Vorgehen bei der Beauftragung und Durchführung einer Simulationsstudie ein hoher Nutzwert erwartet.

Literatur

ASIM (1997) Leitfaden für Simulationsbenutzer in Produktion und Logistik. Arbeitsgemeinschaft Simulation in der Gesellschaft für Informatik: Mitteilungen aus den Fachgruppen, Heft 58

Balci O (1989) How to assess the acceptability and credibility of simulation results. In: MacNair EA, Musselman KJ, Heidelberger P (Hrsg) Proceedings of the 1989 Winter Simulation Conference, Washington (USA). IEEE, Piscataway, S 62–71

Balci O (1990) Guidelines for successful simulation studies. In: Balci O, Sadowski RP, Nance RE (Hrsg) Proceedings of the 1990 Winter Simulation Conference, S 25–32

Balci O (1994) Validation, verification, and testing techniques throughout the life cycle of a simulation study. In: Tew JD, Manivannan S, Sadowski DA, Seila AF (Hrsg) Proceedings of the 1994 Winter Simulation Conference, S 215–220

Balci O (1998) Verification, Validation and Testing. In: Banks J (Hrsg) Handbook of Simulation, John Wiley & Sons, New York

Balci O (2003) Validation, verification, and certification of modeling and simulation applications. In: Chick S, Sanchez PJ, Ferrin E, Morrice DJ (Hrsg.) Proceedings of the 2003 Winter Simulation Conference, S 150–158

Balci O, Nance RE (1985) Formulated problem verification as an explicit requirement of model credibility. In: Simulation 45(2), August 1985: 15–27

Balci O, Ormsby WF, Carr JT III, Saadi SD (2000) Planning for verification, validation, and accreditation of modeling and simulation applications. In: Joines JA, Barton RR, Kang K, Fishwick PA (Hrsg) Proceedings of the 2000 Winter Simulation Conference, S 829–839

Balzert H (1998) Lehrbuch der Software-Technik: Software-Management, Software-Qualitätssicherung, Unternehmensmodellierung. Spektrum Akademischer Verlag, Berlin

Balzert H (2005) Lehrbuch Grundlagen der Informatik. 2. Aufl, Spektrum Akademischer Verlag, München

Banks J (1998) Handbook of Simulation. Principles, Methodology, Advances, Applications, and Practice. John Wiley & Sons, New York

Bayer J, Collisi T, Wenzel S (2003) Simulation in der Automobilproduktion. VDI-Springer, Berlin

Becker J, Rosemann M, Schütte R (1995) Grundsätze ordnungsgemäßer Modellierung. Wirtschaftsinformatik 37 (5): 435–445

Bel Haj Saad S, Best M, Köster A, Lehmann A, Pohl S, Qian J, Waldner C, Wang Z, Xu Z (2005) Leitfaden für Modelldokumentation. Abschlussbericht Studienkennziffer 129902114X. Institut für Technik Intelligenter Systeme ITIS, Neubiberg

Bell PC, O'Keefe RM (1987) Visual Interactive Simulation – History, Recent Developments, and Major Issues. Simulation, 49(3): 109–116

Berchtold C, Brade D, Hofmann M, Köster A, Krieger T, Lehmann A (2002) Verifizierung, Validierung und Akkreditierung von Modellen und Simulationen. BMVG-Studienauftrag Nr. M/GSPO/Z0076/9976, Abschlussbericht, ITIS e.V., München

Bernhard J, Jessen U, Wenzel S (2004) Management domänenspezifischer Modelle in der Digitalen Fabrik. In: Mertins K, Rabe M (Hrsg) Tagungsband zur 11. ASIM-Fachtagung „Simulation in Produktion und Logistik", Stuttgart IRB Verlag, S 289–298

Bernhard J, Jodin D, Hömberg K, Kuhnt S, Schürmann C, Wenzel S (2007) Vorgehensmodell zur Informationsgewinnung – Prozessschritte und Methodennutzung. Technical Report – Sonderforschungsbereich 559 „Modellierung großer Netze in der Logistik" 06008, ISSN 1612–1376, Dortmund

Bernhard J, Wenzel S (2003) Kollaboratives Modellieren und Experimentieren in einer verteilten, hybriden Simulationsumgebung. Hohmann R (Hrsg) Simulationstechnik, Tagungsband zum 17. Symposium ASIM 2003, Otto-von-Guericke-Universität, Magdeburg, 16.-19. September. Reihe: Fortschritte in der Simulationstechnik, Ghent: SCS, S 367–372

Bernhard J, Wenzel S (2005) Information Acquisition for Model Based Analysis of Large Logistics Networks. In: Merkuryev Y, Zobel R, Kerckhoffs E (Hrsg) Proceedings of the 19th European Conference on Modelling and Simulation „Simulation in Wider Europe", ECMS 2005, S 37–42

Burghardt B (2001) Einführung in Projektmanagement. 3. Auflage, Publicis MCD Verlag, München

DIN EN ISO 8402 (1995) Qualitätsmanagement – Begriffe. Beuth, Berlin

Fowler J, Rose O (2004) Grand Challenges in Modeling and Simulation of Complex Manufacturing Systems. Simulation: Transactions of the Society for Computer Simulation International 80(9): 469–476

Gerhard E (1998) Entwickeln und Konstruieren mit System. 3. Aufl, Expert-Verlag, Renningen-Malmsheim

Hemmrich A, Harrant H (2002) Projektmanagement. Hanser Verlag, München

Hömberg K, Jodin D, Leppin M (2004) Methoden der Informations- und Datenerhebung. Technical Report – Sonderforschungsbereich 559 „Modellierung großer Netze in der Logistik" 04002, ISSN 1612–1376

Jodin D, Mayer A (2005) Automatisierte Methoden und Systeme der Datenerhebung. Technical Report – Sonderforschungsbereich 559 „Modellierung großer Netze in der Logistik" 05004

Kleinrock L (1975) Queueing Systems. Volume 1: Theory. John Wiley & Sons, New York

Kromrey H (2006) Empirische Sozialforschung – Modelle und Methoden der standardisierten Datenerhebung und Datenauswertung. Bd. 1040: UTB für Wissenschaft, Uni-Taschenbücher. 11. Aufl, Lucius & Lucius Verlagsgesellschaft, Stuttgart

Law A, Kelton D (2000) Simulation Modeling & Analysis. 3. Aufl, McGraw-Hill, New York.

Lehmann A, Hofmann M, Krieger T, Brade D (2000) Wiederverwendung von Modulen in Simulationssystemen. Studienkennziffer 12 990 Z 039 X, Abschlussbericht, ITIS e. V.

Liebl F (1995) Simulation. Problemorientierte Einführung. 2. Aufl, Oldenbourg, München

Montgomery DC (2004) Design and Analysis of Experiments. 6. Aufl, John Wiley & Sons, New York

Mertins K, Rabe M, Rieger P (1998) Taking Advantage of Process Oriented Reference Models for Setting up Federations for Distributed Simulation in HLA Environments. Proceedings of the 12th European Simulation Multiconference ESM'98, Manchester, S 259–263

Noche B, Wenzel S (1991) Marktspiegel Simulationstechnik in Produktion und Logistik. TÜV Rheinland, Köln

Nyhuis P, Wiendahl HP (2002) Logistische Kennlinien. Grundlagen, Werkzeuge und Anwendungen, 2. Aufl, Springer, Berlin

Oestereich B (2006) Analyse und Design mit UML 2.1. 8. Aufl, Oldenbourg, München

Pidd M (2002) Simulation Software and Model Reuse: A Polemic. In: Yücesan E, Chen CH, Snowdon JL, Charnes JM (Hrsg) Proceedings of the 2002 Winter Simulation Conference, S 772–775

Rabe M (2003) Simulation of Supply Chains. International Journal of Automotive Technology and Management 3(3/4): 368–382

Rabe M, Hellingrath B (2001) Handlungsanleitung Simulation in Produktion und Logistik. Society of Computer Simulation, Erlangen

Rabe M, Junge M, Schmuck T, Wenzel S (2004) Verifikation und Validierung: Motivation, Aufgaben und Herausforderungen. In: Mertins K, Rabe M (Hrsg) Experiences from the Future. Fraunhofer IRB-Verlag, Stuttgart, S 251–261

Rabe M, Spieckermann S, Wenzel S (2008) Verifikation und Validierung für die Simulation in Produktion und Logistik – Vorgehensmodelle und Techniken. Springer, Berlin

Reussner R (2006) Handbuch der Software-Architektur. Dpunkt Verlag, Heidelberg

Robinson S (2002) General concepts of quality for discrete-event simulation. European Journal of Operational Research 138(1): 103–117

Robinson S (2004) Simulation. The Practice of Model Development and Use. John Wiley & Sons, Chichester

Robinson S, Pidd M (1998) Provider and customer expectations of successful simulation projects. Journal of the Operational Research Society 49(3): 200–209

Sadowski DA, Sturrock DT (2006) Tips for the successful practice of simulation. In: Perrone LF, Wieland FP, Liu J, Lawson BG, Nicol DM, Fujimoto RM (Hrsg) Proceedings of the 2006 WSC, S 67–72

Sanchez, SM (2006) Work smarter, not harder: Guidelines for designing simulation experiments. In: Perrone LF, Wieland FP, Liu J, Lawson BG, Nicol DM, Fujimoto RM (Hrsg) Proceedings of the 2006 WSC, S 47–57

Sargent RG (2005) Verification and validation of simulation models. In: Kuhl ME, Steiger NM, Armstrong FB, Joines JA (Hrsg) Proceedings of the 2005 Winter Simulation Conference, S 130–143

Schruben L, Singh H, Tierney L (1983) Optimal tests for initialization bias in simulation output. Operations Research 31(6): 1167–1178

Schulze L (1988) Simulation von Materialflusssystemen. Verlag Moderne Industrie, Landsberg/Lech

Straßburger S, Schulze T, Klein U (1998) Internet-based simulation using off-the-shelf simulation tools and HLA. In: Medeiros DJ, Watson EF, Carson JS, Manivannan MS (Hrsg) Proceedings of the 1998 Winter Simulation Conference, S 1669–1676

VDI Richtlinie 2221 (1993) Methodik zum Entwickeln und Konstruieren technischer Systeme und Produkte. VDI-Handbuch Produktentwicklung und Konstruktion, Beuth, Berlin

VDI Richtlinie 2225 (1997) Konstruktionsmethodik - Technisch-wirtschaftliches Konstruieren - Vereinfachte Kostenermittlung. VDI-Handbuch Produktentwicklung und Konstruktion, Beuth, Berlin

VDI Richtlinie 2519 Blatt 1 (2001) Vorgehensweise bei der Erstellung von Lasten-/Pflichtenheften. VDI-Handbuch Materialfluss und Fördertechnik 8, Beuth, Berlin

VDI Richtlinie 3633 Blatt 1 (2008) Simulation von Logistik-, Materialfluss- und Produktionssystemen – Grundlagen. VDI-Handbuch Materialfluss und Fördertechnik 8, Beuth, Berlin

VDI Richtlinie 3633 Blatt 2 (1997) Simulation von Materialfluss- und Produktionssystemen – Lastenheft/Pflichtenheft und Leistungsbeschreibung für die Simulationsstudie. VDI-Handbuch Materialfluss und Fördertechnik 8, Beuth, Berlin

VDI Richtlinie 3633 Blatt 3 (1997) Simulation von Materialfluss- und Produktionssystemen – Experimentplanung und -auswertung. VDI-Handbuch Materialfluss und Fördertechnik 8, Beuth, Berlin

VDI Richtlinie 3633 Blatt 4 (1997) Simulation von Materialfluss- und Produktionssystemen – Werkzeugauswahl. VDI-Handbuch Materialfluss und Fördertechnik 8, Beuth, Berlin

VDI Richtlinie 3633 Blatt 11 (2003) Simulation und Visualisierung. VDI-Handbuch Materialfluss und Fördertechnik 8, Beuth, Berlin

VDI Richtlinie 4499 Blatt 1 (2006) Die Digitale Fabrik, Grundlagen. VDI-Handbuch Materialfluss und Fördertechnik 8, Beuth, Berlin

Weiß M, Collisi-Böhmer S, Krauth J, Rose O, Wenzel S (2004) Qualitätskriterien für Simulationsstudien - Wunsch oder Wirklichkeit? In: Mertins K, Rabe M (Hrsg) Experiences from the Future: New Methods and Applications in Simulation for Production and Logistics. Fraunhofer IRB Verlag, Stuttgart, S 239–250

Wenzel S; Bernhard J (2008) Definition und Modellierung von Systemlasten für die Simulation logistischer Systeme. In: Nyhuis P (Hrsg) Beiträge zu einer Theorie der Logistik, Springer

Wenzel S, Jessen U, Bernhard J (2003) A Taxonomy of Visualization Techniques for Simulation in Production and Logistics. In: Chick S, Sanchez PJ, Ferrin D, Morrice DJ (Hrsg) Proceedings of the 2003 Winter Simulation Conference, S 729–736

Wenzel S, Jessen U, Bernhard J (2005) Classification and conventions structure the handling of models within the Digital Factory. Computers in Industry 56(4), S 334-346

Zangemeister C (2000) Nutzwertanalyse in der Systemtechnik: eine Methodik zur multidimensionalen Bewertung und Auswahl von Projektalternativen. Wittemann, München

Anhang A1 Dokumentstrukturen

Die in Abschnitt 2.2 erläuterten Dokumente für die Phasenergebnisse einer Simulationsstudie sind auf den folgenden Seiten in Form von Dokumentstrukturen zusammenfassend dargestellt (Rabe et al. 2008). Die Reihenfolge der Darstellung orientiert sich an dem diesem Buch zugrundeliegenden Simulationsvorgehensmodell (Abb. 1):

- Zielbeschreibung
- Aufgabenspezifikation
- Konzeptmodell
- Formales Modell
- Ausführbares Modell
- Simulationsergebnisse
- Rohdaten
- Aufbereitete Daten

Die Dokumentstrukturen „Rohdaten" und „Aufbereitete Daten" werden zum Schluss aufgeführt, da sie zeitlich parallel zur eigentlichen Modellbildung entstehen und es somit keine eindeutige zeitliche Zuordnung dieser Dokumente zur Modellbildung gibt.

Dokument: Zielbeschreibung

1. Ausgangssituation
— Gegebenheiten beim Auftraggeber
— Problemstellung, Anwendungsziele und Untersuchungszweck

2. Projektumfang
— Benennung und grobe Funktionsweise des zu betrachtenden Systems
— Zweck und wesentliche Ziele der Simulation
— Zu untersuchende Systemvarianten
— Erwartete Ergebnisaussagen
— Geplante Modellnutzung

3. Randbedingungen
— Zeitpunkt(e) der Ergebnisbereitstellung
— Projektplan
— Budgetvorgaben
— Einbeziehung externer Partner
— Einbeziehung des Betriebsrates
— Erste Kriterien für Abnahme
— Anforderungen an Modelldokumentation und Präsentationen
— Hard- und Softwarerestriktionen

Dokument: Aufgabenspezifikation

1. Zielbeschreibung und Aufgabenstellung
— Vervollständigung und Aktualisierung der Inhalte aus der "Zielbeschreibung"
— Vorgaben zu Dokumentation und V&V

2. Beschreibung des zu untersuchenden Systems
— Beschreibung des Untersuchungsgegenstandes
— Beschreibung sonstiger relevanter Systemeigenschaften
— Anforderungen an den Detaillierungsgrad des Simulationsmodells
— Variierbarkeit von Parametern und Strukturen
— Beschreibung von zu untersuchenden Systemvarianten

3. Notwendige Informationen und Daten
— Benennung der notwendigen Informationen und Daten und ihrer Verwendung
— Informations- und Datenquellen sowie Verantwortlichkeiten für die Informations- und Datenbeschaffung
— Anforderungen an Datenqualität und Granularität
— Umfang, Aktualität und ggf. notwendige Aktualisierungszyklen der Daten
— Benennung fehlender Informationen und Hinweis auf Datenapproximation oder -generierung
— Berücksichtigung von Schnittstellenstandards

4. Geplante Modellnutzung
— Zeitraum der Nutzung
— Anwenderkreis und -qualifikation
— Art der Modellnutzung

5. Lösungsweg und -methode
— Vorgehensbeschreibung einschließlich Projektschritte und Terminplan
— Aufgabenverteilung im Projektteam
— Einzusetzende Lösungsmethode(n)
— Einzusetzende Hard- und Software

6. Anforderungen an Modell und Modellbildung
— Allgemeine Anforderungen an das Modell
— Modellierungsvorgaben
— Anforderungen an Ein-und Ausgabeschnittstellen des Modells
— Anforderungen an Experimentdurchführung und Ergebnisdarstellung

Dokument: Konzeptmodell

1. Aufgabenspezifikation und Systembeschreibung

— Vervollständigung und Aktualisierung der Inhalte aus der "Aufgabenspezifikation" (insb. Kapitel 1, 2, 4, 6)

— Überblick über die Systemstruktur, Identifikation von Teilsystemen und übergeordneten Prozessen

— Festlegung der Systemgrenzen

— Grundsätzliche Annahmen

— Festlegung der Eingabegrößen

— Festlegung erforderlicher Ausgabegrößen

— Art und Umfang der gewünschten Visualisierung

— Beschreibung der Systemvarianten

2. Modellierung der Systemstruktur

— Festlegung von Modellstruktur und Teilmodellen

— Beschreibung übergeordneter Prozesse im Modell

— Detaillierungsgrad der Teilmodelle

— Beschreibung organisatorischer Restriktionen

— Beschreibung der Schnittstellen nach außen

3. Modellierung der Teilsysteme

— Teilmodellbeschreibung

— Beschreibung der Prozesse in den Teilmodellen

— Beschreibung der Schnittstellen

— Annahmen und Vereinfachungen

4. Systematische Zusammenstellung der erforderlichen Modelldaten

— Abgleich mit Kapitel 3 der "Aufgabenspezifikation"

— Datentabellen und Kennzeichnung von Eingabe- und Ausgabegrößen

— Erforderliche Auswertungen und Messpunkte

5. Wiederverwendbare Komponenten

— Benennung von wiederverwendbaren Modellkomponenten

— Benennung von mehrfach verwendbaren Modellkomponenten

— Möglicherweise nutzbare existierende (Teil-)modelle

Dokument: Formales Modell

1. Aufgabenspezifikation und Systembeschreibung
— Übernahme und Ergänzung der Inhalte aus
dem "Konzeptmodell" (Kapitel 1)
— Verwendete Beschreibungsmittel zur Spezifikation
— Weitere zu verwendende Software

2. Modellierung der Systemstruktur
— Übernahme und Formalisierung der Inhalte aus
dem "Konzeptmodell" (Kapitel 2)
— Formale Spezifikation übergeordneter Prozesse
— Formale Spezifikation der Schnittstellen nach außen

3. Modellierung der Teilsysteme
— Übernahme und Formalisierung der Inhalte aus
dem "Konzeptmodell" (Kapitel 3)
— Formale Spezifikation der Schnittstellen zwischen den Teilmodellen
— Formale Spezifikation weiterer Teilmodellschnittstellen
— Definition der zu visualisierenden Elemente und Abläufe
— Bei der Formalisierung getroffene zusätzliche Annahmen und
Vereinfachungen

4. Systematische Zusammenstellung
der erforderlichen Modelldaten
— Übernahme und Ergänzung der Inhalte aus
dem "Konzeptmodell" (Kapitel 4)
— Festlegung von Datenstrukturen und Datentypen

5. Wiederverwendbare Komponenten
— Übernahme und Ergänzung der Inhalte aus
dem "Konzeptmodell" (Kapitel 5)
— Festlegung und Spezifikation der zu verwendenden
existierenden (Teil-) Modelle

Dokument: Ausführbares Modell

1. Aufgabenspezifikation und Systembeschreibung
— Übernahme und Ergänzung der Inhalte aus
dem "formalen Modell" (Kapitel 1)
— Modellierungs- und Implementierungsvorgaben
— Verwendete Hard- und Software

2. Modellierung der Systemstruktur
— Übernahme und Ergänzung der Inhalte aus
dem "formalen Modell" (Kapitel 2)
— Beschreibung der Implementierung der Modellstruktur mit dem ausgewählten
Simulationswerkzeug
— Beschreibung der Umsetzung der Schnittstellen mit dem ausgewählten
Simulationswerkzeug

3. Modellierung der Teilsysteme
— Übernahme und Ergänzung der Inhalte aus
dem "formalen Modell" (Kapitel 3)
— Beschreibung der Implementierung der Teilmodelle mit dem
ausgewählten Simulationswerkzeug
— Beschreibung der Umsetzung der Schnittstellen mit dem ausgewählten
Simulationswerkzeug
— Beschreibung der Umsetzung der Visualisierung
— Bei der Umsetzung in das Simulationswerkzeug getroffene zusätzliche
Annahmen

4. Systematische Zusammenstellung
der erforderlichen Modelldaten
— Übernahme und Ergänzung der Inhalte aus
dem "formalen Modell" (Kapitel 4)
— Beschreibung der Implementierung der Datenstrukturen

5. Wiederverwendbare Komponenten
— Übernahme und Ergänzung der Inhalte aus
dem "formalen Modell" (Kapitel 5)
— Verweis auf externe Dokumentationen verwendeter Teilmodelle oder
Bibliotheken

Dokument: Simulationsergebnisse

1. Annahmen

— Übernahme der Annahmen und Vereinfachungen aus dem "ausführbaren Modell" (Kapitel 1 und 3)

— Verwendete Datenbasis und verwendete Modellversion

— Anzahl der (unabhängigen) Simulationsläufe pro Parametersatz und Simulationszeitraum der einzelnen Simulationsläufe

— Beschreibung des Einschwingverhaltens

2. Experimentpläne

— Übernahme der entsprechenden Anforderungen aus der "Aufgabenspezifikation" (Kapitel 6)

— Festlegung der zu variierenden Parameter und der zu betrachtenden Wertebereiche

— Umfang der Ergebnisaufzeichnung

— Durchzuführende Experimente

— Erwartete Abhängigkeiten der Ergebnisse von den Parametern

3. Ergebnisse aus den Experimenten

— Systematische Ablage der Experimentergebnisse

— Beschreibung wesentlicher Erkenntnisse für einzelne Parametersätze

— Beschreibung wesentlicher Erkenntnisse aus Experimenten

— Ergebnisanalyse und Schlussfolgerungen aus den Experimenten

Dokument: Rohdaten

1. Einordnung
— Übernahme der Informationen aus
   der "Aufgabenspezifikation" (Kapitel 3)
— Ergänzende organisatorische Angaben

2. Datenentitätstyp <name>
— Benennung des Entitätstyps
— Verwendung der Daten
— Beschreibung der Datenstruktur
— Vorgehen bei der Datenbeschaffung
— Konsistenz und Fehlerfreiheit
— Replizierbarkeit der Datenbeschaffung
— Daten- und Systemverfügbarkeiten
— Verantwortlichkeiten
— Standards auf Entitätstypebene

3. Entitätstypenübergreifende Plausibilitätsprüfungen

Dokument: Aufbereitete Daten

1. Einordnung

— Verwendungszweck der aufbereiteten Daten im Modell

— Bezug zu den Rohdaten

— Organisatorischer Rahmen

2. Aufbereitung der Datenentitäten des Typs \<name\>

— Benennung des Entitätstyps

— Beschreibung der Datenstruktur

— Vorgehen bei der Datenaufbereitung

— Plausibilitätsprüfungen und qualitätssichernde Maßnahmen

3. Entitätstypenübergreifende Plausibilitätsprüfungen

Anhang A2 Checklisten

Im Folgenden sind die wesentlichen Handlungsanleitungen des Buches als Checklisten zusammengestellt:

- C1 Projektvorbereitung auf Auftraggeberseite
- C2 Erstes Gespräch
- C3 Angebotserstellung
- C4a Angebotsauswahl
- C4b Werkzeugauswahl
- C5 Kick-off-Meeting
- C6 Aufgabendefinition
- C7a Datenbeschaffung
- C7b Datenaufbereitung
- C8a Systemanalyse
- C8b Modellformalisierung
- C8c Implementierung
- C9a Modellabnahme
- C9b Projektabnahme
- C10 Durchführung von Experimenten
- C11 Abschlussdokumentation
- C12 Abschlusspräsentation
- C13 Nachnutzung

Abschnitt 2.5.1 erläutert den Aufbau der Checklisten; eine Einordnung der Checklisten in das erweiterte Simulationsvorgehensmodell ist Abb. 3 zu entnehmen.

Projektpartner						Checkliste / Phase		Projekt / Auftrag
(asim)						**C1 – Projektvorbereitung auf Auftraggeberseite**		Verantwortung
lfd. Nr.	Relevanz	Status	Dokument	Bearbeiter	Priorität	Deadline	**Aktivität**	ergänzende Unterlagen / Anmerkungen
							Organisatorisches	
1	—						Projektteam aus Personen involvierter Fachabteilungen des Unternehmens bilden	
2	—						Projektverantwortlichen benennen	
3	—						Dienstleister recherchieren, auswählen und zum ersten Gespräch einladen	
							Fachinhaltliches	
4			D1.1				Ausgangssituation und Problemstellung klar und verständlich formulieren	
5			D1.1				Untersuchungszweck und alle Anwendungsziele festlegen	
6			D1.1				Aufgabenstellung eindeutig und nachvollziehbar formulieren	
7			D1.3				Randbedingungen für Durchführung der Simulationsstudie festlegen	
8			D1.2				Gegenstand der Untersuchung klar und eindeutig festlegen	
9			D1.2				Informationen zum Untersuchungsgegenstand zusammenstellen	
10			D1.2				Lösungsmethoden prüfen und mögliche Lösungswege festlegen	
11			D1.2				Simulationswürdigkeit prüfen und begründen	
12	—						Akzeptanz für die Methode Simulation im Unternehmen sicherstellen	
13			eD				langfristige Planung des Unternehmens hinsichtlich Simulation ermitteln	
14			D1.1				Existenz früherer, vergleichbarer Simulationsmodelle im eigenen Unternehmen prüfen	
15			eD				Auftragsvergabe entscheiden (intern oder extern)	

Dokumentnummer		Änderungsvermerke		Abnahme	Seite
		Nr.: Datum: Zeichen:		Datum:	
Version	Datum	Nr.: Datum: Zeichen:		Unterschrift:	1 von 2
		Nr.: Datum: Zeichen:			

Projektpartner	Checkliste / Phase	Projekt / Auftrag
	C1 – Projektvorbereitung auf Auftraggeberseite	Verantwortung

lfd. Nr.	Relevanz	Status	Dokument	Bearbeiter	Priorität	Deadline	Aktivität	ergänzende Unterlagen / Anmerkungen
16			eD				Vorgaben für externe Auftragsvergabe ermitteln	
17			eD				hausinterne bzw. personelle Kompetenzen prüfen	
18			D1.3				Projektrestriktionen ermitteln	
19			D1.3				Vorgaben für die Werkzeugauswahl ermitteln	
20			D1.3				Projektplan mit Terminen für Meilensteine und Ergebnisbereitstellung festlegen	
21			D1.3				Budget festlegen	
22			eD				Geheimhaltungs- / Meldungs- und Informationspflicht prüfen	
23			D1.2				Ergebnis- und Modellnutzung (auch nach Projektende) klären	
24			D1.3				künftigen Bedarf an eigenem Know-how zur Simulation klären	

Dokumentnummer		Änderungsvermerke		Abnahme	Seite
		Nr.: Datum: Zeichen:		Datum:	
Version	Datum	Nr.: Datum: Zeichen:		Unterschrift:	2 von 2
		Nr.: Datum: Zeichen:			

Projektpartner						Checkliste / Phase		Projekt / Auftrag
asim						**C2 – Erstes Gespräch**		**Verantwortung**

lfd. Nr.	Relevanz	Status	Dokument	Bearbeiter	Priorität	Deadline	Aktivität	ergänzende Unterlagen / Anmerkungen
							Organisatorisches	
1			—				Termin, Ort und Teilnehmerkreis (in Absprache) festlegen; rechtzeitig einladen	
2			eD				Verteilung von Vorabunterlagen zur Gesprächsvorbereitung	
3			eD				Protokollanten bestimmen; Gesprächsprotokoll zeitnah erstellen	
4			—				Protokoll abstimmen, Verteiler festlegen und verteilen	
5			—				zweiten Termin planen, erweiterten Teilnehmerkreis festlegen	
6			—				weitere Vorgehensweise z. B. Angebots- erstellung oder Vorortbesichtigung abstimmen	
							Fachinhaltliches	
7			D1.1				Aufgabenstellung nochmals abstimmen und konkretieren	
8			D1.2				Betrachtungsgegenstand festlegen (Vorortbesichtigung)	
9			D1.2				Untersuchungsziele / Fragestellungen festlegen	
10			D1.2				Ergebnisaussagen und Präsentationsform abstimmen	
11			D1.2				Lösungsmethoden erläutern und Verwendung entscheiden	
12			D1.2				Lösungsweg (Projektverlauf) skizzieren und abstimmen	
13			D1.2				Ergebnis- und Modellnutzung (auch nach Projektende) diskutieren und abstimmen	
14			D1.3				Aufgabenverteilung und Einbeziehung externer Partner klären	
15			D1.3				Informationspflicht in Bezug auf Dritte (z. B. Betriebsrat) klären	

Dokumentnummer		Änderungsvermerke		Abnahme	Seite
		Nr.: Datum: Zeichen:		Datum:	
Version	**Datum**	Nr.: Datum: Zeichen:		Unterschrift:	**1** von **2**
		Nr.: Datum: Zeichen:			

Projektpartner						Checkliste / Phase		Projekt / Auftrag	
						C2 – Erstes Gespräch		**Verantwortung**	
lfd. Nr.	Relevanz	Status	Dokument	Bearbeiter	Priorität	Deadline	**Aktivität**	ergänzende Unterlagen / Anmerkungen	
16			D1.3				Verpflichtungen zur Geheimhaltung abstimmen		
17			D1.3				zeitliche Restriktionen in der Projektabwicklung abstimmen und festlegen		
18			D1.3				Budgetvorgaben klären und festlegen		
19			D1.3				mögliche Modell- und Projektabnahmekriterien festlegen		
20			D1.3				Form und Umfang der Dokumentation und Übergabe der Ergebnisse abstimmen		
21			D1.3				Hard- und Softwarerestriktionen prüfen und festlegen		

Dokumentnummer		Änderungsvermerke			Abnahme	Seite	
		Nr.:	Datum:	Zeichen:	Datum:		
Version	Datum	Nr.:	Datum:	Zeichen:	Unterschrift:	**2** von **2**	
		Nr.:	Datum:	Zeichen:			

Projektpartner						Checkliste / Phase		Projekt / Auftrag	
						C3 – Angebotserstellung		Verantwortung	
lfd. Nr.	Relevanz	Status	Dokument	Bearbeiter	Priorität	Deadline	**Aktivität**	ergänzende Unterlagen / Anmerkungen	
							Organisatorisches		
1			eD				Adressdaten des Angebotsempfängers prüfen		
2			eD				unternehmensinterne Verfahrensweisen zur Angebotserstellung einhalten		
3			—				Kundenwünsche zu Angebotsumfang und -inhalt sowie Stichtag für Abgabe beachten		
4			eD				vorliegende Unterlagen, Protokolle sowie Ergebnisse des ersten Gespräches prüfen		
5			—				firmenpolitische Randbedingungen abwägen		
							Fachinhaltliches		
6			eD				allgemeine Aufgabenstellung, Projektziele und Situation des Kunden beschreiben		
7			eD				Lösungsmethode(n) benennen		
8			eD				Betrachtungsgegenstand und Untersuchungsziele formulieren		
9			eD				Projektplan mit Arbeitspaketen aufstellen		
10			eD				im Projekt zu erhebende Informationen aufführen		
11			eD				Form und Umfang der Ergebnisdarstellung beschreiben		
12			eD				Art der Ergebnispräsentation festlegen		
13			eD				gewünschte Form der Ergebnisnutzung auf den Zeitrahmen abstimmen		
14			eD				mögliche Hardware- und Softwarerestriktionen aufführen		
15			eD				zeitliche Einflüsse auf den Projektverlauf, wie Workshoptermine, berücksichtigen		

Dokumentnummer		Änderungsvermerke		Abnahme	Seite
		Nr.: Datum: Zeichen:		Datum:	
Version	Datum	Nr.: Datum: Zeichen:		Unterschrift:	1 von 2
		Nr.: Datum: Zeichen:			

Projektpartner	Checkliste / Phase	Projekt / Auftrag
	C3 – Angebotserstellung	Verantwortung

lfd. Nr.	Relevanz	Status	Dokument	Bearbeiter	Priorität	Deadline	Aktivität	ergänzende Unterlagen / Anmerkungen
16		eD					Kosten- und Zeitrahmen festlegen, Verantwortlichkeiten definieren	
17		eD					Zusammenarbeit mit Dritten inhaltlich, zeitlich und vertraglich regeln	
18		eD					nicht angebotene Leistungen explizit ausklammern	
19		eD					Geheimhaltungspflichten klären und vertraglich abstimmen	
20		eD					Risiko der Durchführung abschätzen, Machbarkeit prüfen	
21		eD					Modell- und Projektabnahmekriterien formulieren	

Dokumentnummer		Änderungsvermerke		Abnahme	Seite
Version	**Datum**	Nr.: Datum: Zeichen: Nr.: Datum: Zeichen: Nr.: Datum: Zeichen:		Datum: Unterschrift:	**2** von **2**

Projektpartner						Checkliste / Phase	Projekt / Auftrag
⌐sim						**C4a – Angebotsauswahl**	Verantwortung

lfd. Nr.	Relevanz	Status	Dokument	Bearbeiter	Priorität	Deadline	Aktivität	ergänzende Unterlagen / Anmerkungen
							Organisatorisches	
1	—						Unterlagen aus der "Projektvorbereitung auf Auftraggeberseite" bereitstellen (vgl. C1)	
2	—						Unterlagen zu den "Ersten Gesprächen" mit Dienstleistern bereitstellen (vgl. C2)	
3	—						Team für Angebotsauswahl zusammenstellen	
							Fachinhaltliches	
4	eD						Bewertungskriterien aus in der Zielbeschreibung formulierten Anforderungen ableiten	
5	eD						Bewertungskriterien aus Randbedingungen ableiten	
6	eD						Bewertungskriterien klassifizieren (Ja/Nein- und tolerierte Forderungen sowie Wünsche)	
7	eD						relevante Bewertungskriterien durch Kriteriengewichtung ermitteln	
8	eD						Mindest-, Soll- und Ideal-Erfüllung für alle Bewertungskriterien festlegen	
9	eD						Punktvergabe für quantitative und qualitative Bewertungskriterien festlegen	
10	eD						Vorauswahl der vorliegenden Angebote anhand der Ja/Nein-Forderungen treffen	
11	eD						Angebote anhand relevanter Bewertungskriterien mit Punktbewertungsverfahren bewerten	
12	eD						Dienstleister mit dem hinsichtlich der Aufgabenstellung besten Angebot beauftragen	

Dokumentnummer		Änderungsvermerke			Abnahme	Seite	
		Nr.:	Datum:	Zeichen:	Datum:		
Version	Datum	Nr.:	Datum:	Zeichen:	Unterschrift:	1	von 1
		Nr.:	Datum:	Zeichen:			

Projektpartner					Checkliste / Phase	Projekt / Auftrag
					C4b – Werkzeugauswahl	Verantwortung

lfd. Nr.	Relevanz	Status	Dokument	Bearbeiter	Priorität	Deadline	Aktivität	ergänzende Unterlagen / Anmerkungen
							Organisatorisches	
1			—				Unternehmen in Bezug auf vorhandene Simulationswerkzeuge prüfen	
2			eD				vorhandene Simulationswerkzeuge hinsichtlich Eignung für aktuelle Aufgabenstellung testen	
3			eD				Werkzeugvorgaben aufgrund hausinterner Richtlinien, Kunden oder Zulieferer prüfen	
4			—				Zustimmung für (Neu-)Beschaffung einholen	
5			eD				Budget für Werkzeugbeschaffung festlegen bzw. klären	
6			—				Team für Werkzeugauswahl zusammenstellen	
							Fachinhaltliches	
7			eD				Anforderungen an Simulationswerkzeug aus Aufgabenstellung ableiten	
8			eD				zusätzliche und allgemeine Anforderungen ergänzen	
9			eD				Bewertungskriterien aus Anforderungen ableiten bzw. formulieren	
10			eD				Bewertungskriterien klassifizieren (Ja/Nein- und tolerierte Forderungen sowie Wünsche)	
11			eD				relevante Bewertungskriterien durch Kriteriengewichtung ermitteln	
12			eD				Mindest-, Soll- und Ideal-Erfüllung für alle Bewertungskriterien festlegen	
13			eD				Punktvergabe für quantitative und qualitative Bewertungskriterien festlegen	
14			eD				Marktrecherche durchführen	
15			eD				Vorauswahl der recherchierten Werkzeuge anhand der Ja/Nein-Forderungen treffen	

Dokumentnummer		Änderungsvermerke		Abnahme	Seite	
		Nr.: Datum: Zeichen:		Datum:		
Version	Datum	Nr.: Datum: Zeichen:		Unterschrift:	**1** von **2**	
		Nr.: Datum: Zeichen:				

Projektpartner					Checkliste / Phase		Projekt / Auftrag
					C4b – Werkzeugauswahl		Verantwortung

lfd. Nr.	Relevanz	Status	Dokument	Bearbeiter	Priorität	Deadline	Aktivität	ergänzende Unterlagen / Anmerkungen
15		eD					Angebote für Werkzeuge, die Ja/Nein-Forderungen erfüllen, einholen	
16		—					Produktpräsentationen von Anbietern durchführen lassen	
17		—					Möglichkeiten zur Produktanpassung klären	
18		eD					Informationen zu verfügbaren Lizenzmodellen und Schulungsangeboten einholen	
19		eD					Werkzeuge auf Nichterfüllung einer Ja/Nein-Forderung nach Präsentation prüfen	
20		eD					Werkzeuge mit Punktbewertungsverfahren bewerten	
21		eD					Lizenzen des für die Aufgabenstellung bestgeeigneten Werkzeuges beschaffen	
22		—					Mitarbeiter schulen	

Dokumentnummer		Änderungsvermerke			Abnahme	Seite
		Nr.:	Datum:	Zeichen:	Datum:	
Version	Datum	Nr.:	Datum:	Zeichen:	Unterschrift:	**2** von **2**
		Nr.:	Datum:	Zeichen:		

Projektpartner							Checkliste / Phase		Projekt / Auftrag

C5 – Kick-off-Meeting

Verantwortung

lfd. Nr.	Relevanz	Status	Dokument	Bearbeiter	Priorität	Deadline	Aktivität	ergänzende Unterlagen / Anmerkungen
							Organisatorisches	
1	—						Besprechungsort, Zeitpunkt und Dauer festlegen	
2	—						Teilnehmerkreis auswählen und einladen	
3	—						Besprechungsraum reservieren und technische Ausstattung absichern	
4	—						Vorortbesichtigung der Anlage einplanen	
5	—						Moderation zwischen Auftraggeber und Auftragnehmer abstimmen	
6	—						Protokollanten bestimmen; Gesprächsprotokoll zeitnah erstellen	
7	eD						Tischvorlagen erstellen	
8	eD						Protokoll abstimmen, Verteiler festlegen und verteilen	
9	eD						federführenden Ansprechpartner beim Auftraggeber vereinbaren	
10	eD						Ansprechpartner für Datenbereitstellung beim Auftraggeber festlegen	
11	eD						zuständige Mitarbeiter beim Auftragnehmer benennen	
12	—						untersuchungsrelevantes System gemeinsam begehen	
13	eD						Zeitplan mit Meilensteinen präzisieren	
							Fachinhaltliches	
14	eD						gemeinsames Verständnis über Ziele und Aufgabenstellung schaffen	
15	eD						zu untersuchendes System gemeinsam abstimmen	

Dokumentnummer		Änderungsvermerke		Abnahme	Seite
		Nr.: Datum: Zeichen:		Datum:	
Version	Datum	Nr.: Datum: Zeichen:		Unterschrift:	1 von 2
		Nr.: Datum: Zeichen:			

Projektpartner	Checkliste / Phase	Projekt / Auftrag
a⌐sim	**C5 – Kick-off-Meeting**	Verantwortung

lfd. Nr.	Relevanz	Status	Dokument	Bearbeiter	Priorität	Deadline	Aktivität	ergänzende Unterlagen / Anmerkungen
16	eD						vorliegende Informationsbasis festschreiben	
17	eD						zu beschaffende Informationen und Daten festlegen	

Dokumentnummer		Änderungsvermerke		Abnahme	Seite
		Nr.: Datum: Zeichen:		Datum:	
Version	Datum	Nr.: Datum: Zeichen:		Unterschrift:	2 von 2
		Nr.: Datum: Zeichen:			

Projektpartner	Checkliste / Phase	Projekt / Auftrag
	C6 – Aufgabendefinition	Verantwortung

lfd. Nr.	Relevanz	Status	Dokument	Bearbeiter	Priorität	Deadline	Aktivität	ergänzende Unterlagen / Anmerkungen
							Organisatorisches	
1			eD				Meilensteine für die Datenbeschaffung festlegen	
2			eD				Glossar anlegen	
							Fachinhaltliches	
3			D2.1				Ziele und Studienzweck gemäß Zielbeschreibung endgültig abstimmen und dokumentieren	
4			D2.3				Fehlende Unterlagen zum zu untersuchenden System einholen	
5			D2.2				Systemgrenzen gemäß Zielbeschreibung festlegen	
6			D2.6				Mindestanforderungen für den Detaillierungsgrad von Modellkomponenten festlegen	
7			D2.6				für Projektziel erforderlichen Detaillierungs-grad für Modellkomponenten festlegen	
8			D2.3				Daten- und Informationsbedarf gemäß Zielbeschreibung und Detaillierungsgrad festlegen	
9			D2.4				geplante Modellnutzung festlegen	
10			D2.6				Abnahmekriterien für das Modell endgültig festlegen	
11			eD				Abnahmekriterien für die gesamte Simulationsstudie endgültig festlegen	

Dokumentnummer		Änderungsvermerke		Abnahme	Seite
		Nr.: Datum: Zeichen:		Datum:	
Version	Datum	Nr.: Datum: Zeichen:		Unterschrift:	**1** von **1**
		Nr.: Datum: Zeichen:			

Projektpartner	Checkliste / Phase	Projekt / Auftrag
ᏏᏕᎥᎷ	**C7a – Datenbeschaffung**	Verantwortung

lfd. Nr.	Relevanz	Status	Dokument	Bearbeiter	Priorität	Deadline	Aktivität	ergänzende Unterlagen / Anmerkungen
							Organisatorisches	
1	—						angemessene personelle Ressourcen für die Datenbeschaffung einplanen	
2	—						Notwendigkeit der Datenerhebung prüfen und Genehmigung einholen	
3	—						alternative Informationsquellen prüfen	
4	—						Betriebsrat einbeziehen	
5	—						Datenerfassung vor Ort organisieren und Methoden zur Durchführung festlegen	
6	eD						Datenerhebung durchführen und Ergebnisse protokollieren	
7	—						Datenbeschaffung veranlassen	
8	—						Datenverfügbarkeit klären	
							Fachinhaltliches	
10			DR.1				Zusammenhang zwischen Modellkomponen-ten und notwendigen Daten herstellen	
11			DR.1				Datenverfügbarkeit dokumentieren	
12			DR.2				zu verwendende Informationsquellen abstim-men und festschreiben (Ort, Form, ...)	
13			DR.3				Zuverlässigkeit der Datenquelle bestimmen	
14			DR.3				Rohdaten-Plausibilität prüfen	
15			DR.3				Konsistenz bei Existenz mehrerer Quellen prüfen	
16			DR.2				für fehlende Daten Schätzung durchführen	

Dokumentnummer		Änderungsvermerke			Abnahme	Seite	
		Nr.:	Datum:	Zeichen:	Datum:		
Version	Datum	Nr.:	Datum:	Zeichen:	Unterschrift:	**1** von **2**	
		Nr.:	Datum:	Zeichen:			

Projektpartner						Checkliste / Phase		Projekt / Auftrag

						C7a – Datenbeschaffung		Verantwortung

lfd. Nr.	Relevanz	Status	Dokument	Bearbeiter	Priorität	Deadline	Aktivität	ergänzende Unterlagen / Anmerkungen
17			DR.3				Glaubwürdigkeit von Schätzungen prüfen und dokumentieren	
18			—				Auswirkungen von Datenmangel abschätzen	
19			—				Sensitivitätsanalysen durchführen	

Dokumentnummer		Änderungsvermerke			Abnahme	Seite
		Nr.:	Datum:	Zeichen:	Datum:	
Version	Datum	Nr.:	Datum:	Zeichen:	Unterschrift:	**2** von **2**
		Nr.:	Datum:	Zeichen:		

Projektpartner						Checkliste / Phase	Projekt / Auftrag
						C7b – Datenaufbereitung	Verantwortung

lfd. Nr.	Relevanz	Status	Dokument	Bearbeiter	Priorität	Deadline	Aktivität	ergänzende Unterlagen / Anmerkungen
							Organisatorisches	
1			eD				Ergebnisse der Datenaufbereitung mit allen Projektpartnern abstimmen	
2			—				Termin zur Bereitstellung der aufbereiteten Daten einhalten	
							Fachinhaltliches	
3			DA.1				Notwendigkeit von Filterung und Bereinigung prüfen	
4			DA.1				Filterung und Bereinigung der vorhandenen Daten durchführen	
5			DA.1				Transformation in für das Simulationswerkzeug zu verwendende Daten durchführen	
6			DA.3				Stichprobe auf ausreichende Größe prüfen	
7			DA.2				Verteilungsanpassung durchführen	
8			DA.3				Fehlerabschätzung für Verteilungsanpassung durchführen	
9			DA.2				Aggregierbarkeit ähnlicher Datenbestände prüfen und Aggregierung durchführen	
10			DA.3				Plausibilitätsprüfung durchführen	

Dokumentnummer		Änderungsvermerke			Abnahme	Seite
		Nr.:	Datum:	Zeichen:	Datum:	
Version	Datum	Nr.:	Datum:	Zeichen:	Unterschrift:	1 von 1
		Nr.:	Datum:	Zeichen:		

Projektpartner	Checkliste / Phase	Projekt / Auftrag
	C8a – Systemanalyse	Verantwortung

lfd. Nr.	Relevanz	Status	Dokument	Bearbeiter	Priorität	Deadline	Aktivität	ergänzende Unterlagen / Anmerkungen
							Organisatorisches	
1			—				regelmäßig Abstimmungsgespräche der Projektpartner durchführen	
2			eD				Glossar erweitern	
3			eD				erfolgreiche Validierung des Konzeptmodells bestätigen	
							Fachinhaltliches	
4			D3.2				Struktur und Komponenten des Systems erfassen	
5			D3.3				Beziehungen und Wechselwirkungen zwischen Systemkomponenten bestimmen	
6			D3.2				Hierarchien von Systemkomponenten bzw. Teilsystemen bestimmen	
7			D3.4				Eingangsgrößen, Ausgangsgrößen und interne Systemzustände festlegen	
8			D3.4				Material- und Informationsflüsse erfassen	
9			D3.3				Detaillierungsgrad der Komponenten spezifizieren	
10			D3.3				nicht zu modellierende Systemkomponenten benennen	
11			eD				deskriptive bzw.semiformale Modellbeschreibung erstellen	
12			D3.5				Anforderungen an das Modell in Bezug auf die spätere Verwendung klären	
13			eD				geplante Variationen der Modellparameter festlegen	
14			D3.4				Daten- und Informationsbedarf präzisieren	
15			D3.4				Auswirkungen von Datenmangel abschätzen	

Dokumentnummer		Änderungsvermerke		Abnahme	Seite	
		Nr.: Datum: Zeichen:		Datum:		
Version	Datum	Nr.: Datum: Zeichen:		Unterschrift:	1 von 2	
		Nr.: Datum: Zeichen:				

Projektpartner						Checkliste / Phase		Projekt / Auftrag
						C8a – Systemanalyse		Verantwortung
lfd. Nr.	Relevanz	Status	Dokument	Bearbeiter	Priorität	Deadline	**Aktivität**	ergänzende Unterlagen / Anmerkungen
16			D3.4				Sensitivitätsanalysen durchführen	
17			D3.4				Annahmen für die Systemanalyse begründen	
18			eD				Validierung des Konzeptmodells durchführen	

Dokumentnummer		Änderungsvermerke			Abnahme	Seite
		Nr.:	Datum:	Zeichen:	Datum:	
Version	Datum	Nr.:	Datum:	Zeichen:	Unterschrift:	**2** von **2**
		Nr.:	Datum:	Zeichen:		

Projektpartner						Checkliste / Phase	Projekt / Auftrag
						C8b – Modellformalisierung	Verantwortung
lfd. Nr.	Relevanz	Status	Dokument	Bearbeiter	Priorität	Deadline	Aktivität	ergänzende Unterlagen / Anmerkungen

lfd. Nr.	Relevanz	Status	Dokument	Bearbeiter	Priorität	Deadline	Aktivität	ergänzende Unterlagen / Anmerkungen
							Organisatorisches	
1			—				Regelmäßig Abstimmungsgespräche der Projektpartner durchführen	
2			eD				erfolgreiche Validierung des formalen Modells bestätigen	
							Fachinhaltliches	
3			D4.3				gemäß Konzeptmodell erforderliche Systemkomponenten formal beschreiben	
4			D4.3				Steuerung des Systems formalisieren	
5			D4.3				stochastische Parameter der Modellkomponenten festlegen	
6			D4.3				Charakteristika der stochastische Parameter (z.B. Mittelwert der Verteilung) ermitteln	
7			D4.4				Daten- und Informationsbedarf (insb. für stochastische Parameter) weiter präzisieren	
8			D4.4				Auswirkungen von Datenmangel abschätzen	
9			D4.4				Sensitivitätsanalysen durchführen	
			eD				Validierung des formalen Modells durchführen	

Dokumentnummer		Änderungsvermerke		Abnahme	Seite
		Nr.: Datum:	Fachinhaltliches	Datum:	
Version	Datum	Nr.: Datum:	Zeichen:	Unterschrift:	1 von 1
		Nr.: Datum:	Zeichen:		

Projektpartner	Checkliste / Phase	Projekt / Auftrag
	C8c – Implementierung	Verantwortung

lfd. Nr.	Relevanz	Status	Dokument	Bearbeiter	Priorität	Deadline	Aktivität	ergänzende Unterlagen / Anmerkungen
							Organisatorisches	
1		—					aktuelle zu verwendende Lizenz prüfen	
2		—					Nutzung wiederverwendbarer Bibliotheken rechtlich prüfen	
3			eD				erfolgreiche Validierung des ausführbaren Modells bestätigen	
							Fachinhaltliches	
4		—					Grundsätze des Software Engineering beachten	
5		—					Umsetzbarkeit des formalen Modells mit Simulationswerkzeug prüfen	
6		—					werkzeugspezifische Implementierungs-restriktionen prüfen und umsetzen	
7		—					Konsequenzen einer eingeschränkten Implementierbarkeit für Projektziel ermitteln	
8			D5.2				Daten und Modell getrennt implementieren und dokumentieren	
9			D5.2				physikalisches Modell und Steuerung getrennt implementieren	
10			eD				Erweiterungen am Simulationswerkzeug dokumentieren	
11		—					Notwendigkeit der Kopplung an weitere Software prüfen	
12			eD				Dokumentation der Schnittstellen und Protokolle prüfen	
13			eD				Softwarekopplung implementieren	
14			eD				Validierung des ausführbaren Modells durchführen	

Dokumentnummer		Änderungsvermerke			Abnahme	Seite	
		Nr.:	Datum:	Zeichen:	Datum:		
Version	Datum	Nr.:	Datum:	Zeichen:	Unterschrift:	**1** von **1**	
		Nr.:	Datum:	Zeichen:			

Projektpartner						Checkliste / Phase	Projekt / Auftrag
						C9a – Modellabnahme	Verantwortung

lfd. Nr.	Relevanz	Status	Dokument	Bearbeiter	Priorität	Deadline	Aktivität	ergänzende Unterlagen / Anmerkungen
							Organisatorisches	
1			eD				Modellabnahme schriftlich erklären und dem Auftragnehmer mitteilen	
							Fachinhaltliches	
2			eD				Systemgrenzen des Modells abnehmen	
3			eD				Detaillierungsgrad des Modells abnehmen	
4			eD				Steuerungsstrategien des Modells bewerten und abnehmen	
5			eD				Struktur und Komponenten des Modells abnehmen	
6			eD				Messpunkte für Statistiken des Modells abnehmen	
7			eD				feste und variable Parameter des Modells überprüfen	
8			eD				Lastprofile für das Modell überprüfen	
9			eD				Durchführung und Dokumentation der V&V-Maßnahmen abnehmen	
10			eD				Eignung des Modells zur Weiterverwendung bewerten	
11			eD				Erfüllung projektspezifischer Modellabnahmekriterien prüfen	
12			eD				vorliegende Dokumente zum Modell auf Vollständigkeit und Verständlichkeit prüfen	

Dokumentnummer		Änderungsvermerke			Abnahme	Seite
		Nr.:	Datum:	Zeichen:	Datum:	
Version	Datum	Nr.:	Datum:	Zeichen:	Unterschrift:	**1** von **1**
		Nr.:	Datum:	Zeichen:		

Projektpartner					Checkliste / Phase		Projekt / Auftrag
					C9b – Projektabnahme		Verantwortung
lfd. Nr.	Relevanz	Status	Dokument	Bearbeiter	Priorität	Deadline	**Aktivität**	ergänzende Unterlagen / Anmerkungen

lfd. Nr.	Relevanz	Status	Dokument	Bearbeiter	Priorität	Deadline	Aktivität	ergänzende Unterlagen / Anmerkungen
							Organisatorisches	
1		eD					Projektabnahme schriftlich erklären und dem Auftragnehmer mitteilen	
							Fachinhaltliches	
2		eD					Experimentplan prüfen	
3		eD					hinreichende Aufbereitung der Simulationsergebnisse prüfen	
4		eD					Art der Ergebnisdokumentation prüfen	
5		eD					Erfüllung projektspezifischer Abnahmekriterien prüfen	
6		eD					Abschlussdokumentation auf Vollständigkeit und Verständlichkeit prüfen	
7		eD					Funktionalitäten und Fehlertoleranz der Bedienoberfläche prüfen	
8		eD					Bedienhandbuch auf Vollständigkeit und Verständlichkeit prüfen	
9		eD					Einweisung der Mitarbeiter in die Modellbedienung als ausreichend bewerten	

Dokumentnummer		Änderungsvermerke			Abnahme	Seite
		Nr.:	Datum:	Zeichen:	Datum:	
Version	Datum	Nr.:	Datum:	Zeichen:	Unterschrift:	**1** von **1**
		Nr.:	Datum:	Zeichen:		

Projektpartner						Checkliste / Phase		Projekt / Auftrag
						C10 – Durchführung von Experimenten		Verantwortung

lfd. Nr.	Relevanz	Status	Dokument	Bearbeiter	Priorität	Deadline	Aktivität	ergänzende Unterlagen / Anmerkungen
							Organisatorisches	
1			—				regelmäßig Abstimmungsgespräche der Projektpartner durchführen	
2			eD				Zwischenergebnisse vorstellen	
3			—				Zeit, Personal und Rechnerressourcen für die Durchführung der Experimente einplanen	
							Fachinhaltliches	
4			D6.2				Experimentpläne und statistischen Versuchsplan erstellen	
5			D6.2				Simulationsläufe entsprechend statistischer Aussagekraft wiederholen	
6			D6.2				Lauflänge an Charakteristika der stochastischen Modellkomponenten anpassen	
7			D6.2				Länge der Einschwingphase bestimmen und Korrektheit prüfen	
8			D6.2				keine Erfassung von Ergebniswerten in der Einschwingphase durchführen	
9			D6.3				Umfang der Stichprobe der gemessenen Ergebnisgrößen prüfen	
10			D6.2				bei zu geringem Stichprobenumfang Länge der Simulationsläufe vergrößern	
11			D6.3				Konfidenzintervalle berechnen und statistische Qualität der Ergebnisse bewerten	
12			D6.2				Anzahl der Einflussfaktoren sinnvoll einschränken	
13			D6.1				Annahmen der statistischen Versuchsplanung überprüfen	
14			eD				Experimente durchführen	
15			D6.3				bei der Messwerterfassung alle für Projektziel wichtigen Ergebnisgrößen berücksichtigen	

Dokumentnummer		Änderungsvermerke		Abnahme	Seite
Version	Datum	Nr.: Datum: Zeichen:		Datum:	
		Nr.: Datum: Zeichen:		Unterschrift:	1 von 2
		Nr.: Datum: Zeichen:			

Projektpartner						Checkliste / Phase		Projekt / Auftrag
						C10 – Durchführung von Experimenten		Verantwortung

lfd. Nr.	Relevanz	Status	Dokument	Bearbeiter	Priorität	Deadline	Aktivität	ergänzende Unterlagen / Anmerkungen
16			D6.3				Ergebnisse auf Plausibilität prüfen	
17			D6.3				geeignete Form der Ergebnisdarstellung wählen und abstimmen	
18			D6.3				Zusammenhang zwischen Parametern und Ergebnisgrößen darstellen	
19			D6.3				Relevanz der Ergebnisse für das Projektziel verdeutlichen	
20			D6.3				Bezeichnungen der Ergebnisdarstellung an Anforderungen des Auftraggebers anpassen	
21			D6.3				plausible Ergebnisinterpretation erarbeiten	

Dokumentnummer		Änderungsvermerke			Abnahme	Seite
		Nr.: Datum:		Zeichen:	Datum:	
Version	Datum	Nr.: Datum:		Zeichen:	Unterschrift:	**2** von **2**
		Nr.: Datum:		Zeichen:		

Projektpartner						Checkliste / Phase	Projekt / Auftrag
asim						**C11 – Abschlussdokumentation**	Verantwortung
Ifd. Nr.	Relevanz	Status	Dokument	Bearbeiter	Priorität	Deadline	Aktivität	ergänzende Unterlagen / Anmerkungen

Ifd. Nr.	Relevanz	Status	Dokument	Bearbeiter	Priorität	Deadline	Aktivität	ergänzende Unterlagen / Anmerkungen
							Organisatorisches	
1	—						Inhalt auf die Zielvorgaben des Auftraggebers ausrichten	
2	—						in der Terminologie des Auftraggebers schreiben	
							Fachinhaltliches	
3			eD				Projektziel und Unterziele erläutern	
4			eD				kurze Einführung zur Simulationstechnik schreiben	
5			eD				Struktur des bzw. der Modelle darlegen	
6			eD				Modellvarianten erläutern	
7			eD				feste und variable Parameter des Modells benennen	
8			eD				typische Materialflüsse im Modell beschreiben	
9			eD				verwendete Steuerungslogiken (Materialfluss, Produktion) kurz erläutern	
10			eD				durchgeführte V&V-Maßnahmen erläutern	
11			eD				Simulationsergebnisse dokumentieren	
12			eD				Schlussfolgerungen aus der Interpretation der Simulationsergebnisse darstellen	
13			eD				auf Nachnutzung des Modells eingehen	

Dokumentnummer		Änderungsvermerke		Abnahme	Seite
		Nr.: Datum: Zeichen:		Datum:	
Version	Datum	Nr.: Datum: Zeichen:		Unterschrift:	1 von 1
		Nr.: Datum: Zeichen:			

Projektpartner					Checkliste / Phase	Projekt / Auftrag
					C12 – Abschlusspräsentation	**Verantwortung**

lfd. Nr.	Relevanz	Status	Dokument	Bearbeiter	Priorität	Deadline	Aktivität	ergänzende Unterlagen / Anmerkungen
							Organisatorisches	
1	—						Besprechungsort, Zeitpunkt und Dauer festlegen	
2		eD					Teilnehmerkreis auswählen und einladen	
3	—						Besprechungsraum reservieren und technische Ausstattung absichern	
4	—						Protokollanten bestimmen; Gesprächsprotokoll zeitnah erstellen	
5		eD					Tischvorlagen erstellen	
6	—						Ergebnisbericht rechtzeitig vorab an den Auftraggeber senden	
7		eD					Protokoll abstimmen, Verteiler festlegen und verteilen	
8		eD					gemeinsame Beschlussfassung über die Zielerreichung treffen	
9		eD					weitere Maßnahmen festlegen und weiteres Vorgehen vereinbaren	
							Fachinhaltliches	
10	—						Präsentationsinhalte abstimmen (Eingabedaten, Annahmen, Modell, Ergebnisse)	
11		eD					Abschlusspräsentation erstellen und nochmals abstimmen	
12		eD					Abschlusspräsentation durchführen, Ergebnisse und Dokumentation diskutieren	

Dokumentnummer		Änderungsvermerke			Abnahme	Seite	
		Nr.:	Datum:	Zeichen:	Datum:		
Version	Datum	Nr.:	Datum:	Zeichen:	Unterschrift:	**1** von **1**	
		Nr.:	Datum:	Zeichen:			

Projektpartner						Checkliste / Phase	Projekt / Auftrag

						C13 – Nachnutzung	Verantwortung

lfd. Nr.	Relevanz	Status	Dokument	Bearbeiter	Priorität	Deadline	Aktivität	ergänzende Unterlagen / Anmerkungen
							Organisatorisches	
1		—					bisherige und neue Aufgabenspezifikation als Entscheidungsgrundlage bereitstellen	
2		—					Verfügbarkeit der Dokumentation prüfen	
3		—					Verfügbarkeit des Modells prüfen	
4		—					Verfügbarkeit des Werkzeuges prüfen	
5		—					geeigneten Bearbeiter auswählen	
6		—					rechtliche Voraussetzungen prüfen	
							Fachinhaltliches	
7		eD					Eignung der Dokumentation und des Modells prüfen	
8		eD					Eignung des Werkzeuges prüfen	
9		eD					Machbarkeit aufgrund der Eignungsbewertung einschätzen	
10		eD					Wirtschaftlichkeit einer Nachnutzung zur Beurteilung der Zweckmäßigkeit bewerten	
11		eD					weiche Faktoren zur Beurteilung der Zweckmäßigkeit bewerten	
12		eD					Nachnutzbarkeit abschließend bewerten	

Dokumentnummer		Änderungsvermerke		Abnahme	Seite
Version	Datum	Nr.: Datum: Zeichen: / Nr.: Datum: Zeichen: / Nr.: Datum: Zeichen:		Datum: Unterschrift:	1 von 1

Anhang A3 Die Autoren dieses Buches

 Dipl.-Inf. *Simone Collisi-Böhmer*, geb. 1968, Informatikstudium an der Universität Erlangen-Nürnberg. Von 1996 bis 1998 angestellt bei der encad Ingenieurgesellschaft in Nürnberg; seit 1998 angestellt bei der Siemens AG in Nürnberg, Unternehmensbereich Industrial Solutions and Services (I&S), Geschäftsgebiet Postal Automation (PA), Geschäftszweig Parcel & Systems (PS), Aufgabengebiete: Simulationsstudien, Consulting sowie Anlagenplanung und -projektierung in den Branchen Postautomatisierung (Paket- und Briefsortierung) und Lagerlogistik für einen internationalen Kundenkreis; Lehrtätigkeit an der Universität Erlangen-Nürnberg, seit 1999 Mitglied des Siemens-internen Expertenkreises Virtual Engineering, seit 1999 Mitglied der Arbeitsgemeinschaft Simulation (ASIM), Mitglied im Programmkomitee der ASIM-Fachtagungen „Simulation in Produktion und Logistik" in Duisburg 2002 und Kassel 2006.

Dr.-Ing. *Holger Pitsch*, geb. 1967, Studium der E-lektrotechnik und Promotion an der Universität Duisburg-Essen; von 1995 bis 2003 wissenschaftlicher Mitarbeiter an der Universität Duisburg-Essen, Fachgebiet Elektromechanische Konstruktion der Abteilung Elektro- und Informationstechnik der Fakultät für Ingenieurwissenschaften.

Seit 2003 Leiter der Incontrol Enterprise Dynamics GmbH mit Standorten in Wiesbaden und Duisburg und damit in Deutschland, Österreich, der Schweiz sowie in Osteuropa verantwortlich für die Aktivitäten des niederländischen Herstellers der Simulationssoftware „Enterprise Dynamics"; seit August 2007 zusätzlich verantwortlich für den internationalen Vertrieb von „ShowFlow", einem weiteren Simulationswerkzeug aus dem Hause Incontrol Enterprise Dynamics.

Seit 2004 Mitglied der Arbeitsgemeinschaft Simulation (ASIM); Mitglied im Programmkomitee der ASIM-Fachtagung „Simulation in Produktion und Logistik" in Kassel 2006.

Dr.-Ing. Dipl.-Phys. *Markus Rabe*, geb. 1961, Physik-Studium an der Universität Konstanz, Promotion an der Technischen Universität Berlin. Ab 1986 wissenschaftlicher Mitarbeiter am Fraunhofer-Institut für Produktionsanlagen und Konstruktionstechnik (IPK) in Berlin, seit 1995 als Abteilungsleiter, Leiter der Abteilung Unternehmenslogistik und -prozesse und Mitglied des Institutsleitungskreises. Seit 1987 aktives Mitglied der Arbeitsgemeinschaft Simulation (ASIM) und seit 2005 stellvertretender Sprecher der Fachgruppe „Simulation in Produktion und Logistik". Leiter des Fachausschusses „Geschäftsprozessmodellierung" und Mitglied im Fachausschuss A5 „Modellbildungsprozesse" im Fachbereich A5 „Modellierung und Simulation" des Vereins Deutscher Ingenieure Fördertechnik Materialfluss und Logistik (VDI-FML). Chairman des EU-Projekt-Clusters „Ambient Intelligence Technologies for the Product Life Cycle". Leitung und Mitglied unterschiedlicher Programmkomitees. Lehrauftrag an der Technischen Universität Berlin; über 120 Publikationen, davon mehrere Herausgeberschaften.

 Prof. Dr. rer. nat. habil. *Oliver Rose*, geb. 1966, Mathematikstudium an der Universität Würzburg, Promotion und Habilitation („Operational Modelling and Simulation in Semiconductor Manufacturing") im Fach Informatik an der Universität Würzburg. Seit Oktober 2004 Professur für Modellierung und Simulation am Institut für Angewandte Informatik der Fakultät Informatik der TU Dresden. 2001-2003 Leitung der deutschen Beteiligung am Factory Operations Research Center Project „Scheduling of Semiconductor Wafer Fabrication Facilities" von SRC (Semiconductor Research Corporation) und International Sematech. Aktuelle Arbeitsgebiete: Modellierung und Simulation komplexer Produktionssysteme, operative Materialflusskontrolle komplexer Produktionssysteme, Informationstechnologische Unterstützung von Simulationsprojekten. wissenschaftlicher Beirat von SAX-IT, Mitglied der Arbeitsgemeinschaft Simulation (ASIM), der GI, der IEEE, des INFORMS College on Simulation, Mitglied in mehreren nationalen und internationalen Programmkomitees.

Dr.-Ing. *Matthias Weiß*, geb. 1958, Maschinenbaustudium an der Technischen Universität Dresden, Promotion (Grundlagen der Steuerungsstrategie parallel verketteter Verpackungsmaschinen) an der Technischen Universität Dresden.
1985-1992 wissenschaftlicher Assistent an der Technischen Universität Dresden mit den Tätigkeitsschwerpunkten: Automatisierung und Simulation von Verpackungs- und Verarbeitungsanlagen.
1988-1989 wissenschaftlicher Sekretär des Forschungsprogramms „Ingenieurwissenschaftliche Grundlagen der Konstruktion". 1991 Projektbearbeiter am Fraunhofer Institut für Materialfluss und Logistik (IML) Dortmund Bereich Verpackungslogistik.
Ab 1993 wissenschaftlicher Mitarbeiter am Institut für Konstruktionstechnik und Anlagengestaltung Dresden (IKA). Projektleiter für Analyse, Optimierung und Simulation von Verpackungsanlagen für Lebensmittel, Kosmetika und Pharmazeutika.
Sprecher der Arbeitsgruppe „Qualitätskriterien" der ASIM- Fachgruppe „Simulation in Produktion und Logistik".

 Prof. Dr.-Ing. *Sigrid Wenzel*, geb. 1959, Informatik-
studium an der Universität Dortmund. Von 1986
bis 1989 wissenschaftliche Mitarbeiterin am Lehr-
stuhl für Förder- und Lagerwesen der Universität
Dortmund; von 1990 bis 2004 wissenschaftliche
Mitarbeiterin am Fraunhofer-Institut für Materialfluss und Logistik, Dortmund, davon seit 1992 Ab-
teilungsleitung und seit 1995 stellv. Leitung der
Hauptabteilung Unternehmensmodellierung, zusätzlich 2001 bis 2004 Geschäftsführerin des Son-
derforschungsbereichs 559 „Modellierung großer
Netze in der Logistik" der Universität Dortmund; seit Mai 2004 Professo-
rin an der Universität Kassel, Institut für Produktionstechnik und Logistik,
Fachbereich Maschinenbau, Fachgebiet Produktionsorganisation und Fa-
brikplanung, Mitglied des Institutsdirektoriums. Gremienaktivitäten: stellv.
Vorstandsvorsitzende in der Arbeitsgemeinschaft Simulation (ASIM),
Sprecherin der ASIM-Fachgruppe „Simulation in Produktion und Logistik", Leiterin des Fachausschusses „Simulation und Visualisierung",
Mitglied in den Fachausschüssen „Modellbildungsprozesse" und „Digitale
Fabrik" sowie Leiterin des Fachausschusses „Datenmanagement und Sys-
temarchitekturen in der Digitalen Fabrik" im Fachbereich A5 „Modellierung und Simulation" des Vereins Deutscher Ingenieure Fördertechnik
Materialfluss und Logistik (VDI-FML), Mitglied in mehreren nationalen
und internationalen Programmkomitees.